TRAINING Grundwissen
FOS · BOS

Volker Altrichter

Wiederholung Algebra

Aufgaben mit Lösungen

STARK

ISBN 978-3-89449-124-6

www.stark-verlag.de
1. Auflage 1985

Inhalt

(Fortsetzung nächste Seite)

12 Quadratische Gleichungen

13 Rechnen mit Potenzen

14 Graphen von linearen und quadratischen Funktionen und von Betragsfunktionen

Vorwort

Liebe Schülerin, lieber Schüler,

in diesem Band wird in kompakter Form der Stoff der Algebra der Mittelstufe wiederholt und erklärt. Dabei stehen am Anfang jedes Abschnitts eine **leicht verständliche Darstellung** des Stoffes, die sich auf das Wesentliche beschränkt, und eine kurze Zusammenfassung in Form von **Merk-** und **Rechenregeln**. Die Regeln werden dann in systematisch ausgewählten **Beispielen** angewendet und verdeutlicht. Der **ausführliche Rechenweg** wird durch **ergänzende Hinweise** erläutert und dadurch ein schnelles Begreifen erleichtert.

Am Ende jedes Abschnitts steht eine große Anzahl von **Übungsaufgaben**, mit denen das Verständnis gefestigt und die Anwendung der Regeln eingeübt wird. Zur Kontrolle für die Bearbeitung der über 650 Aufgaben dienen die **vollständigen, schülergerechten Lösungen**.

Mit dem Band können also **selbständig** grundlegende Stoffgebiete der Algebra **reaktiviert, wiederholt** und **vertieft** werden. Das Rechnen der Übungsaufgaben ermöglicht eine gezielte Verbesserung von mathematischen Fertigkeiten, ohne Nachhilfeunterricht nehmen zu müssen.

Das Buch vermittelt die **Algebra-Kenntisse,** die in der **Oberstufe** des Gymnasiums, in der Fachoberschule und in der Berufsoberschule **vorausgesetzt werden**. Es trägt zu einem erfolgreichen Bestehen der Probezeit an der Fachoberschule oder Berufsoberschule bei.

Viel Erfolg bei der Arbeit mit diesem Band!

Volker Altrichter

1 Rechnen mit Termen

Erklärung

Terme sind Rechenausdrücke wie:

- Zahlen, z. B. natürliche Zahlen: 1, 2, 3, 4, ...
  negative Zahlen: –1, –2, –3, –4, ...
  Brüche: $\frac{1}{2}$, $\frac{2}{3}$, $-\frac{3}{3}$, $\frac{7}{10}$, ...
- Variable, z. B. x, y, z, a, b, c, p, q, r, ...; sie stellen oft Platzhalter für Zahlen dar.
- durch Rechenzeichen verbundene Zahlen und Variable, z. B.
  $2a$, $3c$, $5c$, $2a + 3b$, x^2, $3x^2 + 2x^2 + 4a$, $3a + 5a$

Terme wie 3a, 5a, 2a, die alle gleiche Variablen haben, heißen **gleichartig**.
Die Zahlen 3, 5, 2 heißen Beizahlen oder **Koeffizienten** der Terme.
Weitere Beispiele für gleichartige Terme sind $3x^2$, $2x^2$ oder $3xy$, $2xy$.

Gleichartige Terme können zusammengefaßt werden, wenn sie durch Rechenzeichen verbunden sind, denn 3a ist eine abkürzende Schreibweise für $3 \cdot a$ oder noch ausführlicher $a + a + a$.

Also: $3a + 5a = 3 \cdot a + 5 \cdot a = a + a + a + a + a + a + a + a = 8a$

1.1 Addition von Termen

Regel

Gleichartige Terme werden addiert, indem man deren Koeffizienten addiert. Nicht gleichartige Terme dürfen nicht addiert werden.

Beispiele:

a) $3x^2 + 2x^2 + 4a = 5x^2 + 4a$

Ergänzungen:

$5x^2$ und 4a sind nicht gleichartig und können nicht weiter zusammengefaßt werden.

b) $3xy - 2xy = 1xy = xy$

Die Zahl 1 kann bei 1xy weggelassen werden.

c)

$$\begin{array}{ccccc} 15xy & -\,3xy & +\,13xy & -\,21xy & =4xy \\ \downarrow & \downarrow & \downarrow & \downarrow & \downarrow \\ 15 & -\,3 & +\,13 & -\,21 & =4 \end{array}$$

d)

$$\begin{array}{cccccc} 5 & & +\,7 & -\,8 & & =4 \\ \uparrow & & \uparrow & \uparrow & & \downarrow \\ \underline{\underline{5ab}} & -\,\underline{4x} & +\,\underline{\underline{7ab}} & -\,\underline{\underline{8ab}} & +\,\underline{10x} & = 4ab + 6x \\ & \downarrow & & & \downarrow & \uparrow \\ & -\,4 & & & +\,10 & = \quad 6 \end{array}$$

Zur besseren Übersicht kann man gleichartige Terme gleich unterstreichen.

Aufgaben

Vereinfachen Sie, indem Sie
- gleichartige Terme gleich unterstreichen und
- die Koeffizienten der jeweils gleichartigen Terme zusammenfassen!

1. $3x^2 + 7x^2 - 14x^2 + 35x^2 =$

2. $33a - 7b - 10a + 8b - 17a + 22b =$

3. $13x + 5xy - 4z - 6x + 14xy + 16z - 7z =$

4. $18x^2 + 14u - 13x^2 - 2x + 2u + 4x - u =$

5. $12a^2 + 4a^3 + 17a^3 - 3a^2 - 5x =$

6. $25ax - 13x + 12x^2 =$

7. $14uvw + 5uv - 22w + 35uw - 13uvw + 21w - 35uw + 25u^2 - 12v^2 - 24u^2 + {}$
$+13v^2 =$

8. $17xy + 13x^2 - 14ax^2 - 7x^2 + 20ax^2 + 15bx - 13xy + 10bx - 4xy =$

9. $2a^2 - 2b^2 - 3a^2b + 5b^2 + 10a^2 - 6a^2 + 6a^2b =$

10. $0{,}8x^2 + 0{,}2a^2 - 1{,}2a - 1{,}7x^2 - 0{,}3a + 0{,}7a^2 + 1{,}9x^2 + a^2 + 2a =$

1.2 Multiplikation von Termen

Regel

Terme werden multipliziert, indem man zuerst die Koeffizienten multipliziert, sodann die Variablen multipliziert und schließlich das Produkt daraus bildet.

<u>Beispiele</u>:

a) $5 \cdot 3b = 15b$

$5 \quad \cdot \; 3 \quad = 15$
$\uparrow \quad \uparrow \quad \downarrow$

b) $5a \cdot 3b = 15 \cdot ab = 15ab$
$\downarrow \quad \downarrow \qquad \uparrow$
$a \cdot b = ab$

$3 \quad \cdot \; 4 \quad \cdot \; 2 \quad = 24$
$\uparrow \quad \uparrow \quad \uparrow \quad \downarrow$

c) $3x \cdot 4z \cdot 2y = 24 \cdot xzy = 24xyz$
$\downarrow \quad \downarrow \quad \downarrow \qquad \uparrow$
$x \cdot z \cdot y = xzy$

Ergänzungen:

Der Malpunkt wird meistens weggelassen.

Die Reihenfolge der einzelnen Faktoren darf beliebig verändert werden: $x \cdot z \cdot y = z \cdot x \cdot y = xyz$.

Zur besseren Übersicht sollte man bei Produkten von Variablen die alphabetische Reihenfolge einhalten: xyz, abc usw.

d) $3a \cdot 5a = 15a^2$
$\downarrow \quad \downarrow \quad \uparrow$
$a \cdot a = a^2$

e) $3x \cdot 4x \cdot 2y \cdot 2x = 48x^3y$
$\downarrow \quad \downarrow \quad \downarrow \quad \downarrow \quad \uparrow$
$x \cdot x \cdot y \cdot x = x^3y$

a^2 ist eine Kurzschreibweise für $a \cdot a$, a^3 für $a \cdot a \cdot a$, a^4 für $a \cdot a \cdot a \cdot a$ usw.

Aufgaben

11. $4 \cdot 7x =$
12. $3x \cdot 20y =$
13. $14u \cdot 2v =$
14. $4a \cdot 7c \cdot 2x =$
15. $3s \cdot 4t \cdot 5s =$
16. $7s \cdot 2s \cdot 3t =$
17. $2x \cdot 3y \cdot 4x \cdot 2y =$
18. $3x \cdot y \cdot 5x \cdot 3y =$
19. $5x \cdot 3y \cdot 4xy =$
20. $3xy \cdot 7xz =$
21. $3xz \cdot 4y \cdot 3yz =$
22. $2x^2 \cdot 4y \cdot 2y \cdot 3x =$
23. $3a^2 \cdot 4ab \cdot 2ab^2 =$
24. $2a \cdot 3x^2 \cdot 4ax \cdot 5xz \cdot 2a^3 =$

1.3 Vermischte Aufgaben

Beispiele:

a) $3x \cdot 4z + 2x \cdot 3y - 4xz + 5xy =$
$\underline{\underline{12xz}} + \underline{6xy} - \underline{\underline{4xz}} + \underline{5xy} =$
$8xz + 11xy$

b) $3uv \cdot 4a - 2a \cdot 3ab + 5xy \cdot 2x - 4u \cdot 2av + 3x^2 \cdot 2y + 4b \cdot 7a^2 =$
$\underline{12auv} - \underline{\underline{6a^2b}} + \underline{10x^2y} - \underline{8auv} + \underline{6x^2y} + \underline{\underline{28a^2b}} =$

$4auv + 22a^2b + 16x^2y$

Aufgaben

Vereinfachen Sie, indem Sie multiplizieren und zusammenfassen!

25. $3a \cdot 2b - 4ab + 3x \cdot 5y - 2x \cdot 3y =$

26. $4x \cdot 3y + 2u \cdot 2v + 2u \cdot 4v - 3y \cdot 2x =$

27. $2y \cdot 3z - 2x^2 \cdot 4z + 3yz + 2x \cdot 5xz + 4z \cdot 5y =$

28. $3x \cdot 4y^2 + 10x \cdot 3a - 5a \cdot 2ab - 2y \cdot 2xy + 7ax - x \cdot 2a + 15a^2 \cdot 2b =$

29. $3u^2 \cdot 7 - 12a^2 \cdot 2b + 8x \cdot 5y \cdot 3z - 7x \cdot 4y - 2y^2 - 7u \cdot 3u - 15yz \cdot 8x + y \cdot 3y +$
$+ 14y \cdot 2x =$

30. $3x^2 \cdot 2x^2 - x \cdot 5x^3 + 2x \cdot 5x \cdot 2x \cdot 10x - 2x^3 \cdot 3x + 10x^4 =$

31. $17xyz - 5x \cdot 3y + y \cdot 20x - 2yz \cdot 3x + z \cdot 5xy + 5y \cdot 10x =$

32. $3a^2 \cdot 4ab + 10a \cdot 2ab - 6b \cdot 2a^3 - 3a \cdot 2a^3b^2 + a^2b \cdot 6ab + 3a^2b \cdot 4a =$

2 Rechenregeln für rationale Zahlen

Erklärung

In der Menge $\mathbb{Q}$ der rationalen Zahlen sind sowohl die natürlichen Zahlen, die negativen Zahlen als auch die Brüche enthalten. Die Zahlen und ihre Anordnung kann man auf der Zahlengeraden darstellen.

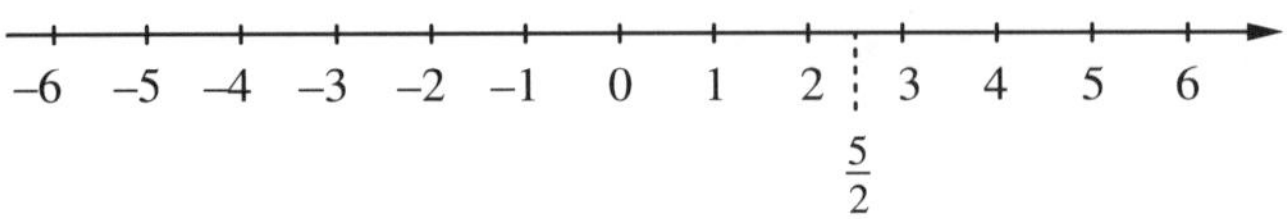

Jeder Zahl kann man dabei einen Pfeil zuordnen, der vom Nullpunkt ausgeht und die entsprechende Länge hat, z. B.

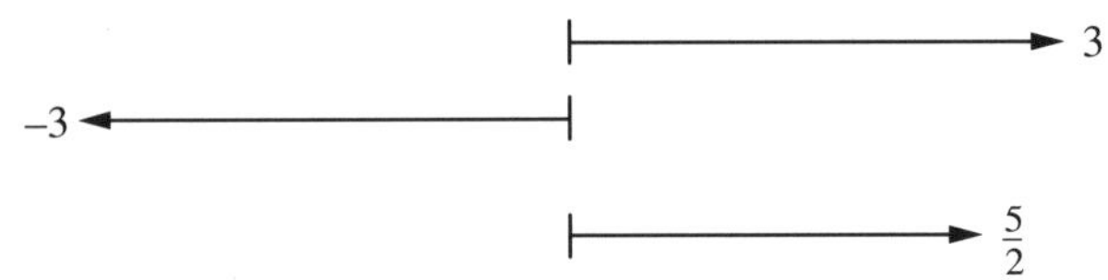

Der **absolute Betrag** (kurz Betrag) einer Zahl charakterisiert die Länge des Pfeiles, d. h. den Abstand vom Nullpunkt, und wird mit zwei senkrechten Strichen geschrieben, z. B.

$$|2| = 2, \quad |-3| = 3, \quad |-5| = 5, \quad |0| = 0.$$

(Zahlen, wie –3 und +3, die auf verschiedenen Seiten vom Nullpunkt liegen, aber von diesem gleich weit entfernt sind, heißen **Gegenzahlen**. Beispiel: –3 ist Gegenzahl von 3, +3 ist Gegenzahl von –3.)

2.1 Addition und Subtraktion

Regel

Zwei Zahlen mit **gleichem** Vorzeichen werden **addiert**, indem man die Beträge der Zahlen addiert und die Summe mit dem anfänglichen gleichen Vorzeichen versieht.
Zwei Zahlen mit **verschiedenem** Vorzeichen werden **addiert**, indem man die positive Differenz der beiden Beträge mit dem Vorzeichen der Zahl versieht, die den größeren Betrag hat.
Eine Zahl wird subtrahiert, indem man ihr Negatives addiert.

Beispiele:

a) $(-2)+(-2)=-(2+2)=-4$

b) $-3+5=+(5-3)=+2$

c) $-7{,}5+4=-(7{,}5-4)=-3{,}5$

d) $8{,}2+(-1{,}2)=+(8{,}2-1{,}2)=+7$

e) $2-5=2+(-5)=-(5-2)=-3$

f) $-3+4-12+5-7=$
$-(3+12+7)+(4+5)=$
$-22+9=-(22-9)=-13$

g) $-2x-4x=-(2x+4x)=-6x$

Ergänzungen:

Veranschaulichung der Addition durch "Addition von Pfeilen"

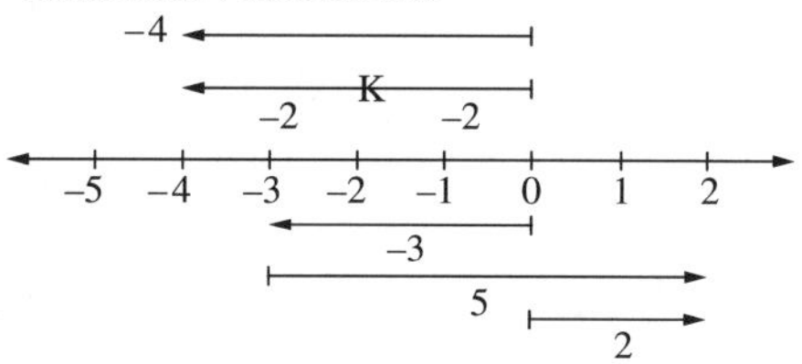

Veranschaulichung der Subtraktion durch "Addition" des "negativen" Pfeils

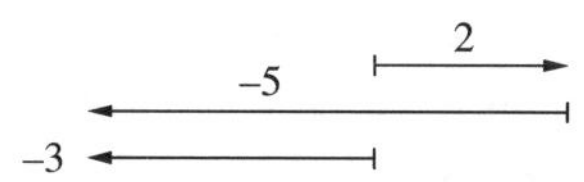

Bei mehreren Summanden kann man zuerst jeweils die "positiven" und "negativen" Terme zusammenfassen.

Die Regeln werden entsprechend bei der Addition von Koeffizienten angewendet.

Aufgaben

33. $(-5)+(-4)=$
34. $(-3{,}5)+(-7)+(-5)+(-3)=$
35. $-7{,}4+5=$
36. $3-11=$
37. $-5+3-11-10+3-5=$
38. $5{,}2-7{,}4+3{,}2-4{,}3-5{,}3+3{,}4=$
39. $-1{,}5x+0{,}9x-2{,}5x+1{,}1x-3x+5=$
40. $3y-3x+3y+5x-8y-10x=$
41. $4s+6t-6s-4t+2t-2s=$
42. $3{,}4p-0{,}4x+0{,}4p-5{,}4x+4{,}6p+(-9{,}4p)=$
43. $12xy-12x-12y-18xy+6x+4y=$
44. $1{,}4s-0{,}4t+1{,}4st-0{,}9s-0{,}1t-0{,}6st=$
45. $-1{,}5t+3{,}7s+(-1{,}7s)-1{,}5t+5t-2s=$
46. $3t-4x+7t-10t-14t+2x-10t+2x=$
47. $1{,}2a-0{,}2b-1{,}8a-1{,}2b+0{,}2a+0{,}8c-0{,}8a=$

2.2 Multiplikation und Division

Regel

Zwei Zahlen mit **gleichem** Vorzeichen werden **multipliziert (dividiert)**, indem man die Beträge multipliziert (dividiert). Der Wert des Produkts ist immer positiv.
Zwei Zahlen mit **verschiedenem** Vorzeichen werden **multipliziert (dividiert)**, indem man die Beträge multipliziert (dividiert) und das Produkt (den Quotienten) mit negativem Vorzeichen versieht. Der Wert des Produkts ist immer negativ.

Beispiele:

a) $(+1{,}4)\cdot(+2)=1{,}4\cdot 2=2{,}8$

Ergänzungen:

"Das Produkt zweier Faktoren mit gleichem Vorzeichen erhält ein Pluszeichen."

b) $(-1{,}4)\cdot(-2)=1{,}4\cdot 2=2{,}8$

–1,4 kann auch als Produkt aufgefaßt werden:
$(-1)\cdot(+1{,}4)=-1{,}4$

c) $(+1{,}4):(+2)=+(1{,}4:2)=0{,}7$

d) $(-1{,}4):(-2)=1{,}4:2=0{,}7$

e) $(-1{,}4)\cdot(+2)=-(1{,}4\cdot 2)=-2{,}8$

"Das Produkt zweier Faktoren mit ungleichem Vorzeichen erhält ein Minusvorzeichen."

f) $(+1{,}4)\cdot(-2)=-(1{,}4\cdot 2)=-2{,}8$

g) $(-1{,}4):(+2)=-(1{,}4:2)=-0{,}7$

h) $(+1{,}4):(-2)=-(1{,}4:2)=-0{,}7$

i) $(-4)\cdot(-2)\cdot(-3)=+(4\cdot 2)\cdot(-3)=$
$=(+8)\cdot(-3)=-(8\cdot 3)=-24$

k) $(-4)\cdot(+2)\cdot(-3)=(-8)\cdot(-3)=+24$

Merke:

Ist die Anzahl der negativen Faktoren gerade, so ist das Produkt positiv. Ist die Anzahl der negativen Faktoren ungerade, so ist das Produkt negativ. Entsprechendes gilt für die Division.

l) $(-2x)\cdot(+3x)\cdot(-4y)=$
$=(-6x^2)\cdot(-4y)=24x^2y$

m) $(-2x)\cdot(-x)\cdot(-3y)\cdot(-2y)\cdot(-x)=$
$= \ (2x \ \ x \ \ 3y \ \ 2y \ \ x) = \ 12x^3y^2$

Aufgaben

Berechnen Sie, indem Sie
- das Vorzeichen mit obiger Regel feststellen,
- die Koeffizienten (falls vorhanden) multiplizieren,
- die Variablen (falls vorhanden) multiplizieren,
- zusammenfassen.

48. $3{,}2\cdot 5=$

49. $(-3{,}2)\cdot(+5)=$

50. $(-3{,}2)\cdot(-5)=$

51. $4{,}2:(-1{,}2)=$

52. $(-4,2):(-2)=$

53. $1,7\cdot(-2)=$

54. $(-4,8)\cdot(-1)=$

55. $(-3)\cdot(-4)\cdot(-2)\cdot(+4)=$

56. $7x\cdot(-2y)\cdot(-0,5x)=$

57. $(-5y)\cdot 3y\cdot(-\frac{1}{5}x)\cdot(-2)=$

58. $-3x+(-4x)\cdot(5y)-(6x\cdot 3y)+(-5x)\cdot(-2)=$

59. $7s\cdot 3-(-4s)\cdot(-6)+(4t)\cdot(-2)-7t=$

60. $-(-3x)\cdot(2y)\cdot(-4z)+(-2z)\cdot(-x)\cdot(-12y)+(-0,5y)\cdot(24xz)\cdot(-2)-$
$-(-8xyz)\cdot(-6)\cdot(-0,5)=$

61. $(-3x)\cdot(-3x^2)\cdot(2x)\cdot(-2y)-(7x^3)\cdot(-6y)+(14y)\cdot(-3x^3)-(12x^4)\cdot(3y)=$

62. $(-2a)\cdot(-2a)+(\frac{1}{2}a)\cdot(-\frac{1}{2})\cdot(8a)-(\frac{1}{3}b)\cdot(-\frac{1}{6}b)+(\frac{1}{2}b^2)\cdot(-\frac{1}{3})=$

3 Rechnen mit Klammern

Erklärung

Wird eine Summe subtrahiert, z. B. $3-(2+b)$, so muß nach obiger Regel das Negative des Terms in der Klammer addiert werden. Das Negative erhält man dadurch, daß man die Vorzeichen in der Klammer ändert:
$3-(2+b)=3+(-2-b)=3-2-b=1-b$. Dabei wird die Klammer einfach weggelassen, wenn ein Pluszeichen vor der Klammer steht.

3.1 Auflösen von Klammern

Regel

Steht vor der Klammer ein Pluszeichen (oder kein Zeichen), so darf man die Klammer weglassen, wobei die Glieder der Klammer ihr Vorzeichen behalten.
Steht vor der Klammer ein Minuszeichen, so ändern sich die Vorzeichen aller Glieder der Klammer bei ihrem Weglassen.

Beispiele:

a) $a+(b+c)=a+b+c$

b) $a+(b-c)=a+b-c$

c) $a-(b+c)=a-b-c$

d) $a-(b-c)=a-b+c$

e) $10x-[(5x-7y)-(-4y+3x)]=$
$10x-[5x-7y+4y-3x]=$
$10x-5x+7y-4y+3x=8x+3y$
oder
$10x-[5x-7y+4y-3x]=$
$10x-[2x-3y]=$
$10x-2x+3y=8x+3y$

Ergänzungen:

Ineinandergeschachtelte Klammern werden meist von innen nach außen aufgelöst.

Gleichartige Terme können dabei dazwischen zusammengefaßt werden.

Aufgaben

63. $7+(x-12)=$

64. $10x+(-5x+2)=$

65. $2s-(4s-4)=$

66. $3t-(-2+4t-2s)=$

67. $(3x-2y)-(4x-5-5y)=$

68. $24k^2-(40k+16k^2-4)-(24k+6)=$

69. $2x-[5x^2-(5x-2)]+(-3x+2)+5x^2=$

70. $4t-[3s-(2t-3s)+6]-6=$

71. $-(4a-3)-[(3x^2+x)-(4x+4x^2)-(-3x-x^2)]=$

72. $-(-3x+2x^2+5)-(4x^2+2x+5)+(6x^2-10)=$

3.2 Distributivgesetz

Erklärung

Besteht bei einem Produkt ein Faktor aus einer Summe, z. B. $3\cdot(x+2y)$, so wird der andere Faktor mit jedem Glied der Klammer multipliziert:

$$3\cdot(x+2y)=3\cdot x+3\cdot 2y=3x+6y.$$

Der Faktor wird also jedem Summanden in der Klammer zugeteilt, weshalb diese Regel Distributivgesetz heißt (distribuere: zuteilen, verteilen).

Regel

Besteht bei einem Produktterm ein Faktor aus einer Summe, so wird jeder Summand mit dem Faktor multipliziert, der bei der Klammer steht:

$$a \cdot (b + c) = a \cdot b + a \cdot c = (b + c) \cdot a \quad \text{für alle } a, b, c \in \mathbb{Q}$$

Beispiele:

a) $a \cdot (b - c) = a \cdot (b + (-c)) = ab - ac$

Ergänzungen: Beim Ausmultiplizieren sind die Vorzeichenregeln zu beachten.

b) $(-a) \cdot (b + c) = -ab - ac = (b + c) \cdot (-a)$

c) $(-a) \cdot (b - c) = -ab + ac$

d) $-3 \cdot (x^2 - 4x) + 4(x^2 - 3x) =$
$= -3x^2 + 12x + 4x^2 - 12x = x^2$

1. Schritt: Ausmultiplizieren (Vorzeichen beachten)
2. Schritt: Zusammenfassen

Aufgaben

Multiplizieren Sie aus, und fassen Sie soweit wie möglich zusammen!

73. $5 \cdot (3x - 2) =$

74. $7(4s - 3t) - 8(2s + 5t) -$

75. $-4t(2s - 3) + 2s(4t - 3) =$

76. $(5k - 4) \cdot 5 - 2(8k - 10) =$

77. $2x(2 - 2x + 5y) - 2y(5x - 2) =$

78. $-3(4a - 3b - 3b^2 + 2a^2) - 4(-3a - 1{,}5a^2) =$

79. $4x(x - y) - [3x(x + y) - 2x(x - y)] =$

80. $5(-2a + b) - 2[(3a - 5b) \cdot 4 + (12 - 9a) \cdot a] =$

81. $4[4s(t - s) - (s + 4t) \cdot 3] - 7s(s + 8) =$

82. $(-2)[(-3t)(2a - b) - (-4a)(10 - 2t)] - (-6)(3a + 7t) =$

3.3 Multiplikation von Summen

Erklärung

Sind in einem Produktterm beide Faktoren Summen, so muß obige Regel zweimal angewendet werden:

$$\begin{aligned}(2x+5)\cdot(3+y) &= 2x\cdot(3+y)+5\cdot(3+y) = \\ &= 2x\cdot 3+2x\cdot y+5\cdot 3+5\cdot y = 6x+2xy+15+5y\end{aligned}$$

Regel

Sind bei einem Produkt beide Faktoren Summen, so muß jeder Summand der ersten Klammer mit jedem Summanden der zweiten Klammer multipliziert werden:

$$(a+b)\cdot(c+d) = a\cdot c+a\cdot d+b\cdot c+b\cdot d$$

Beispiele:

a) $(3+4x)\cdot(2x+5y) =$
$= 3\cdot 2x+3\cdot 5y+4x\cdot 2x+4x\cdot 5y =$
$= 6x+15y+8x^2+20xy$

b) $(s+3t)\cdot(4t-2) =$
$= s\cdot 4t-s\cdot 2+3t\cdot 4t-3t\cdot 2 =$
$= 4st-2s+12t^2-6t$

c) $(a-b)\cdot(c-d) = ac-ad-bc+bd$

d) $(a-b)\cdot(c+d-e) =$
$= ac+ad-ae-bc-bd+be$

e) $(a+b+c)\cdot(d-e-f) =$
$= ad-ae-af+bd-be-bf+cd-ce-cf$

Ergänzungen:

Damit man kein Produkt vergißt, kann man die jeweiligen Faktoren durch einen Bogen verbinden.

Vorzeichen beachten!

Aufgaben

83. $(7t + 8e)(x + 1) =$

84. $(5t^2 - 8t)(2t^3 + 4) =$

85. $(4x^2 + 2{,}5y)(-x - 2y) =$

86. $(2x - 3y - 2)(4 - 2x + 2y) =$

87. $(x - 2)(-3x - 5 - y) =$

88. $(2x + y)(x - y) - [(x + 3)(2x - 4y) + 3(4y - 2x)] =$

89. $(a + b)(2a - 1) \cdot b =$

90. $(x - 1)(x^2 + 2x - 1) - (x^2 - 2x + 1)(x + 2) =$

91. $a(3a - b + 2ab - 1) - (a - b)(3a - b) =$

92. $(-3x)(2x + 3y) - (2x - 3y)(3 + 4x - 2y) =$

3.4 Ausklammern (Faktorisieren)

Regel

Haben die Glieder eines Summenterms einen gemeinsamen Faktor, so kann dieser Faktor ausgeklammert werden.

Beispiele:

a) $\underline{a}b + \underline{a}c = \underline{a}(b + c)$

b) $\underline{v}x + \underline{v}y - \underline{v}z = \underline{v}(x + y - z)$

c) $8x - 4y + 16z - 24u =$
$4 \cdot 2x - 4 \cdot y + 4 \cdot 4z - 4 \cdot 6u =$
$4(2x - y + 4z - 6u)$

d) $3ab - 6b^2cd + 12bxy - 9abcd =$
$3b(a - 2bcd + 4xy - 3acd)$

e) $\underline{(a + b)}\,\underline{\underline{c}}d + \underline{\underline{c}}\,\underline{(a + b)} - \underline{\underline{c}}e\,\underline{(a + b)} =$
$\underline{\underline{c}}\,\underline{(a + b)}(d + 1 - e)$

f) $-a - b + c = -1(a + b - c)$

Ergänzungen:

Die Summe wird also in ein Produkt aus zwei Faktoren zerlegt. Daher kommt die Bezeichnung Faktorisieren.

Der gemeinsame Faktor kann auch eine Klammer sein oder aus mehreren Faktoren bestehen.

g) $pr + ps + qr + qs =$
$p(r+s) + q(r+s) = (p+q)(r+s)$

Findet man nicht sofort einen gemeinsamen Faktor aller Glieder, so gelingt es manchmal, durch geeignete Gruppierung der Terme in zwei Schritten einen Produktterm zu erhalten.

Aufgaben

Faktorisieren Sie, indem Sie
- gemeinsame Faktoren suchen,
- gemeinsamene Faktoren vor die neugebildete Klammer schreiben und die Restglieder in die Klammer schreiben.

93. $4xy + 2x - 6xy =$

94. $\frac{2}{3}a + \frac{5}{3}b - \frac{1}{3}c =$

95. $42abc^2 - 30ab^2c - 28a^2bc =$

96. $a^3 - 2a^2 + 4a =$

97. $-a - b =$

98. $a(5x - 2y) - b(5x - 2y) =$

99. $x(3a - b) + y(-3a + b) + 3az - bz =$

100. $3at - 5bt + 3as - 5bs =$

101. $3bx - 7ax + 6b^2 - 14ab - 12ab + 28a^2 =$

102. $sx^2y - tx^2y + 3ps - 3pt - 4as + 4at =$

4 Binomische Formeln

Erklärung

Ein Summenterm, der aus zwei Gliedern besteht, heißt **Binom**. Drei Arten von Produkten von Binomen kommen sehr häufig vor.

$$(a+b)^2 = (a+b)\cdot(a+b) = a^2+ab+ab+b^2 = a^2+2ab+b^2$$
$$(a-b)^2 = (a-b)\cdot(a-b) = a^2-ab-ab+b^2 = a^2-2ab+b^2$$
$$(a+b)(a-b) = a^2-ab+ab-b^2 = a^2-b^2$$

Deshalb sollte man diese Endergebnisse auswendig wissen.
Dies ist insbesondere dann unbedingt notwendig, wenn man einen Summenterm (rechte Seite) gegeben hat, den man in ein Produkt (linke Seite) umformen soll.

Regel

Es gilt für alle a, b $\in \mathbb{R}$:

$$(a+b)^2 = a^2 + 2ab + b^2$$
$$(a-b)^2 = a^2 - 2ab + b^2$$
$$(a+b)(a-b) = a^2 - b^2$$

Beispiele:

a) $(3+s)^2 = 9 + 6s + s^2$

b) $(5x+7y)^2 = 25x^2 + 70xy + 49y^2$

c) $25 + 30t + 9t^2 =$
$(5)^2 + 2 \cdot 5 \cdot 3t + (3t)^2 = (5+3t)^2$

d) $(5x-7y)^2 =$
$(5x)^2 - 2 \cdot 5x \cdot 7y + (7y)^2 =$
$25x^2 - 70xy + 49y^2$

e) $121a^2 + 256b^2 - 352ab =$
$(11a)^2 + (16b)^2 - 2\,(11a)\,(16b) =$
$= (11a - 16b)^2 = (16b - 11a)^2$

f) $(5s+3t)\,(5s-3t) = (5s)^2 - (3t)^2 =$
$= 25s^2 - 9t^2$

g) $36x^2 - 49y^2 = (6x)^2 - (7y)^2 =$
$= (6x+7y)\,(6x-7y)$

Ergänzungen:

$(\textcircled{3}a + \textcircled{s}b)^2 = \textcircled{3}a^2 + 2\,\textcircled{3}a\,\textcircled{s}b + \textcircled{s}b^2$

$(\textcircled{5x}a + \textcircled{7y}b)^2 =$
$\textcircled{5x}a^2 + 2\,\textcircled{5x}a\,\textcircled{7y}b + \textcircled{7y}b^2$

Man sucht erst die Quadrate (25, $9t^2$), ermittelt daraus die Grundzahlen (5, 3t) und überprüft dann, ob das verbleibende Glied das doppelte Produkt 2ab der beiden Grundzahlen ist ($2 \cdot 5 \cdot 3t = 30t$). Der letzte Schritt darf nicht übergangen werden!

Aufgaben

103. $(s+t)^2 =$

104. $(12s+4t)^2 =$

105. $(5x+6y)^2 =$

106. $(9a+6b)^2 =$

107. $4s^2 + 12st + 9t^2 =$

108. $9x^2 + 4y^2 + 12xy =$

109. $t^2 + 2t + 1 =$

110. $400n^2 + 9m^2 + 120mn =$

111. $(1{,}2x + 5y)^2 =$

112. $(s-t)^2 =$

113. $(8n - 0{,}5m)^2 =$

114. $k^2 - 24kl + 144\,l^2 =$

115. $16s^2 + 25t^2 - 40st =$

116. $x^2 - x + \frac{1}{4} =$

117. $x^2 - 2x + 1 =$

118. $25d^2 + 36c^2 - 60cd =$

119. $9x^2 + 64y^2 - 24xy =$

120. $x^4 + 100 - 20x^2 =$

121. $4x^2 + \frac{1}{4}y^2 - xy =$

122. $(2s + 5t)(2s - 5t) =$

123. $(x + 12s)(x - 12s) =$

124. $(16x - 11y)(16x + 11y) =$

125. $9y^2 - 25 =$

126. $169 - 144x^2 =$

127. $196a^2 - 225b^2 =$

128. $256p^2 - 16pq + \frac{1}{4}q^2 =$

129. $\frac{1}{9}x^2 - \frac{1}{16}y^2 =$

130. $36a^2 - 4ab + \frac{1}{9}b^2 =$

131. $\frac{1}{100} + 2x + 100x^2 =$

132. $\left(\frac{1}{12}x^2 - 6x\right)^2 =$

133. $x^4 - y^4 =$

134. $4x^4 - 25x^2 =$

135. $\frac{1}{25}a^2 - 2\frac{1}{4}b^2 =$

5 Umformen von Summen in Produktterme

Regel

Auf zwei Arten kann man einen Summenterm in einen Produktterm umwandeln:
- durch **Ausklammern gemeinsamer Faktoren** (in einem oder mehreren Schritten siehe 3.4) oder
- durch **Anwenden** der **drei binomischen Formeln** (siehe Kapitel 4).
  Manchmal werden diese Methoden auch nacheinander angewendet.
  (Eine weitere Methode für spezielle Fälle siehe Kapitel 12)

Beispiele:

a) $8xz - 10x^2 - 12yz + 15xy =$
$= 2x\,(4z - 5x) - 3y\,(4z - 5x) =$
$= (4z - 5x)\,(2x - 3y)$

b) $48s^2x - 72stx + 27t^2x =$
$= 3x\,(16s^2 - 24st + 9t^2) =$
$= 3x\,(4s - 3t)^2$

Ergänzungen:

Teilt man den Term in zwei Gruppen, aus denen jeweils ein gemeinsamer Faktor ausgeklammert wird, so muß jede Gruppe gleichviele Glieder haben (im Bsp. 2 Glieder).

Bei 3 Gliedern ist dies nicht möglich. Erst wird der gemeinsame Faktor ausgeklammert, so daß 2 Faktoren entstehen, danach eine binomische Formel angewendet.

c) $3ac^2 + 6acd + 3ad^2 - 2bc^2 -$ $-4bcd - 2bd^2 = 3a\,(c^2 + 2cd + d^2) -$ $-2b\,(c^2 + 2cd + d^2) =$ $= (c^2 + 2cd + d^2)\,(3a - 2b) =$ $= (c + d)^2\,(3a - 2b)$	Jede Gruppe hat drei Glieder.

Aufgaben

136. $3as + 5at - 6bs - 10bt =$

137. $15a^2 + 30ab + 15b^2 =$

138. $8g^2 - 8h^2 =$

139. $18x + 12ux + 2u^2x - 27y - 18uy - 3u^2y =$

140. $18s^3 - 60s^2t + 50st^2 =$

141. $6a^2xz + 12a^2vx + 6a^2yz + 12a^2vy =$

142. $5a^2 - 5b^2 + 4a^2 + 8ab + 4b^2 =$

143. $4x^2 - 2xy + 12x^2 + 3y^2 - 12xy =$

144. $4x^5 - 24x^4 + 36x^3 =$

145. $3x^3 - 48x =$

6 Bruchterme

6.1 Grundmenge und Definitionsmenge

Erklärung

Einen Bruchterm erhält man, wenn man einen Term durch einen zweiten Term dividiert, z. B.

$$2:5=\frac{2}{5}, \quad a\cdot b:c=\frac{ab}{c}, \quad (a+b):(c+d)=\frac{a+b}{c+d}, \quad \frac{6+4x}{x-3}.$$

Treten im Zähler oder Nenner eines Bruchterms Variable wie a, b, x usw. auf, so wird als **Grundmenge G** des Bruchterms die Menge der Zahlen bezeichnet, die zum Einsetzen in den Bruchterm vorgesehen sind, z. B. $G = \mathbb{N}$ oder $G = \mathbb{Q}$.

Da eine Division durch 0 nicht definiert ist, muß dies beim Einsetzen berücksichtigt werden.

Die **Definitionsmenge D** eines Bruchterms besteht aus allen Elementen der Grundmenge, bei deren Einsetzen der Nenner nicht 0 wird.

Beispiele:

a) Bruchterm: $\frac{3}{x-2}$ mit Grundmenge

$G = \mathbb{N}$, Definitionsmenge $D = \mathbb{N} \setminus \{2\}$

b) $\frac{4-2x}{x+5}$ mit $G = \mathbb{N},\ D = \mathbb{N}$

mit $G = \mathbb{Z},\ D = \mathbb{Z} \setminus \{-5\}$

c) $\frac{3a-2}{5-2a}$ mit $G = \mathbb{Z},\ D = \mathbb{Z}$

mit $G = \mathbb{Q},\ D = \mathbb{Q} \setminus \left\{\frac{5}{2}\right\}$

d) $\frac{x-5}{x^2-3x} = \frac{x-5}{x(x-3)}$

mit $G = \mathbb{Z},\ D = \mathbb{Z} \setminus \{0; 3\}$

Ergänzungen:

Nur –5 darf nicht eingesetzt werden.
2 darf eingesetzt werden, da dabei nur der Zähler 0 wird!

Zur Bestimmung der Zahlen, die man nicht einsetzen darf, löst man die Gleichung $5-2a=0$ (siehe Kapitel 8).

Aufgaben

Bestimmen Sie die Definitionsmenge folgender Bruchterme bezüglich der Grundmenge $\mathbb{Q}$!

146. $\frac{2x}{3-x}$

147. $\frac{2+a}{a+4}$

148. $\frac{3-x}{2x}$

149. $\frac{14+7a}{3-8a}$

150. $\frac{a+2}{a^2-7a}$

151. $\frac{b-3}{b^2+4}$

152. $\frac{3x}{4x}$

153. $\frac{1{,}5x}{12x^2-20x}$

154. $\frac{x}{x^2-2x+1}$

155. $\frac{4x}{9x^2+30x+25}$

6.2 Erweitern von Bruchtermen

Regel

Ein Bruchterm ändert seinen Wert nicht, wenn man Zähler und Nenner des Bruchterms mit dem gleichen Faktor ($\neq 0$) multipliziert.

Beispiele:

a) $\frac{1}{5} = \frac{1 \cdot 2}{5 \cdot 2} = \frac{2}{10}$

b) $\frac{5a}{a-b} = \frac{5a \cdot (a+b)}{(a-b) \cdot (a+b)} =$

$= \frac{5a^2 + 5ab}{a^2 - b^2}$

Ergänzungen: Klammern setzen, wenn mit einem Summenterm erweitert wird!

c) Erweitern Sie den Bruchterm $\frac{5a}{3x+2}$, so daß der Nenner $21x^2 + 14x$ entsteht!

$\frac{5a \cdot 7x}{(3x+2) \cdot 7x} = \frac{35ax}{21x^2 + 14x}$

d) Machen Sie die Bruchterme $\frac{3a-2}{5a}$ und $\frac{7}{2a-1}$ gleichnamig!

Ergänzungen: Bruchterme heißen gleichnamig, wenn sie den gleichen Nenner haben.

$\frac{(3a-2)(2a-1)}{5a \cdot (2a-1)} = \frac{6a^2 - 7a + 2}{10a^2 - 5a}$

$\frac{7 \cdot 5a}{(2a-1) \cdot 5a} = \frac{35a}{10a^2 - 5a}$

Aufgaben

Erweitern Sie den Bruchterm jeweils mit dem angegebenen Erweiterungsfaktor!

156. $\frac{2x+7}{3x-4}$ erweitern mit $2x$

157. $\frac{a-3b}{2a}$ erweitern mit $(2a - 4)$

158. $\frac{3xy+2}{10x^2}$ erweitern mit $(3xy - 2)$

159. $\frac{a-b}{a+b}$ erweitern mit (a – b)

160. $\frac{a^2-2ab}{a-b}$ erweitern mit (a + b)

Erweitern Sie den Bruchterm, so daß der angegebene Nenner entsteht!

161. $\frac{3x}{2b-3}$; Nenner: $10b - 15$

162. $\frac{3x}{2b-3}$; Nenner: $10ab^2 - 15ab$

163. $\frac{3z+1}{2x+3z}$; Nenner: $12x^2z + 18xz^2$

164. $\frac{x+4}{a+b}$; Nenner: $a^2 - b^2$

165. $\frac{a+1}{3a+b}$; Nenner: $9a^2 + 6ab + b^2$

Machen Sie die jeweils gegebenen Bruchterme gleichnamig!

166. $\frac{3x}{x-1}$; $\frac{2x}{x+2}$

167. $\frac{a+1}{3x}$; $\frac{2a-1}{y+1}$

168. $\frac{2x+y}{x+y}$; $\frac{3x}{x-y}$

169. $\frac{3a}{2x+2y}$; $\frac{5}{4x+4y}$

170. $\frac{2x}{3x+2y}$; $\frac{2y}{12x^2+8xy}$

6.3 Kürzen von Bruchtermen

Regel

Ein Bruchterm ändert seinen Wert nicht, wenn man Zähler und Nenner des Bruchterms durch den gleichen Faktor ($\neq 0$) dividiert.

Beispiele:

a) $\frac{18}{12} = \frac{18:2}{12:2} = \frac{9}{6} = \frac{9:3}{6:3} = \frac{3}{2}$

b) $\frac{3a+3b}{2a+2b} = \frac{3(a+b)}{2(a+b)} = \frac{3(a+b):(a+b)}{2(a+b):(a+b)} = \frac{3}{2}$

c) $\frac{4x+ax}{4+a} = \frac{x \cdot \cancel{(4+a)}}{1 \cdot \cancel{(4+a)}} = \frac{x}{1} = x$

für $4+a \neq 0$

d) $\frac{2x+px+2}{4x+2xz} = \frac{x(2+p)+2}{2x(2+z)}$

Ergänzungen:

oder $\frac{18}{12} = \frac{18:6}{12:6} = \frac{3}{2}$

Dies gilt, wenn $a+b \neq 0$ ist.

Das Dividieren durch den gleichen Faktor 4 + a wird durch leichtes Streichen gekennzeichnet.

Man kann nicht kürzen mit 2 oder x, da der Zähler eine Summe ist und kein Produkt. Bruchterme können nur dann gekürzt werden, wenn
- Zähler und Nenner sich je in ein Produkt verwandeln lassen,
- diese Produkte gemeinsame Faktoren haben.

Aufgaben

Kürzen Sie folgende Bruchterme!

171. $\frac{3ab}{6a} =$

172. $\frac{3ax+3bx}{9x^2} =$

173. $\frac{12a^2+4a}{8a^2} =$

174. $\frac{11a+11b}{a^2+2ab+b^2} =$

175. $\frac{4a^2-12ab+9b^2}{10a-15b} =$

176. $\frac{9x^2-9y^2}{5x-5y} =$

177. $\frac{9x^2-9y^2}{9x^2-18xy+9y^2} =$

178. $\frac{49s^2-25t^2}{14s+10t} =$

179. $\frac{8x^2-18y^2}{12x^2-36xy+27y^2}=$

180. $\frac{\frac{1}{4}a^2+\frac{1}{3}ab+\frac{1}{9}b^2}{\frac{5}{4}a^2-\frac{5}{9}b^2}=$

181. $\frac{x-2}{14-7x}=$

182. $\frac{2a^2+2ab-b^2}{a+b}=$

183. $\frac{x^2-y^2}{x-y+1}=$

184. $\frac{2a^2+2ab+3a+3b}{5a+5b}=$

185. $\frac{36x^2-100y^2}{15x+25y}=$

6.4 Vereinfachung von Bruchtermen, Polynomdivision

Erklärung

Das Zerlegen von Zähler und Nenner eines Bruchterms in Produkte mit übereinstimmenden Faktoren kann in manchen Fällen dadurch erreicht werden, daß man den Zähler durch den Nenner durchdividiert:

$$
\begin{array}{l}
\frac{2769}{13} = 2769:13 = 213 \\
\quad\ \ \underline{26} \\
\quad\ \ \ \ 16 \\
\quad\ \ \ \ \underline{13} \\
\quad\ \ \ \ \ \ 39 \\
\quad\ \ \ \ \ \ \underline{39} \\
\quad\ \ \ \ \ \ --
\end{array}
$$

Der Bruch läßt sich also schreiben:

$$\frac{2769}{13}=\frac{213\cdot\cancel{13}}{\cancel{13}}=213$$

Die Division kann auch durchgeführt werden, wenn im Zähler und Nenner eine Variable vorkommt, z. B. x oder deren Potenzen x^2, x^3 usw. oder Vielfache davon:

$$\frac{2x^3+7x^2+6x+9}{x+3}$$

Die Division wird wie oben durchgeführt. Dazu schreibt man die Zahlen mit Hilfe von Zehnerpotenzen:

$$2769 = 2\cdot 1000 + 7\cdot 100 + 6\cdot 10 + 9 = 2\cdot 10^3 + 7\cdot 10^2 + 6\cdot 10 + 9 \text{ und}$$
$$13 = 1\cdot 10 + 3.$$

$$\begin{array}{l}
(2\cdot 10^3 + 7\cdot 10^2 + 6\cdot 10^1 + 9) : (1\cdot 10^1 + 3) = 2\cdot 10^2 + 1\cdot 10^1 + 3 \\
\underline{-(2\cdot 10^3 + 6\cdot 10^2)} \\
\qquad 1\cdot 10^2 + 6\cdot 10^1 \\
\qquad \underline{-(1\cdot 10^2 + 3\cdot 10^1)} \\
\qquad\qquad 3\cdot 10^1 + 9 \\
\qquad\qquad \underline{-(3\cdot 10^1 + 9)} \\
\qquad\qquad ------
\end{array}$$

Analog rechnet man mit Variablen:

$$\begin{array}{l}
(2\cdot x^3 + 7\cdot x^2 + 6\cdot x^1 + 9) : (1\cdot x^1 + 3) = 2x^2 + 1x^1 + 3 \\
\underline{-(2\cdot x^3 + 6\cdot x^2)} \\
\qquad x^2 + 6\cdot x^1 \\
\qquad \underline{-(x^2 + 3\cdot x^1)} \\
\qquad\qquad 3\cdot x^1 + 9 \\
\qquad\qquad \underline{-(3\cdot x^1 + 9)} \\
\qquad\qquad -----
\end{array}$$

Man erhält also:

$$\frac{2x^3+7x^2+6x+9}{x+3} = \frac{(2x^2+x+3)(x+3)}{(x+3)} = 2x^2 + x + 3$$

Wenn die Division aufgeht ohne Rest, kann man also die Summe in ein Produkt zerlegen:

$$a : c = b \quad \Rightarrow \quad a = b\cdot c$$

Nicht immer läßt sich der Nenner vollständig durch Kürzen beseitigen:

$$\frac{x^2+5x+6}{(x+2)(x-7)} = \frac{(x+3)\cancel{(x+2)}}{\cancel{(x+2)}(x-7)} = \frac{x+3}{x-7}.$$

Beispiele:

Grundmenge G = $\mathbb{Q}$

a) $(x^2+5x+6):(x+2)=x+3$

$$\begin{array}{l} -(x^2+2x) \\ \hline \quad 3x+6 \\ \quad -(3x+6) \\ \hline \quad --- \end{array}$$

b) $(x^3-7x^2-5x+35):(x^2-5)=x-7$

$$\begin{array}{l} -(x^3-5x) \\ \hline \quad -7x^2+35 \\ \quad -(-7x^2+35) \\ \hline \quad --- \end{array}$$

c) $\frac{x^4-5x^2+4}{(x-1)(x+5)}=\frac{(x^3+x^2-4x-4)(x-1)}{(x-1)(x+5)}=$

$=\frac{x^3+x^2-4x-4}{(x+5)}$

$(x^4-5x^2+4):(x-1)=x^3+x^2-4x-4$

$$\begin{array}{l} -(x^4-x^3) \\ \hline \quad x^3-5x^2 \\ \quad -(x^3-x^2) \\ \hline \quad -4x^2 \\ \quad -(-4x^2+4x) \\ \hline \quad -4x+4 \\ \quad -(-4x+4) \\ \hline \quad --- \end{array}$$

$(x^3+x^2-4x-4):(x+5)=x^2-4x+16-\frac{84}{x+5}$

$$\begin{array}{l} -(x^3+5x^2) \\ \hline \quad -4x^2-4x \\ \quad -(-4x^2-20x) \\ \hline \quad 16x-4 \\ \quad -(16x+80) \\ \hline \quad -84 \text{ Rest} \end{array}$$

Ergänzungen:

Die Definitionsmenge ist hier D = $\mathbb{Q} \setminus \{-2\}$, denn Division durch 0 ist nicht definiert.

D = $\mathbb{Q}$

D = $\mathbb{Q} \setminus \{1; -5\}$

Da die Division nicht aufgeht, läßt sich der Faktor (x + 5) nicht im Zähler ausklammern, der Bruch läßt sich also nicht weiter vereinfachen.

Aufgaben

Vereinfachen Sie den Bruchterm durch Zerlegen von Zähler und Nenner in Faktoren und anschließendes Kürzen!

186. $\frac{x^3+7x^2+15x+9}{x+3}=$

187. $\frac{x^2-6x+8}{x-4}=$

188. $\frac{3x^2-12x-15}{x-5}=$

189. $\frac{4x^2+12x-40}{4}=$

190. $\frac{a^3-3a^2-32a+28}{(a+2)(a-7)}=$

191. $\frac{x^2-10x+25}{(x-5)(x+1)}=$

192. $\frac{a^3+5a^2-13a+7}{(a-1)(a+1)}=$

193. $\frac{2x^3-2}{(x-1)(x+2)}=$

194. $\frac{a^3-4a^2-3a+18}{a^2-9}=$

195. $\frac{5x^3-30x^2+55x-30}{5(x^2-1)(x-3)}=$

7 Rechnen mit Bruchtermen

7.1 Addition gleichnamiger Bruchterme

Regel

Man addiert gleichnamige Brüche, indem man die Zähler addiert und den gemeinsamen Nenner beibehält.

Beispiele:

a) $\frac{2}{5}+\frac{4}{5}+\frac{4}{5}=\frac{2+4+4}{5}=\frac{10}{5}=2$

b) $\frac{5x^2-3yz}{4x}+\frac{3x^2-2xz+3yz}{4x}=$

$=\frac{5x^2-3yz+3x^2-2xz+3yz}{4x}=$

$=\frac{8x^2-2xz}{4x}=\frac{2x(4x-z)}{2x\cdot 2}=\frac{4x-z}{2}$

c) $\frac{2a}{b}-\frac{a+c}{b}-\frac{c}{b}=\frac{2a-(a+c)-c}{b}=$

$=\frac{2a-a-c-c}{b}=\frac{a-2c}{b}$

Ergänzungen:

Der neue Bruchterm muß auf Kürzungsmöglichkeiten untersucht werden.

Vor dem Kürzen muß der Zähler erst in ein Produkt verwandelt werden.

Ein Minuszeichen vor dem Bruch übernimmt man meist in den Zähler. Summen und Differenzen im Zähler muß man dabei in Klammern setzen. (Beim Auflösen der Klammern sind die entsprechenden Regeln zu beachten.)

Aufgaben

196. $\frac{2x^2}{7} + \frac{5x^2}{7} =$

197. $\frac{x-y}{z} - \frac{y-z}{z} =$

198. $\frac{3}{a^2} - \frac{2a-b}{a^2} - \frac{3+b}{a^2} =$

199. $\frac{3x-z}{10z} - \frac{z+3x}{10z} - \frac{5x-12z}{10z} =$

200. $\frac{5a^2-2a+1}{3a} - \frac{2a-5a^2-1}{3a} - \frac{2-a^2+a}{3a} =$

7.2 Addition ungleichnamiger Terme

Regel

Man addiert ungleichnamige Bruchterme, indem man die Brüche so erweitert, daß sie einen **gemeinsamen Nenner** erhalten, und addiert sie danach. Um diesen **Hauptnenner** zu erhalten, ermittelt man **das kleinste gemeinsame Vielfache (kgV)** der gegebenen Nenner, d. h. man zerlegt die Nenner in Primfaktoren und nimmt das Produkt aus den höchsten Potenzen der vorkommenden Primfaktoren.

Beispiele:

a) $\frac{13}{20} + \frac{7}{50} = \frac{13 \cdot 5}{100} + \frac{7 \cdot 2}{100} =$

$= \frac{65+14}{100} = \frac{79}{100}$

b) $\frac{2}{9a} + \frac{1}{6a^2} + \frac{1}{4ab} =$

$= \frac{2 \cdot 4ab + 1 \cdot 6b + 1 \cdot 9a}{36a^2b} =$

$= \frac{8ab+6b+9a}{36a^2b}$

Ergänzungen:

Bestimmung des kgV

Gegebene Nenner	Erweiterungsfaktoren
$20 = 2 \cdot 2 \cdot 5 = \underline{2^2} \cdot 5$	$100 : 20 = 5$
$50 = 2 \cdot 5 \cdot 5 = 2 \cdot \underline{\underline{5^2}}$	$100 : 50 = 2$
kgV: $2^2 \cdot 5^2 = 4 \cdot 25 = 100$	

Gegebene Nenner	Erw. Faktoren
$9a = \underline{3^2} \cdot a$	$100 : 20 = 5$
$6a^2 = 2 \cdot 3 \cdot \underline{a^2}$	$100 : 50 = 2$
$4ab = \underline{2^2} \cdot a \cdot \underline{b}$	
kgV: $2^2 \cdot 3^2 \cdot a^2b = 36a^2b$	

c) $\frac{a}{x}+\frac{b}{y}+\frac{c}{z}=$

$=\frac{ayz+bxz+cxy}{xyz}$

Sind die Nenner teilerfremd, so ist das kgV das Produkt der Nenner.

d) $\frac{x}{a}+\frac{y+2}{3-b}=$

$=\frac{x(3-b)+(y+2)a}{a(3-b)}=$

$=\frac{3x-bx+ay+2a}{a(3-b)}$

Bei Multiplikation mit Summen muß man Klammern setzen.

e) $\frac{a-b}{3a-2b}+\frac{a+b}{10b-15a}=$

$=\frac{(-5)(a-b)+(a+b)}{(-5)(3a-2b)}=$

$=\frac{-5a+5b+a+b}{(-5)(3a-2b)}=\frac{-4a+6b}{-15a+10b}$

Gegebene Nenner

$3a-2b=(3a-2b)$

$10b-15a=(-5)(3a-2b)$

kgV: $(-5)(3a-2b)$

Aufgaben

Berechnen Sie, indem Sie
- den Hauptnenner bestimmen (Zerlegung in Faktoren),
- erweitern,
- Zähler zusammenfassen,
- eventuell kürzen.

201. $\frac{x}{6}+\frac{y}{15}=$

202. $\frac{3a}{2}-\frac{4}{2a}=$

203. $\frac{5x^2}{3x}-\frac{11x}{9}-\frac{4}{x^2}=$

204. $\frac{x+y}{a}-\frac{x+y}{b}=$

205. $\frac{x+5}{2x}+\frac{4-x}{x+5}=$

206. $\frac{x+y}{a-b}+\frac{x-y}{b-a}=$

207. $\frac{5}{a-b}+\frac{3}{2b-2a}=$

208. $\frac{2a}{a+b}-\frac{3b+1}{a-b}+\frac{3b^2}{a^2-b^2}=$

209. $\frac{4ab}{a^2-2ab+b^2}-\frac{a+b}{a-b}=$

210. $\frac{3}{2x+2y}-\frac{x-y}{3x^2+6xy+3y^2}=$

211. $\frac{2}{x+1}-\frac{3x}{x^2+3x+2}+\frac{4}{x+2}=$

212. $\frac{3a}{a-b}+\frac{2b+1}{b^2-a^2}=$

213. $\frac{x+7}{2x-10}-\frac{x-5}{2x+14}+\frac{1}{x^2+2x-35}=$

214. $\frac{x+2}{7x-21}-\frac{1}{21}+\frac{x-4}{x^2-6x+9}-\frac{x-1}{7x}=$

215. $\frac{a}{a+b}-\frac{b}{a-b}+\frac{a}{a^2+2ab+b^2}-\frac{b}{a^2-b^2}=$

7.3 Multiplikation von Bruchtermen

Regel

Man multipliziert zwei Bruchterme, indem man das Produkt der Zähler durch das Produkt der Nenner dividiert.

$$\frac{a}{b} \cdot \frac{c}{d} = \frac{(a \cdot c)}{(b \cdot d)} \quad (\text{mit } b \neq 0 \neq d)$$

Beispiele:

Ergänzungen:

a) $\frac{3}{4} \cdot \frac{14}{15} = \frac{3 \cdot 14}{4 \cdot 15} = \frac{1 \cdot 7}{2 \cdot 5} = \frac{7}{10}$

b) $\frac{3x}{7y} \cdot \frac{14y^2}{15x} = \frac{3x \cdot 14y^2}{7y \cdot 15x} = \frac{2y}{5}$

Vor dem Ausmultiplizieren, wenn möglich, kürzen!

c) $\frac{3xy}{ab} \cdot 2a^2b = \frac{3xy}{ab} \cdot \frac{2a^2b}{1} =$

$= \frac{3xy \cdot 2a^2b}{ab \cdot 1} = \frac{6axy}{1} = 6axy$

d) $\frac{-3a}{b} \cdot \frac{ab}{-c} \cdot \left(-\frac{2c^2}{3b}\right) =$

$= -\frac{\cancel{3}a \cdot a\cancel{b} \cdot 2c^{\cancel{2}}}{\cancel{b} \cdot \cancel{c} \cdot \cancel{3b}} = -\frac{2a^2c}{b}$

Erst das Vorzeichen bestimmen! Bei ungerader Anzahl von Faktoren mit Minuszeichen: Ergebnis erhält Minuszeichen. Bei gerader Anzahl: Pluszeichen.

e) $\left(\frac{2x}{y}\right)^3 = \frac{2x}{y} \cdot \frac{2x}{y} \cdot \frac{2x}{y} =$

$= \frac{(2x)^3}{y^3} = \frac{8x^3}{y^3}$

f) $\frac{6x - 15y}{24a + 32b} \cdot \frac{9a + 12b}{10x - 25y} =$

$= \frac{3\cancel{(2x - 5y)} \cdot 3\cancel{(3a + 4b)}}{8\cancel{(3a + 4b)} \cdot 5\cancel{(2x - 5y)}} = \frac{9}{40}$

Vor dem Ausmultiplizieren, wenn möglich, ausklammern und kürzen.

Aufgaben

216. $\frac{4u}{5x} \cdot 20xy =$

217. $\frac{35a}{4x} \cdot \frac{8xy}{7b} =$

218. $\frac{21x^2}{5y^2} \cdot \frac{15ay}{7x^3b} =$

219. $\left(-\frac{39uv}{34\ell}\right) \cdot \left(-\frac{51\ell^2u}{3v^2}\right) =$

220. $\left(-\frac{80a^2x}{63by^2}\right) \cdot \frac{27by}{16ax} =$

221. $\frac{a^2-b^2}{15ab} \cdot \frac{a^2}{(a+b)} =$

222. $\frac{13p^2qr^3}{15ab^2} \cdot \left(-\frac{25a^2b}{26pq^2}\right) \cdot \left(-\frac{27apq}{35qr^2}\right) =$

223. $\frac{7xy}{12x-15y} \cdot (20x-25y) =$

224. $\frac{4a^2+12ab+9b^2}{15x^2y} \cdot \frac{55x^3}{18a+27b} =$

225. $\frac{5mn-7n^2}{9a^2+12ab+4b^2} \cdot \frac{12a+8b}{25m^2-35mn} =$

226. $\frac{9p^2-16q^2}{12pq} \cdot \frac{42p^2q+18pq}{4q+3p} =$

227. $\frac{66ab^2}{(4x-6y)^2} \cdot \frac{9y^2-4x^2}{33a^2b^2} =$

228. $\left(\frac{a-2}{a+2}\right)^2 \cdot \frac{a^2-4}{a^4-16} \cdot \frac{a^2+4}{(a-2)^2} \cdot (a+2) =$

229. $\frac{28ax-21ay+20bx-15by}{8x-6y} \cdot \frac{2xy}{7a+5b} =$

230. $\frac{2u^2-50v^2}{u^2-v^2} \cdot \frac{2au+ub+2av+bv}{2u+10v} \cdot \frac{84au}{6a+3b} =$

7.4 Division von Bruchtermen

Regel

Man dividiert durch einen Bruchterm, indem man mit seinem Kehrwert multipliziert.

$$\frac{a}{b} : \frac{c}{d} = \frac{a}{b} \cdot \frac{d}{c} = \frac{ad}{bc} \quad (b \neq 0, c \neq 0, d \neq 0)$$

Beispiele:

a) $\frac{x^2}{y} : \frac{y}{x} = \frac{x^2}{y} \cdot \frac{x}{y} = \frac{x^3}{y^2}$

b) $(-a) : \frac{(-b)}{c} = +a \cdot \frac{c}{b} = \frac{ac}{b}$

Ergänzungen:

Erst Vorzeichen klären analog 7.3

c) $\left(\frac{1}{x}+\frac{1}{y}\right):\frac{2}{x\cdot y}=\frac{y+x}{x\cdot y}\cdot\frac{x\cdot y}{2}=\frac{x+y}{2}$

d) Doppelbrüche

$$\frac{\frac{1}{x}+\frac{1}{y}}{\frac{1}{x}-\frac{1}{y}}=\frac{y+x}{x\,y}:\frac{y-x}{x\,y}=$$

$$=\frac{y+x}{x\,y}\cdot\frac{x\,y}{y-x}=\frac{y+x}{y-x}$$

Zähler und Nenner zuerst zu einem Bruchterm zusammenfassen

e) $\left(\frac{a}{b}+\frac{b}{a}\right):\frac{c}{ab}=\frac{a^2+b^2}{ab}:\frac{c}{ab}=$

$$=\frac{a^2+b^2}{ab}\cdot\frac{ab}{c}=\frac{a^2+b^2}{c}$$

oder Anwendung des Distributivgesetzes:

$$\frac{a}{b}:\frac{c}{ab}+\frac{b}{a}:\frac{c}{ab}=\frac{a^2b}{bc}+\frac{ab^2}{ac}=$$

$$\frac{a^2}{c}+\frac{b^2}{c}=\frac{a^2+b^2}{c}$$

Aufgaben

Dividieren Sie die Bruchterme! Kürzen Sie soweit möglich!

231. $\frac{x^2}{2a}:\frac{2x^2}{5a}=$

232. $\frac{2a^2}{5b^2x}:2x=$

233. $4x:\frac{2y}{3x}=$

234. $\frac{13a^2b^2}{10c}:\frac{39a^2c^2}{5b^2}=$

235. $\left(-\frac{x^2-4}{5y}\right):\left(-\frac{x+2}{4y}\right)=$

236. $\frac{9a^2-49b^2}{6x+3y}:\frac{15a-35b}{4x^2-y^2}=$

237. $\frac{15cx+6x-10c-4}{9x^2-4}:\frac{5c+2}{3x+2}=$

238. $\frac{49a^2+42ab+9b^2}{-3ab}:\frac{49a^2-9b^2}{27b^2}=$

239. $\left(\frac{3x}{5b}:\frac{3b}{5x}\right):\frac{10b}{7x}=$

240. $\frac{\frac{b}{a}-b}{\frac{ab}{a-b}}=$

241. $\frac{9a^2-3a}{2b-a}:\frac{3a-1}{a-2b}=$

242. $\left(\frac{3}{3x-5y}-\frac{5}{3x+5y}\right):\left(\frac{y}{3a}-\frac{x}{20a}\right)=$

243. $\left(\frac{x}{y}-\frac{y}{x}\right):\left(\frac{1}{y}-\frac{1}{x}\right)=$

244. $\frac{a-b}{\frac{1}{b}-\frac{1}{a}}:\frac{a-b}{ab}=$

245. $\left(\frac{3}{4x+6y}-\frac{2}{6x-9y}\right):\frac{39y-10x}{4x^2-9y^2}=$

8 Lineare Gleichungen und Bruchgleichungen

8.1 Grundmenge G, Definitionsmenge D, Lösungsmenge L

Erklärung

Gleichungen entstehen, wenn Terme durch das Gleichheitszeichen verbunden werden.

Beispiele:

$3 \cdot 5 \cdot 2 = 30;$	$4 + 7 = 2 \cdot 4;$	$4 + x = 7;$
$7 + x = 10;$	$x = 3;$	$3x = 18;$
$x = 6;$	$4x = 24;$	$2x = 3 - 9;$
$\frac{6}{x} = 3;$	$\frac{18}{x-4} = 9;$	$\frac{5}{x} = 4$

Dabei können wahre bzw. falsche Aussagen entstehen wie in den ersten beiden Beispielen. In den restlichen Gleichungen kommt jeweils die Variable x vor. Je nachdem welche Zahlen man für x einsetzt, erhält man wahre oder falsche Aussagen. Im folgenden wollen wir Gleichungen untersuchen, in denen eine Variable vorkommt, die wir mit x bezeichnen.

Bezeichnungen:
Die Menge der Zahlen, die zum Einsetzen für die Variable x zur Verfügung stehen, heißt Grundmenge G (z. B. $G = \mathbb{Q}$).

Die Menge der Zahlen aus der Grundmenge, die man in die Terme einsetzen darf, heißt Definitionsmenge D.
Die Menge der Zahlen aus der Definitionsmenge, die eine Gleichung beim Einsetzen in eine wahre Aussage überführen, heißt Lösungsmenge L.

Beispiele:	Grundmenge $G = \mathbb{Q}$	Grundmenge $G = \mathbb{N}$	*Ergänzungen:*
a) $7 + x = 10$;	$D = \mathbb{Q}$, $L = \{3\}$	$D = \mathbb{N}$ $L = \{3\}$	
b) $x = 3$;	$D = \mathbb{Q}$, $L = \{3\}$	$D = \mathbb{N}$ $L = \{3\}$	
c) $4x = 24$;	$D = \mathbb{Q}$, $L = \{6\}$	$D = \mathbb{N}$ $L = \{6\}$	
d) $2x = 3 - 9$;	$D = \mathbb{Q}$, $L = \{-3\}$	$D = \mathbb{N}$ $L = \{\ \}$	Keine natürliche Zahl erfüllt die Gleichung.
e) $\frac{6}{x} = 2$;	$D = \mathbb{Q} \setminus \{0\}$, $L = \{3\}$	$D = \mathbb{N}$ $L = \{3\}$	Für $x = 0$ ist der Bruchterm $\frac{6}{x}$ nicht definiert.
f) $\frac{18}{x-4} = 9$;	$D = \mathbb{Q} \setminus \{4\}$, $L = \{6\}$	$D = \mathbb{N} \setminus \{4\}$ $L = \{6\}$	In der Definitionsmenge D sind nur solche Zahlen, die sowohl in den Term T_1 auf der linken Seite als auch in T_2 auf der rechten Seite eingesetzt werden dürfen, d. h. $D = D_1 \cap D_2$.
g) $\frac{3}{x} = \frac{3}{2x-1}$;	$D = \mathbb{Q} \setminus \{0; \frac{1}{2}\}$, $L = \{1\}$	$D = \mathbb{N}$ $L = \{1\}$	

Aufgaben

Bestimmen Sie die Definitionsmenge (und, falls Sie es schon schaffen, die Lösungsmenge) der Gleichung jeweils für die Grundmenge $G = \mathbb{Q}$ und $G = \mathbb{N}$.

246. $3 + x = 2$

247. $7 - x = 12 - 2x$

248. $\frac{8}{x} = 2$

249. $\frac{3}{2-x} = \frac{9}{4x-1}$

250. $\frac{3x-4}{4x-3} = 1$

8.2 Bestimmung der Lösungsmengen einfacher Gleichungen

Gleichungen, die die gleiche Lösungsmenge haben, heißen **äquivalent**.

Regel

Wird auf beiden Seiten einer Gleichung derselbe Term addiert oder subtrahiert, so erhält man eine äquivalente Gleichung.
Werden beide Seiten einer Gleichung mit demselben Term multipliziert oder durch denselben Term dividiert, so erhält man eine äquivalente Gleichung. Der Term, mit dem man multipliziert oder durch den man dividiert, muß dabei von Null verschieden sein.

Das Ziel solcher Äquivalenzumformungen (einer Gleichung) ist es, eine möglichst einfache Form der Gleichung zu erhalten, aus der die Lösungsmenge sofort abgelesen werden kann.

Beispiele: $G = \mathbb{Q}$

a) $3x - 5 = 7; \quad | +5 \qquad D = \mathbb{Q}$

$3x - 5 + 5 = 7 + 5;$

$3x = 12; \quad | :3$

$\frac{3x}{3} = \frac{12}{3};$

$x = 4;$

$L = \{4\}$

b) $2x - 5 = 7 - 4x; \quad | +4x \qquad D = \mathbb{Q}$

$6x - 5 = 7; \quad | +5$

$6x = 12; \quad | :6$

$x = 2;$

$L = \{2\}$

c) $2x + 8 = 1 + 2x; \quad | -2x \qquad D = \mathbb{Q}$

$8 = 1; \quad (f)$

$L = \{\ \}$

Ergänzungen:

Welche Zahlen addiert, subtrahiert, multipliziert oder dividiert werden, soll bei jedem Schritt angegeben werden.

1. Schritt: Alle Terme mit x werden auf eine Seite 'gebracht'.
2. Schritt: Alle Terme ohne x werden auf die andere Seite 'gebracht'.
3. Schritt: Durch den Koeffizienten von x wird dividiert.
4. Schritt: Angabe der Lösungsmenge

d) $2 \cdot (x+5) - 2 = 2x + 8; \quad D = \mathbb{Q}$
$2x + 10 - 2 = 2x + 8; \quad | -2x$
$8 = 8;$
$L = \mathbb{Q} = D$

e) $x^2 + 2(4x+3) - 5(2-x) =$
$= 8x + 3(2-5x) + x^2; \quad D = \mathbb{Q}$
$x^2 + 8x + 6 - 10 + 5x =$
$= 8x + 6 - 15x + x^2; \quad | -x^2$
$13x - 4 = -7x + 6; \quad | +7x+4$
$20x = 10; \quad | :20$
$x = \frac{1}{2};$
$L = \left\{\frac{1}{2}\right\}$

Gleichungen, die die leere Menge als Lösungsmenge besitzen, heißen nicht erfüllbar, stimmt die Lösungsmenge mit der Grundmenge überein, so heißt die Gleichung allgemein gültig, d. h. jede Einsetzung aus D ergibt eine wahre Aussage.

Klammern zuerst auflösen und zusammenfassen!

Aufgaben

Bestimmen Sie die Lösungsmenge folgender Gleichungen bei der Grundmenge $\mathbb{Q}$!

251. $5x + 7 = 3x + 25$

252. $2x - 17 = 17 - 3x$

253. $2x - 9(3x+1) = 3(x-7) + 5(x+2)$

254. $3(5x-2) + 7(4-x) = 4(5+x) - 11(2x-7) + 4x$

255. $13(2x-6) - 5(3+x) = 4(23-4x) + 2(x-7) + 7(x-13)$

256. $1{,}5(x-4) - \frac{1}{2}(7-8x) = \frac{3}{4}(16x-7) - 8(12x+0{,}5) + 74{,}5x$

257. $(x-7)^2 - 15(x+7) = (x-2)(x+2) - 5(3+4x) + 8x$

258. $3x(x-5) + 2(3-2x)^2 = 2x(9+2x) + (5-3x)(2-5x) - 8x^2$

259. $(x-5)(5-x) - 4x(2-x) = (7x-2)(x+5) - 2x(2x+3)$

260. $5x(x-2)^2 + \frac{1}{5}(4x-2)(8-5x) + 5x = 2(6x+4)(7-2x) - x(7-5x^2)$

8.3 Bruchgleichungen

Eine Gleichung, bei der die Variable x auch im Nenner vorkommt, ohne daß man sie sofort kürzen kann, heißt **Bruchgleichung**.

Beispiele: $G = \mathbb{Q}$

a) $\frac{2}{x-1} = \frac{5}{x+2}; \quad | \cdot (x-1)(x+2)$

$D = \mathbb{Q} \setminus \{1; -2\}$

$\frac{2\cancel{(x-1)}(x+2)}{\cancel{(x-1)}} = \frac{5(x-1)\cancel{(x+2)}}{\cancel{(x+2)}}$

$2x + 4 = 5x - 5; \quad | -2x + 5$

$9 = 3x; \quad | : 3$

$3 = x;$

$L = \{3\}$

b) $\frac{7}{2x} = \frac{3}{x+4} + \frac{2}{x}; \quad | \cdot 2x(x+4)$

$D = \mathbb{Q} \setminus \{0; -4\}$

$\frac{7 \cdot \cancel{2x} \cdot (x+4)}{\cancel{2x}} = \frac{3 \cdot 2x\cancel{(x+4)}}{\cancel{(x+4)}} + \frac{2 \cdot 2\cancel{x}(x+4)}{\cancel{x}}$

$7x + 28 = 6x + 4x + 16;$

$7x + 28 = 10x + 16; \quad | -7x - 16$

$12 = 3x; \quad | : 3$

$4 = x;$

$L = \{4\}$

Ergänzungen:

Bei Bruchgleichungen ist das Bestimmen der Definitionsmenge besonders wichtig.

Zur Bestimmung der Lösungsmenge wird mit dem Hauptnenner multipliziert. Die bruchfreie Gleichung kann jetzt wie oben gelöst werden.
Wichtig: $3 \in D$!

(Allgemein: $L \subseteq D$)

Aufgaben

Ermitteln Sie die Lösungsmengen folgender Bruchgleichungen bei $G = \mathbb{Q}$, indem Sie

- die Definitionsmenge bestimmen,
- mit dem Hauptnenner beide Seiten multiplizieren,
- die bruchfreie Gleichung lösen,
- überprüfen, ob die Lösung in der Definitionsmenge liegt!

261. $\frac{5}{4x} = -\frac{7}{x} - 33$

262. $\frac{3}{2-x} = \frac{2}{3-x}$

263. $\frac{1}{2-3x} + \frac{2}{3+x} = \frac{3}{x+3}$

264. $\frac{7}{4-2x} = \frac{5}{2-x} + 3$

265. $\frac{2x}{2+x} + \frac{3}{3-x} = 2$

266. $\frac{7x-4}{6x+4} = \frac{5x-6}{9x+6}$

267. $\frac{4}{3+x} - \frac{7}{2+x} = \frac{3}{4+2x} - \frac{5}{6+2x}$

268. $\frac{3+x}{x-7} = \frac{x^2}{x^2-49} + \frac{9}{x+7}$

269. $\frac{x}{10-2x} + \frac{1}{15+3x} = \frac{0,5x^2+x}{25-x^2}$

270. $\frac{5}{1-x} - \frac{3x}{1+x} = \frac{3x^2}{1-x^2} - \frac{3}{2+2x}$

271. $\frac{4x}{5+x} - \frac{4x}{2-x} = \frac{16x}{10+2x}$

272. $\frac{3}{x-5} + \frac{2}{2+x} = \frac{12}{3x+6} + \frac{1}{x}$

273. $\frac{1}{x-3} + \frac{3}{x} = \frac{6}{2x} + \frac{1}{2x-6}$

274. $\frac{1}{3+2x} - \frac{x}{9+12x+4x^2} = \frac{3,5}{21+14x}$

275. $\frac{2}{x+3} + \frac{1}{3-x} = \frac{-4x}{18-2x^2} - \frac{1}{x}$

9 Ungleichungen und Bruchungleichungen

Erklärung

Ungleichungen entstehen, wenn Terme durch die Zeichen < ('kleiner'), > ('größer'), ≤ ('kleiner oder gleich') oder ≥ ('größer oder gleich') verbunden werden:

Beispiele:

$$4 \cdot 5 < 25; \quad 4 + x < 7; \quad 3x \leq 24$$

Die Menge der Zahlen aus der Definitionsmenge einer Ungleichung, die die Ungleichung beim Einsetzen in eine wahre Aussage überführen, heißt Lösungsmenge L der Ungleichung.
Ungleichungen, die die gleiche Lösungsmenge haben, heiße äquivalent.

Regel

Wird auf beiden Seiten einer Ungleichung derselbe Term addiert oder subtrahiert, so erhält man eine äquivalente Ungleichung.
Werden beide Seiten mit demselben positiven Term multipliziert oder durch denselben positiven Term dividiert, so erhält man ebenfalls eine äquivalente Ungleichung.
Werden beide Seiten mit derselben negativen Zahl multipliziert oder durch dieselbe negative Zahl dividiert, so muß man das Kleiner- bzw. Größerzeichen umdrehen, um eine äquivalente Ungleichung zu erhalten.

In den Kapiteln 9 und 10 wird die Lösungsmenge jeweils rein rechnerisch ermittelt. Im Kapitel 14 wird eine graphische Lösung vorgestellt.

9.1 Bestimmung der Lösungsmengen einfacher Ungleichungen

Beispiele:

Ergänzungen:

a) $4 + x < 7; \quad | -4 \qquad G = \mathbb{N},$
$x < 3; \qquad D = \mathbb{N},$
$L = \{1; 2\}$

Die Lösungsmenge enthält zwei Elemente, diese werden einzeln aufgeführt.

b) $4 + x < 7; \qquad G = \mathbb{Q},$
$D = \mathbb{Q},$
$L = \{x \in \mathbb{Q} \mid x < 3\}$

Durch die neue Grundmenge wird die Lösungsmenge verändert. Ihre Elemente können nicht mehr einzeln aufgeführt werden. Kurzschreibweise bei angegebener Definitionsmenge: $L = \{x \mid x < 3\}$

Darstellung auf der Zahlengeraden:

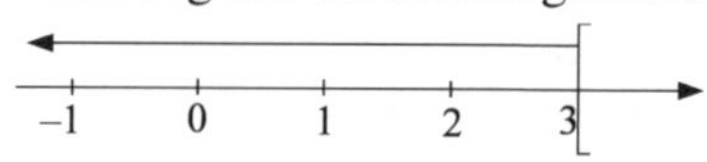

c) $3x \leq 24; \quad | :3 \qquad G = \mathbb{Q},$
$x \leq 8; \qquad D = \mathbb{Q},$
$L = \{x \mid x \leq 8\}$

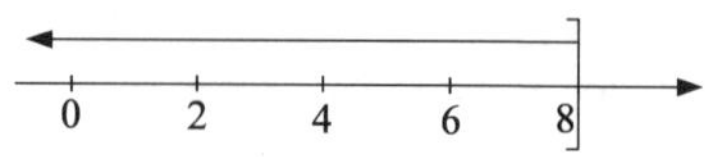

d) $3x + 4 \geq 10x + 5; \quad | -10x - 4 \qquad G = \mathbb{Q},$
$-7x \geq 1; \quad | :(-7) \qquad D = \mathbb{Q},$
$x \leq -\frac{1}{7}$
$L = \left\{x \mid x \leq -\frac{1}{7}\right\}$

oder $3x + 4 \geq 10x + 5; \quad | -3x - 5$
$-1 \geq 7x; \quad | :7$
$-\frac{1}{7} \geq x$

Bei $G = \mathbb{N} = D$ ergibt sich $L = \{\ \}$.

Aufgaben

Bestimmen Sie die Lösungsmengen der folgenden Ungleichungen jeweils bei der Grundmenge $G_1 = \mathbb{Q}$ und $G_2 = \mathbb{N}$.

276. $3 + 2x \leq -7 - 3x$

277. $4 + 7x > 3x - 16$

278. $13x - 5 \leq 10x + 23$

279. $25x - 12 < 20x + 28$

280. $3x+5<5x-7$

281. $x-3<2x+5$

282. $2x-\frac{1}{5}<4x+3$

283. $2x+2{,}5\geq 6x-1{,}5$

284. $\frac{1}{2}x-7\leq -2x-8$

285. $-1{,}5\,(x-3)+x\geq 2x-\frac{3}{8}$

9.2 Bruchungleichungen

Eine Ungleichung, bei der eine Variable x auch im Nenner vorkommt, ohne daß man sie sofort kürzen kann, heißt Bruchungleichung.

Beispiele:

a) $\frac{x-5}{x}<0;\quad D=\mathbb{Q}\setminus\{0\}$

$\frac{x-5}{x}<0;\quad |\cdot x$

Fall 1: $x>0$ und $\frac{(x-5)x}{x}<0\cdot x$

$x-5<0;\quad |+5$

$x<5$

$L_1=\{x\,|\,0<x<5\}$

Fall 2: $x<0$ und $x-5>0$

$x>+5$

$L_2=\{\ \}$

Gesamtlösungsmenge:

$L_{Ges}=L_1\cup L_2=$

$=\{x\,|\,0<x<5\}\cup\{\ \}=$

$=\{x\,|\,0<x<5\}=\,]0;5[$

Ergänzungen:

Multipliziert man mit dem Nenner x, muß man im Gegensatz zu den Gleichungen zwei Fälle unterscheiden: $x>0$ und $x<0$.
Denn im zweiten Fall muß man das Kleinerzeichen umdrehen.
Bestimmung von L_1 mit Hilfe der Zahlengeraden:

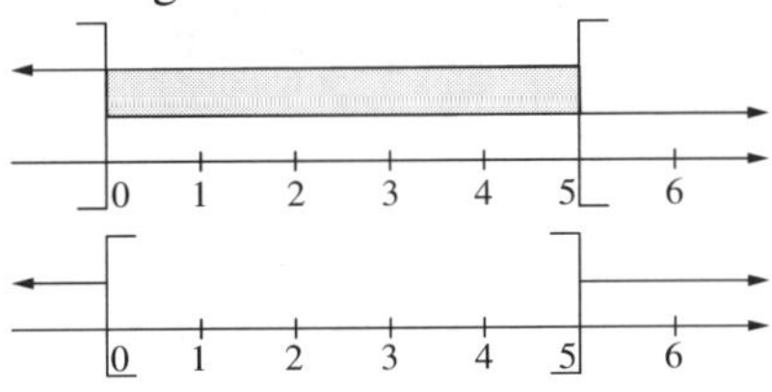

In L_{Ges} sind sowohl die Elemente, die im Fall $x>0$, als auch die im Fall $x<0$ die Ungleichung lösen.
L_{Ges} ist also die Vereinigung aus L_1 und L_2.
Kurzschreibweise für die Menge aller rationalen Zahlen zwischen 0 und 5, wobei 0 und 5 nicht in der Menge enthalten sind.

b) $\frac{x-4}{x+3} > 0; \quad D = \mathbb{Q} \setminus \{-3\}$

$\frac{x-4}{x+3} > 0; \quad | \cdot (x+3)$

Fall 1: $x+3 > 0$ und

$\frac{(x-4)(x+3)}{(x+3)} > 0 \cdot (x+3)$

$x > -3$ und $x - 4 > 0$

$x > -3$ und $x > 4$

$L_1 = \{x \mid x > 4\}$

Mathematische Kurzschreibweise dafür, daß x zwei Bedingungen gleichzeitig erfüllen soll:

$x > -3 \wedge x - 4 > 0$

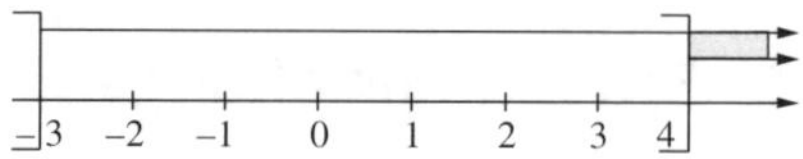

Kurzschreibweise für $L_1 =]4; +\infty[$

Fall 2: $x+3 < 0 \wedge x - 4 < 0$

$x < -3 \wedge x < 4$

$L_2 = \{x \mid x < -3\} =$

$=]-\infty; -3[$

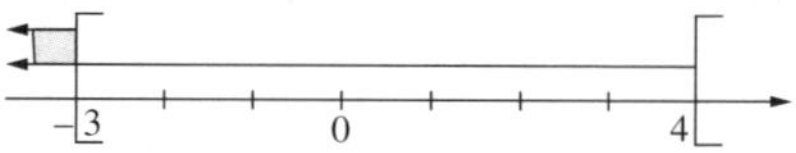

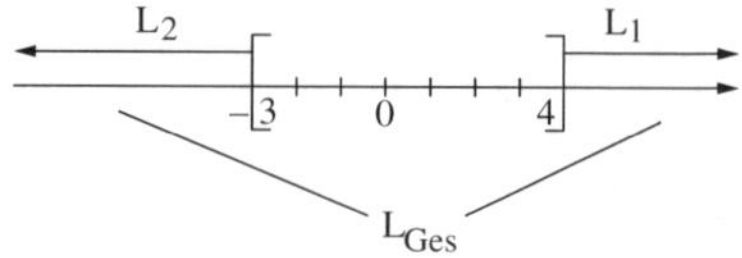

$L_{Ges} = L_1 \cup L_2 =$

$= \{x \mid x > 4\} \cup \{x \mid x < -3\} =$

$=]-\infty; -3[\cup]4; +\infty[$

$= \mathbb{Q} \setminus \{x \mid -3 \leq x \leq 4\} =$

$= \mathbb{Q} \setminus [-3; 4]$

In L_{Ges} liegen also alle rat. Zahlen, die entweder kleiner als –3 oder größer als 4 sind. Nur die rationalen Zahlen, die zwischen –3 und 4 liegen, einschließlich der Grenzen, sind nicht in der Lösungsmenge enthalten.

Probe durch Einsetzen:

$x = 5$: $\frac{5-4}{5+3} = \frac{1}{8} > 0$,

Ungleichung erfüllt

$x = -3$: Bruch nicht definiert

$x = 1$: $\frac{1-4}{1+3} = -\frac{3}{4} < 0$, Ungleichung nicht erfüllt

$x = 4$: $\frac{4-4}{4+3} = 0$, Ungleichung nicht erfüllt

c) $\frac{7x+4}{2x-1} \leq 2; \quad D = \mathbb{Q} \setminus \{0{,}5\}$

$\frac{7x+4}{2x-1} \leq 2; \quad | \cdot (2x-1)$

Fall 1: $2x-1>0 \ \wedge$
$7x+4 \leq 2(2x-1)$
$2x>1 \ \wedge \ 7x+4 \leq 4x-2$
$x>\frac{1}{2} \ \wedge \quad 3x \leq -6$
$x>\frac{1}{2} \ \wedge \quad x \leq -2$
$L_1 = \{ \ \}$

In diesem Fall bleibt das Kleinerzeichen erhalten, da der Faktor 2x – 1 positiv ist.

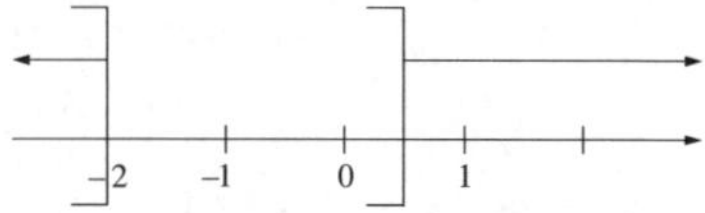

Es gibt keine Zahl, die sowohl kleiner oder gleich –2 als auch größer als $\frac{1}{2}$ ist.

Fall 2: $2x-1<0 \ \wedge \ 7x+4 \geq 2(2x-1)$
$2x<1 \ \wedge \quad 3x \geq -6$
$x<\frac{1}{2} \ \wedge \quad x \geq -2$
$L_2 = \left\{ x \mid -2 \leq x < \frac{1}{2} \right\} =$
$= [-2; \frac{1}{2}[$

Das Kleinerzeichen wird umgedreht.

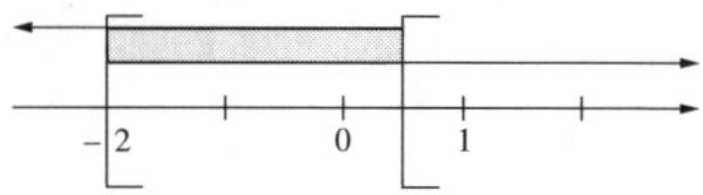

$L_{Ges} = L_1 \cup L_2 =$
$= \{ \ \} \cup [-2; \frac{1}{2}[= [-2; \frac{1}{2}[$

In L_{Ges} dürfen nur Elemente aus D sein!

d) $\frac{1}{x} + \frac{1}{x+2} < 0; \quad D = \mathbb{Q} \setminus \{0; -2\}$

$\frac{1}{x} + \frac{1}{x+2} < 0; \quad | \cdot x(x+2)$

Fall 1a: $x>0 \ \wedge \ x+2>0 \ \wedge$
$x+2+x<0$
$x>0 \ \wedge \ x>-2 \ \wedge \ 2x<-2$
$x>0 \ \wedge \ x>-2 \ \wedge \quad x<-1$
$L_{1a} = \{ \ \}$

Der Wert des Produkts $x \cdot (x+2)$ ist größer Null, wenn entweder beide Faktoren größer als Null sind $(x>0 \ \wedge \ x+2>0)$ oder beide Faktoren kleiner Null sind $(x<0 \ \wedge \ x+2<0)$.

Diese Fälle sind getrennt zu unterscheiden. Alle drei Bedingungen müssen gleichzeitig erfüllt sein.

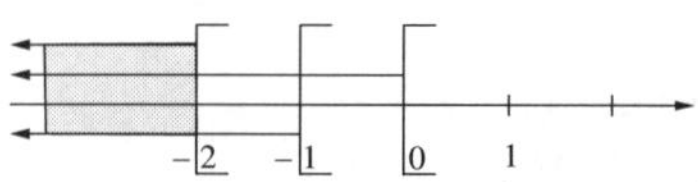

Fall 1b: $x<0 \ \wedge \ x+2<0 \ \wedge$
$x+2+x<0$
$x<0 \ \wedge \ x<-2 \ \wedge \ x<-1$
$L_{1b} = \{ x \mid x<-2 \} =$
$=]-\infty; -2[$

$x(x+2)$ ist kleiner Null, wenn die Faktoren verschiedenes Vorzeichen haben:

Fall 2a: $x < 0 \wedge x + 2 < 0 \wedge$
$x + 2 + x > 0$
$x < 0 \wedge x > -2 \wedge x > -1$
$L_{2a} = \{x \mid -1 < x < 0\} =$
$=]-1; 0[$

Fall 2b: $x > 0 \wedge x + 2 < 0 \wedge$
$x + 2 + x > 0$
$x > 0 \wedge x < -2 \wedge x > -1$
$L_{2b} = \{\ \}$

$L_{Ges} = L_{1a} \cup L_{1b} \cup L_{2a} \cup L_{2b} =$
$=]-\infty; -2[\cup]-1; 0[$

entweder $x < 0 \quad \wedge \quad x + 2 > 0$
oder $\quad x > 0 \quad \wedge \quad x + 2 < 0$

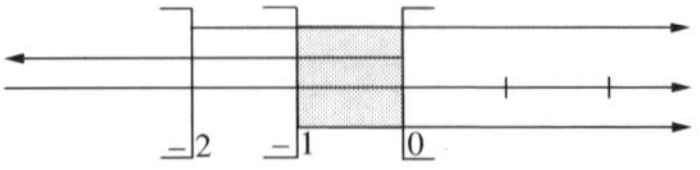

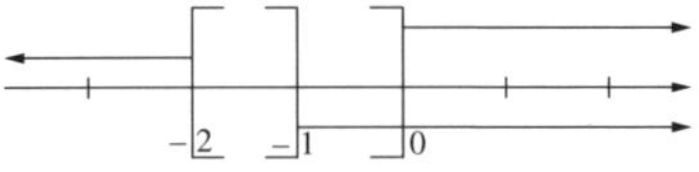

Aufgaben

Bestimmen Sie die Definitionsmengen und Lösungsmengen folgender Bruchungleichungen bei der Grundmenge G = $\mathbb{Q}$!

286. $\frac{x+2}{x} > 0$

287. $\frac{3-x}{x} > 0$

288. $\frac{x-5}{2x} \leq 0$

289. $\frac{1-2x}{3x} \geq 0$

290. $\frac{3x-3}{x-1} > 0$

291. $\frac{x-1}{x+2} \leq 0$

292. $\frac{2x+5}{x-4} \geq 0$

293. $\frac{2x-7}{2x+1} < 0$

294. $\frac{5-3x}{5x+2} > 0$

295. $\frac{4x+5}{3-x} < 2$

296. $\frac{5+x}{2x+5} > 3$

297. $\frac{x-7}{1-x} \leq 5$

298. $\frac{2x-7}{3x-5} \geq 1$

299. $\frac{2}{x} - \frac{1}{1+x} < 0$

300. $\frac{2}{x+2} + \frac{3}{x-3} > 0$

301. $\frac{1}{x+1} - \frac{5}{2x+6} \geq 0$

302. $\frac{-2}{3x+5} + \frac{4}{2x-7} > 0$

303. $\frac{2x}{x-5} - \frac{2x}{x+3} < 0$

304. $\frac{x}{x-5} + \frac{2x}{x+1} \geq 3$

305. $\frac{x}{x+1} + \frac{2x}{2x+2} > \frac{2x+1}{x-2}$

10 Absolutbetrag, Gleichungen und Ungleichungen mit Absolutbetrag

10.1 Der Absolutbetrag

Erklärung

Der absolute Betrag $|a|$ einer Zahl a ist folgendermaßen definiert:

$$|a| = \begin{cases} a & \text{für } a \geq 0 \\ -a & \text{für } a < 0 \end{cases}$$

Trägt man das Bild der Zahl a auf der Zahlengeraden an, so kann man $|a|$ als Abstand des Bildpunktes vom Nullpunkt deuten.

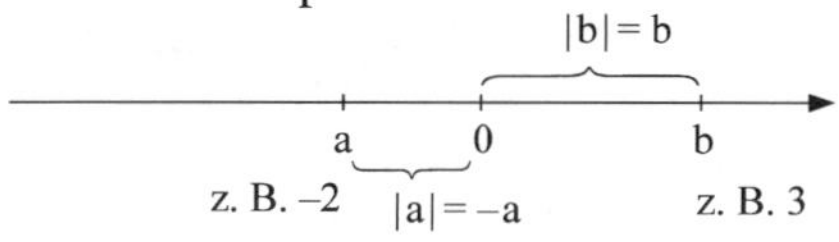

Es gilt: $|a \cdot b| = |a| \cdot |b|$ und $\left|\frac{a}{b}\right| = \frac{|a|}{|b|}$ falls $b \neq 0$ für alle Zahlen a, b.

Beispiele:

a) $|3| = 3$

b) $|-3| = -(-3) = 3$

Ergänzungen:

Bei einer positiven Zahl kann man die Betragsstriche weglassen.

Bei einer negativen Zahl läßt man das Minuszeichen weg, wenn man den Term ohne Betragsstriche schreiben will.

c) $|-3| = |3| = 3$

Für alle Zahlen a gilt: $|-a| = |a|$, d. h. Zahl und Gegenzahl sind gleich weit vom Nullpunkt entfernt.

d) $|x-5| =$

$$= \begin{cases} x-5 & \text{für } x-5>0, \text{ d. h. } x>5 \\ 0 & \text{für } x-5=0, \text{ d. h. } x=5 \\ -(x-5) & \text{für } x-5<0, \text{ d. h. } x<5 \end{cases}$$

Die mittlere Zeile kann zur ersten oder letzten Zeile dazugenommen werden:

$|x-5| = x-5$ für $x-5 \geq 0$.

e) $|x^2| = x^2$ für alle Zahlen x

denn $x^2 \geq 0$ für alle Zahlen x, z. B. $|(-10)^2| = |100| = 100$.

Aufgaben

Lösen Sie die Betragsstriche auf, d. h. schreiben Sie den Term ohne Betragsstriche!

306. $|-13{,}5| =$

307. $|x-3| =$

308. $|x+4| =$

309. $|6-x| =$

310. $|(-2)\cdot 4| =$

311. $|-x^2| =$

312. $\left|\frac{-3}{5}\right| =$

313. $\left|\frac{-5}{x}\right| =$

314. $|5x| =$

315. $|-3x| =$

316. $\left|\frac{3+x}{5}\right| =$

317. $\left|\frac{1+x}{2-x}\right| =$

10.2 Gleichungen mit Absolutbeträgen

Treten in einer Gleichung Absolutbeträge auf, so müssen bei der Bestimmung der Lösungsmenge die Fälle entsprechend der Definition des Absolutbetrages unterschieden werden. Die Definitionsmenge der Gleichung wird also geteilt in einen Bereich, in dem der Betragsinhalt größer oder gleich Null ist, und in einen Bereich, in dem der Betragsinhalt kleiner Null ist.

Beispiele: Für $G = \mathbb{Q}$

Ergänzungen:

a) $|x| = 2; \quad D = G$

Fall 1: $x \geq 0 \Rightarrow |x| = x$, d. h.
für $D_1 = \{x \mid x \geq 0\}$:
$x = 2; \; L_1 = \{2\}$

Fall 2: $x < 0 \Rightarrow |x| = -x$, d. h.
für $D_2 = \{x \mid x < 0\}$:
$-x = 2; \; L_2 = \{-2\}$

$L = L_1 \cup L_2 = \{2; -2\}$

Gesucht sind also alle Zahlen, deren Bild auf der Zahlengeraden den Abstand 2 vom Nullpunkt hat.

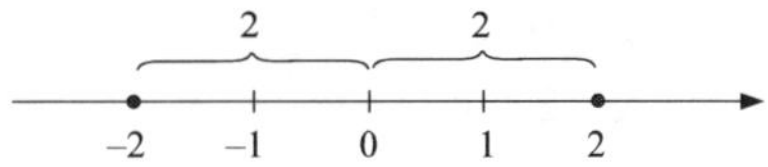

b) $|x - 3| = 2; \quad D = G$

Fall 1: $x - 3 \geq 0 \Leftrightarrow x \geq 3$;
$D_1 = \{x \mid x \geq 3\}$
$|x - 3| = 2; \; x - 3 = 2$;
$x = 5; \; L_1 = \{5\}$

Fall 2: $x - 3 < 0 \Leftrightarrow x < 3$,
$D_2 = \{x \mid x < 3\}$
$|x - 3| = 2; \; -(x - 3) = 2$;
$-x + 3 = 2; \; x = 1$
$L_2 = \{1\}; \; L = \{5; 1\}$

Gesucht sind alle Zahlen, die von 3 den Abstand 2 haben.

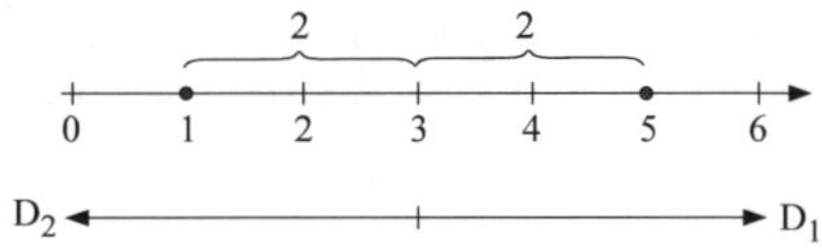

Man überprüft $5 \in D_1$! $(1 \in D_2)$

c) $\frac{x-4}{|x-2|} = 3; \quad D = \mathbb{Q} \setminus \{2\}$

Fall 1: $x - 2 > 0$,
$D_1 = \{x \mid x > 2\}$
$\frac{x-4}{|x-2|} = 3$;
$\frac{x-4}{x-2} = 3; \quad |\cdot(x-2)$
$x - 4 = 3x - 6$;
$2 = 2x$;
$x = 1 \notin D_1 \Rightarrow L_1 = \{\;\}$

$2 \notin D_1$, denn sonst würde der Nenner Null: $2 \notin D$

Fall 2: $x - 2 < 0$,

$D_2 = \{x \mid x < 2\}$

$\frac{x-4}{|x-2|} = 3;$

$\frac{x-4}{-(x-2)} = 3; \quad |\cdot(-x+2)$

$x - 4 = -3x + 6;$

$4x = 10;$

$x = 2{,}5 \notin D_2 \Rightarrow L_2 = \{\ \}$

$L = \{\ \}$

d) $\left|\frac{x+5}{x+2}\right| = 2; \quad D = \mathbb{Q} \setminus \{-2\}$

Fall 1: $\frac{x+5}{x+2} \geq 0$, d. h.

$x + 5 \geq 0 \ \wedge \ x + 2 > 0$

oder $x + 5 \leq 0 \ \wedge \ x + 2 < 0$

$\underbrace{x \geq -5 \ \wedge \ x > -2}_{x > -2}$

$\underbrace{x \leq -5 \ \wedge \ x < -2}_{x \leq -5}$

$D_1 = \mathbb{Q} \setminus]-5; -2]$

$\left|\frac{x+5}{x+2}\right| = 2; \quad \frac{x+5}{x+2} = 2; \ |\cdot(x+2)$

$x + 5 = 2x + 4;$

$x = 1 \in D_1$

$L_1 = \{1\}$

Fall 2: $\frac{x+5}{x+2} < 0$, d. h.

$x + 5 < 0 \ \wedge \ x + 2 > 0$

oder $x + 5 > 0 \ \wedge \ x + 2 < 0$

$\underbrace{x < -5 \ \wedge \ x > -2}_{\{\ \}}$

$\underbrace{x > -5 \ \wedge \ x < -2}_{-5 < x < -2}$

$D_2 =]-5; -2[$

$$\left|\frac{x+5}{x+2}\right| = 2; \quad -\frac{x+5}{x+2} = 2; \quad | \cdot (x+2)$$

$$-x-5 = 2x+4;$$

$$-9 = 3x;$$

$$x = -3 \in D_2$$

$$L_2 = \{-3\}$$

$$L = \{-3; 1\}$$

e) $|x+2|+1 = |x-4|; \quad D = \mathbb{Q}$

Hier müssen die Fälle $x+2 \gtrless 0$ und $x-4 \gtrless 0$ miteinander kombiniert werden. Man erhält also insgesamt 4 Fälle.

Fall 1: $x+2 \geq 0 \quad \wedge \quad x-4 \geq 0$

$x \geq -2 \quad \wedge \quad x \geq 4$

$D_1 = \{x \mid x \geq 4\}$

$x+2+1 = x-4;$

$3 = -4; \Rightarrow L_1 = \{\ \}$

Fall 2: $x+2 \geq 0 \quad \wedge \quad x-4 < 0$

Der Fall x = 4 wurde bereits beim Fall 1 behandelt. Daher kann man sich hier auf $x-4<0$ beschränken.

$x \geq -2 \quad \wedge \quad x < 4$

$D_2 = [-2; 4[$

$x+2+1 = -(x-4);$

$x+3 = -x+4;$

$2x = 1;$

$x = \frac{1}{2} \in D_2$

$L_2 = \left\{\frac{1}{2}\right\}$

Fall 3: $x+2 < 0 \quad \wedge \quad x-4 > 0$

Dieser Fall kann nicht auftreten, wie man an der Zahlengeraden sofort erkennt.

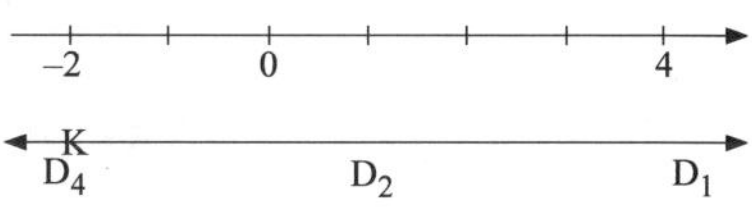

$x < -2 \quad \wedge \quad x > 4$

$D_3 = \{\ \}; \quad L_3 = \{\ \}$

Fall 4: $x+2 < 0 \quad \wedge \quad x-4 < 0$

$x < -2 \quad \wedge \quad x < 4$

$D_4 =]-\infty; -2[$

$-(x+2)+1 = -(x-4);$

$-x-2+1 = -x+4;$

$-1 = 4 \quad \Rightarrow L_4 = \{\ \}$

$L = \left\{\frac{1}{2}\right\}$

Aufgaben

Bestimmen Sie jeweils die Lösungsmenge bei der Grundmenge $\mathbb{Q}$!

318. $|x| = 5$

319. $|x - 1| = 5$

320. $|x - 1| + 1 = 5$

321. $|4x + 1| = 3$

322. $|4 - 5x| = 7$

323. $\frac{|x+5|}{2-x} = 4$

324. $\frac{4x-5}{|5-x|} = -1$

325. $\frac{|2x-3|}{x-1{,}5} = 0$

326. $\left|\frac{x-1}{x-2}\right| = 2$

327. $\frac{|20-2x|}{|4+x|} = 3$

328. $|x + 3| + 2 = |x - 7|$

329. $|x + 2| - 4 = |x - 3|$

330. $|x| + |x - 1| = 7$

331. $3|x| + |4x - 2| = 5$

332. $|x + 5| + |x - 4| = -3$

10.3 Ungleichungen mit Absolutbeträgen

Beispiele:

a) $|x| \leq 3; \quad D = G = \mathbb{Q}$

Fall 1: $x \geq 0 \Rightarrow D_1 = \{x \mid x \geq 0\}$

$|x| \leq 3; \quad x \leq 3$

$L_1 = \{x \mid 0 \leq x \leq 3\}$

Fall 2: $x < 0 \Rightarrow D_2 = \{x \mid x < 0\}$

$|x| \leq 3; \quad -x \leq 3; \quad | \cdot (-1)$

$x \geq -3$

$L_2 = \{x \mid -3 \leq x < 0\}$

$L = [-3; 3]$

b) $|x| > 3; \quad D = G = \mathbb{Q}$

Fall 1: $x \geq 0 \Rightarrow D_1 = \{x \mid x \geq 0\}$

$|x| > 3; \quad x > 3,$

$L_1 = \{x \mid x > 3\}$

Ergänzungen:

Gesucht sind alle Zahlen, deren Bild auf der Zahlengeraden einen Abstand kleiner oder gleich 3 vom Nullpunkt hat.

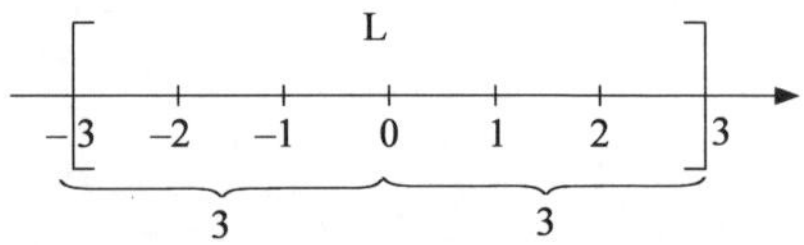

Nur solche Elemente können in L_1 bzw. L_2 auftreten, die in D_1 bzw. D_2 enthalten sind.

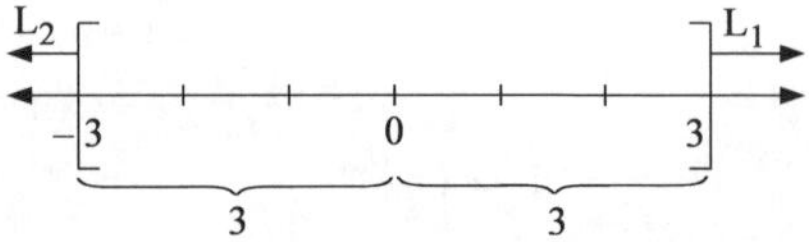

Fall 2: $x < 0 \Rightarrow D_2 = \{x \mid x < 0\}$

$|x| > 3;\ -x > 3;$

$x < -3;\ L_2 = \{x \mid x < -3\}$

$L =]-\infty; -3[\cup]3; \infty[$

$= \mathbb{Q} \setminus [-3; 3]$

L enthält alle Zahlen mit Abstand größer 3 vom Ursprung.

c) $|x - 3| \leq 1;\quad D = \mathbb{Q}$

$L = [2; 4]$

Gesucht sind alle Zahlen mit Abstand kleiner oder gleich 1 von dem Bild von 3.

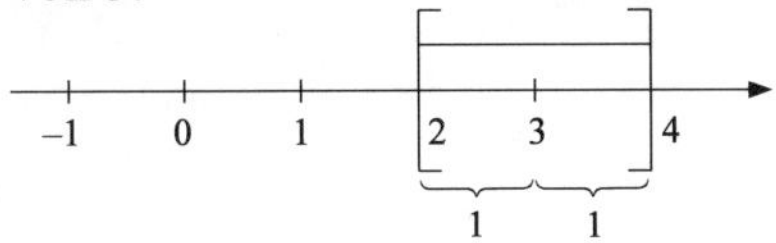

d) $|x - 5| + 2 \geq |x - 2|;\quad D = \mathbb{Q}$

Fall 1: $x - 5 \geq 0 \quad \wedge \quad x - 2 \geq 0$

$x \geq 5 \quad \wedge \quad x \geq 2$

$D_1 = [5; \infty[$

$x - 5 + 2 \geq x - 2$

$-3 \geq -2 \Rightarrow L_1 = \{\ \}$

Fall 2: $x - 5 > 0 \quad \wedge \quad x - 2 \leq 0$

$x > 5 \quad \wedge \quad x \leq 2$

$D_2 = \{\ \};\quad L_2 = \{\ \}$

Der Fall x = 5 ist bereits im Fall 1 behandelt.

Fall 3: $x - 5 < 0 \quad \wedge \quad x - 2 \geq 0$

$x < 5 \quad \wedge \quad x \geq 2$

$D_3 = [2; 5[$

$-(x - 5) + 2 \geq x - 2;$

$9 \geq 2x;$

$4{,}5 \geq x$

$L_3 = [2; 4{,}5]$

Fall 4: $x - 5 < 0 \quad \wedge \quad x - 2 < 0$

$x < 5 \quad \wedge \quad x < 2$

$D_4 =]-\infty; 2[$

$-(x - 5) + 2 \geq -(x - 2);$

$-x + 5 + 2 \geq -x + 2;$

$7 \geq 2$

$L_4 = D_4$

$L =]-\infty; 2[\cup [2; 4{,}5] =]-\infty; 4{,}5]$

e) $\frac{|x-1|}{x} > -2; \quad | \cdot x; \quad D = \mathbb{Q} \setminus \{0\}$

Beim Multiplizieren mit dem Nenner N muß man die Fälle $N \gtrless 0$ unterscheiden. Außerdem ist zur Auflösung der Betragstriche die Unterscheidung $x-1 \gtrless 0$ nötig.

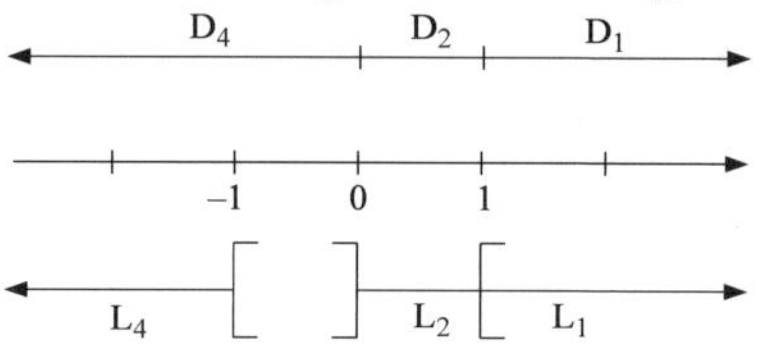

Fall 1: $x > 0 \wedge x - 1 \geq 0$

$x > 0 \wedge x \geq 1$

$D_1 = [1; \infty[$

$\frac{x-1}{x} > -2; \quad | \cdot x$

$x - 1 > -2x;$

$3x > 1;$

$x > \frac{1}{3}; \quad L_1 = D_1$

Fall 2: $x > 0 \wedge x - 1 < 0$

$x > 0 \wedge x < 1$

$D_2 =]0; 1[$

$-(x-1) > -2x;$

$x > -1; \Rightarrow L_2 = D_2$

Fall 3: $x < 0 \wedge x - 1 < 0$

$x < 0 \wedge x > 1$

$D_3 = \{\ \} = L_3$

Fall 4: $x < 0 \wedge x - 1 < 0$

$x < 0 \wedge x < 1$

$D_4 =]-\infty; 0[$

$-(x-1) < -2x;$

$x < -1;$

$L_4 =]-\infty; -1[$

$L = \mathbb{Q} \setminus [1; 0]$

Da $x < 0$ ist, muß beim Multiplizieren das Ungleichheitszeichen herumgedreht werden.

Aufgaben

Bestimmen Sie die Lösungsmengen bei der Grundmenge $\mathbb{Q}$!

333. $|x| \geq 2$

334. $|x| \leq 1$

335. $|x-4| < 2$

336. $|x+4| < 2$

337. $|x-4| \geq 2$

338. $|2x-7| \leq 2$

339. $|x+2| + 1 \leq |x-2|$

340. $|2x-5| \leq |x+1| + 2$

341. $|x| + 1 \geq |x-5|$

342. $\frac{|3x-5|}{2x} < 4$

343. $\frac{|4x+2|}{x} > 5$

344. $\frac{|x-4|}{0,5x} < 6$

345. $\frac{|2x+7|}{2x} \leq 0$

11 Rechnen mit Quadratwurzel

Erklärung

Die **Quadratwurzel** $\sqrt{a}$ bezeichnet diejenige positive Zahl, deren Quadrat a ist, z. B. $\sqrt{25} = 5$.

$\sqrt{a}$ existiert aber nur, wenn a keine negative Zahl ist, z. B. ist $\sqrt{-25}$ nicht definiert, denn es existiert keine Zahl, deren Quadrat –25 ist. Quadrate von rationalen Zahlen sind ja immer größer oder gleich Null.

Quadratwurzeln, die sich nicht als Brüche darstellen lassen, also keine rationalen Zahlen sind, heißen **irrationale Zahlen**. Nimmt man zu $\mathbb{Q}$ alle irrationalen Zahlen hinzu, so erhält man die **Zahlenmenge $\mathbb{R}$** der reellen Zahlen.

Beispiele:

a) $\sqrt{256} = 16$

Ergänzungen:

Denn es gilt: $16^2 = 256$. Der Term unter der Wurzel heißt Radikand. Hier ist also 256 der Radikand.

b) $\sqrt{2} \approx 1{,}4142$

Es gibt keine Zahl aus $\mathbb{Q}$, deren Quadrat 2 ist. $\sqrt{2}$ ist also eine irrationale Zahl.

c) $\sqrt{9}^2 = 3^2 = 9$

$\sqrt{4}^2 = 2^2 = 4$

$\sqrt{0}^2 = 0^2 = 0$

Allgemein gilt für alle $a \in \mathbb{Q}_0^+$.

$$\sqrt{a}^2 = a$$

d) $\sqrt{6^2} = \sqrt{36} = 6 = |6|$

$\sqrt{0^2} = \sqrt{0} = 0$

$\sqrt{(-6)^2} = \sqrt{36} = 6 = |-6|$

Es gilt $\sqrt{a^2} = a$ für $a \in \mathbb{Q}_0^+$.
Für nicht negative rationale Zahlen sind also Quadrieren und Wurzelziehen (Radizieren) Umkehrungen voneinander.
Für beliebige $a \in \mathbb{Q}$ gilt:

$$\sqrt{a^2} = |a|$$

e) $\sqrt{a^2 - 2ab + b^2} =$

$= \sqrt{(a-b)^2} = |a-b|$

Regel

Für die rationalen Zahlen $a, b \in \mathbb{Q}^+$ gelten folgende Regeln:

$$k\sqrt{a} + m\sqrt{a} = (k+m)\sqrt{a}$$

$$\sqrt{a} \cdot \sqrt{b} = \sqrt{a \cdot b}$$

$$\frac{\sqrt{a}}{\sqrt{b}} = \sqrt{\frac{a}{b}}$$

$$\sqrt{a^2 b} = |a| \cdot \sqrt{b}; \text{ für } a \in \mathbb{Q}$$

$$\sqrt{a^{2n}} = |a|^n \text{ für } a \in \mathbb{Q}, n \in \mathbb{N}$$

Beispiele:

Ergänzungen:

a) $3\sqrt{2} + 5\sqrt{2} = (3+5)\sqrt{2} = 8\sqrt{2}$

Man addiert wie bei gleichartigen Termen.

b) $\sqrt{2} \cdot \sqrt{18} = \sqrt{2 \cdot 18} = \sqrt{36} = 6$

Mit Hilfe der Regeln können diese Aufgaben ohne Taschenrechner gelöst werden.

c) $\frac{\sqrt{28}}{\sqrt{7}} = \sqrt{\frac{28}{7}} = \sqrt{4} = 2$

d) $\sqrt{12} = \sqrt{4 \cdot 3} = \sqrt{2^2} \cdot \sqrt{3} =$

$= |2|\sqrt{3} = 2\sqrt{3}$

Steht ein Produkt unter der Wurzel, kann man teilweise Radizieren.

e) $3\sqrt{3} = \sqrt{3^2 \cdot 3} = \sqrt{27}$

Wenn man die Zahl unter die Wurzel zieht, muß man sie quadrieren.

f) $\sqrt{a^6} = \sqrt{a^{2 \cdot 3}} = |a|^3$

Gerade Potenzen werden beim Wurzelziehen halbiert.

Aufgaben

Radizieren Sie so weit wie möglich bzw. fassen Sie zusammen!
(a, b, x, y sind positiv.)

346. $\sqrt{81}$

347. $\sqrt{0{,}81}$

348. $\sqrt{144}$

349. $\sqrt{1{,}44}$

350. $\sqrt{-144}$

351. $\sqrt{5}$

352. $\sqrt{64}^{2}$

353. $\sqrt{64^2}$

354. $\sqrt{(-64)^2}$

355. $\sqrt{8^2}$

356. $\sqrt{9-12b+4b^2}$

357. $\sqrt{a^2-b^2}$

358. $\sqrt{1985}^{2}$

359. $\sqrt{2000}^{2}$

360. $\sqrt{a^2+2ab+b^2}$

361. $2\sqrt{5}+3\sqrt{7}-5\sqrt{7}+\sqrt{5}=$

362. $\sqrt{6}-2\sqrt{6}+0{,}1\sqrt{6}=$

363. $9\sqrt{25}=$

364. $\sqrt{63}\cdot\sqrt{7}=$

365. $\sqrt{3}\cdot\sqrt{3}=$

366. $\sqrt{7}\cdot\sqrt{14}\cdot\sqrt{18}=$

367. $\sqrt{28}=$

368. $\sqrt{108}=$

369. $2\sqrt{2}+\sqrt{18}-\sqrt{50}+\sqrt{8}=$

370. $\sqrt{20}+\sqrt{50}-4\sqrt{5}-7\sqrt{2}+\sqrt{45}=$

371. $\frac{\sqrt{44}}{\sqrt{11}}=$

372. $\frac{\sqrt{54}}{\sqrt{6}}=$

373. $\sqrt{3x}\cdot\sqrt{\frac{3x}{25}}=$

374. $\frac{3\sqrt{2}\cdot 12\sqrt{18}}{\sqrt{144}}=$

375. $\frac{\sqrt{5x}\cdot\sqrt{xy^2}}{\sqrt{125x^2}}=$

376. $\sqrt{\frac{a^2}{b}}:\sqrt{b}=$

377. $\sqrt{\frac{x}{y}}:\sqrt{\frac{x^2}{y}}=$

378. $\sqrt{2^4}=$

379. $\sqrt{7^{10}}=$

380. $\sqrt{a^2b^4}=$

381. $\sqrt{100xy^2}=$

382. $\sqrt{25x^{10}y^6}=$

383. $\sqrt{10x^4}\cdot\sqrt{20y^6}=$

384. $\sqrt{27}+5\sqrt{3}=$

385. $\sqrt{8}+12\sqrt{2}+\sqrt{50}-6\sqrt{2}=$

12 Quadratische Gleichungen

12.1 Reinquadratische Gleichungen

Die Gleichung $x^2 = c$ mit der Variablen x und der Zahl $c \in \mathbb{R}$ heißt reinquadratische Gleichung. Über der Grundmenge $\mathbb{R}$ sind die Lösungsmengen:

$$
\begin{aligned}
L &= \{\sqrt{c}; -\sqrt{c}\}, && \text{falls } c > 0 \text{ ist} \\
L &= \{0\}, && \text{falls } c = 0 \text{ ist} \\
L &= \{\ \}, && \text{falls } c < 0 \text{ ist.}
\end{aligned}
$$

Beispiele:

$x^2 = 25;$

$x_1 = \sqrt{25} = 5,\ x_2 = -\sqrt{25} = -5$

$L = \{5; -5\}$

Ergänzungen:

Die Gleichung läßt sich auch schreiben:

$$x^2 - 25 = 0$$

bzw. $(x-5)(x+5) = 0$

nach der binomischen Formel.
Das Produkt ist dann Null, wenn einer der beiden Faktoren Null ist:

$x - 5 = 0$ oder $x + 5 = 0$, d. h.

$x = 5$ oder $x = -5$ ist.

b) $x^2 = -16$

$L = \{\ \}$

$x^2 + 16 > 0$ für alle reellen Zahlen x!

Aufgaben

Bestimmen Sie jeweils die Lösungsmenge über der Grundmenge $\mathbb{R}$!

386. $x^2 = 81$

387. $x^2 - 36 = 0$

388. $x^2 + 36 = 0$

389. $x^2 = 1$

390. $x^2 = 5$

391. $x^2 + 144 = 0$

392. $x^2 + 1 = 0$

393. $x^2 = 7$

394. $x^2 - 18 = 0$

395. $x^2 = 200$

396. $x^2 = \frac{25}{4}$

397. $x^2 = \frac{81}{16}$

398. $x^2 = 1{,}44$

399. $5x^2 = 20$

400. $3x^2 = 147$

12.2 Gemischtquadratische Gleichungen

Die allgemeine quadratische Gleichung läßt sich in der Form

$ax^2 + bx + c = 0$ mit $a, b, c \in \mathbb{R}$ und $a \neq 0$ schreiben.

(Grundmenge $\mathbb{R}$)

Für $b \neq 0$ heißt sie gemischtquadratische Gleichung, sonst ist es eine reinquadratische Gleichung.
Lösungen können mit Hilfe folgender Formel berechnet werden:

$$x_{1,2} = \frac{-b \pm \sqrt{b^2 - 4ac}}{2a}$$

Regel

Die Anzahl der Lösungen hängt von dem Term unter der Wurzel, der sogenannten Diskriminante $D = b^2 - 4ac$ ab.

Es gilt:

$D > 0$: 2 Lösungen

$D = 0$: 1 Lösung

$D < 0$: keine Lösung

Wenn man die Formel zur Lösung der quadratischen Gleichung anwenden will, soll man zuerst die Diskriminante D berechnen. Dann kennt man bereits die Anzahl der Lösungen. Außerdem wird der Term für $x_{1,2}$ einfacher und übersichtlicher.

Beispiele:

a) $x^2 - 5x + 6 = 0$

$D = b^2 - 4ac = (-5)^2 - 4 \cdot 1 \cdot 6 = 1$

$x_{1,2} = \frac{5 \pm \sqrt{1}}{2} = \frac{5 \pm 1}{2}$

$x_1 = \frac{5+1}{2} = 3;\ x_2 = \frac{5-1}{2} = 2$

$L = \{2; 3\}$

Ergänzungen:

Also a = 1, b = –5, c = 6
D > 0: 2 Lösungen

b) $2x^2 - 6x - 18 = 0$

$D = b^2 - 4ac = (-6)^2 - 4 \cdot 2 \cdot (-18) =$
$= 36 + 144 = 180$

$x_{1,2} = \frac{6 \pm \sqrt{180}}{4} = \frac{6 \pm 6\sqrt{5}}{4} =$
$= 1{,}5 \pm 1{,}5\sqrt{5}$

$L = \left\{1{,}5\,(1 + \sqrt{5}); 1{,}5\,(1 - \sqrt{5})\right\}$

a = 2, b = –6, c = –18
Dividiert man erst durch 2, so erhält man die etwas einfachere Gleichung

$$x^2 - 3x - 9 = 0.$$

Mit Hilfe der Division durch den Koeffizienten a kann man jede quadratische Gleichung in die Form (Normalform)

$$x^2 + px + q = 0$$

bringen.

c) $-x^2 + 14x - 49 = 0$

$D = b^2 - 4ac = 14^2 - 4 \cdot (-1) \cdot (-49) =$
$= 196 - 196 = 0$

$x_{1,2} = \frac{-14 \pm \sqrt{0}}{-2} = 7$

$L = \{7\}$

a = –1, b = 14, c = –49
Umformung ergibt:

$$x^2 - 14x + 49 = 0$$
$$(x - 7)(x - 7) = 0$$

Also ist die einzige Lösung

$$x = 7.$$

d) $3x^2 + x = 0$

$D = b^2 - 4ac = 1^2 - 4 \cdot 3 \cdot 0 = 1$

$x_{1,2} = \frac{-1 \pm 1}{6}$

$x_1 = 0,\ x_2 = -\frac{2}{6} = -\frac{1}{3}$

$L = \left\{0; -\frac{1}{3}\right\}$

$a = 3,\ b = 1,\ c = 0$
Schneller erhält man die Lösung, wenn man x ausklammert:

$x \cdot (3x + 1) = 0$, d. h.

$x = 0$ oder $3x + 1 = 0$

$x = 0$ oder $x = -\frac{1}{3}$

Diese Methode wendet man immer an, wenn der lineare Term c gleich Null ist.

e) $2x^2 + x + 1 = 0$

$D = b^2 - 4ac = 1^2 - 4 \cdot 2 \cdot 1 = -7$

$D < 0$: keine Lösung

$L = \{\ \}$

$a = 2,\ b = 1,\ c = 1$

Aufgaben

Bestimmen Sie jeweils die Lösungsmenge über der Grundmenge $\mathbb{R}$!

401. $x^2 - 6x + 8 = 0$

402. $3x^2 + 9x - 120 = 0$

403. $x^2 - 10x + 22 = 0$

404. $0,5x^2 + 0,5x - 9 = 0$

405. $-2x^2 - 2x + 88 = 0$

406. $x^2 - 6x + 7 = 0$

407. $6x^2 + 3x - 3 = 0$

408. $4x^2 - 12x + 9 = 0$

409. $x^2 - 7x = 0$

410. $8x^2 + 5x = 0$

411. $2x^2 + 7x = 0$

412. $4x^2 - 3x + 20 = 0$

413. $x + \frac{1}{x} + 2 = 0$

414. $x - \frac{24}{x} + 10 = 0$

415. $\frac{x}{x-1} - \frac{2}{x+1} = \frac{1}{x^2-1}$

12.3 Der Satz von Vieta

Erklärung

Die quadratische Gleichung $x^2 - 6x + 9 = 0$ läßt sich in der Form $(x - 3) \cdot (x - 3) = 0$ schreiben und hat die Lösungen $x_1 = 3 = x_2$. Dabei ist $-6 = -(x_1 + x_2)$ und $9 = x_1 \cdot x_2$. Dies ist kein Zufall, denn nach dem **Satz von Vieta** gilt:

Regel

Hat die quadratische Gleichung

$$x^2 + px + q = 0$$

die Lösungen x_1 und x_2, so gilt:

$$x_1 \cdot x_2 = q$$

$$-(x_1 + x_2) = p.$$

Das konstante Glied q ist also das Produkt der beiden Lösungen, und der Faktor p von x ist die negative Summe der beiden Lösungen.
Die Gleichung läßt sich außerdem schreiben:

$$(x - x_1) \cdot (x - x_2) = 0.$$

Beispiele:

a) $x^2 - 5x + 6 = 0$

$D = (-5)^2 - 4 \cdot 1 \cdot 6 = 1$

$x_{1,2} = \frac{5 \pm 1}{2}$

$x_1 = 3;\ x_2 = 2;\ L = \{2; 3\}$

$x_1 \cdot x_2 = 3 \cdot 2 = 6$

$-(x_1 + x_2) = -(3 + 2) = -5$

$(x_1 - 3)(x_2 - 2) = x^2 - 5x + 6 = 0$

Ergänzungen:

$p = -5,\ q = 6$
Der Satz wird zur Bestimmung ganzzahliger Lösungen verwendet. Man zerlegt das konstante Glied q in ein Produkt, z. B.
$6 = 3 \cdot 2 = 1 \cdot 6 = (-1) \cdot (-6)$.
Dann addiert man jeweils die Faktoren und sucht die heraus, deren Summe $-p = 5$ ergibt:
$3 + 2 = 5,\ 1 + 6 = 7,\ -1 + (-6) = -7$.
Es folgt: $x_1 = 3;\ x_2 = 2$ (bzw. umgekehrt).

b) $x^2 - 9x + 20 = 0$

$4 \cdot 5 = 20 = q$

$-(4+5) = -9 = p$

$x_1 = 4;\ x_2 = 5$

$L = \{4; 5\}$

$q = 20 = 2 \cdot 10 = 4 \cdot 5 = (-4) \cdot (-5)$

$2 + 10 = 12 \neq 9;\ 4 + 5 = 9$

$-4 + (-5) = -9 \neq 9$

Probe: $(x-4)(x-5) = x^2 - 9x + 20$

c) $x^2 - 4x - 21 = 0$

$x_1 = -3;\ x_2 = +7$

$L = \{-3; 7\}$

Probe: $(x+3)(x-7) = x^2 - 4x - 21$

$q = -21 = (-1) \cdot 21 = (-3) \cdot 7 = 3 \cdot (-7)$,
da q negativ ist, muß eine der beiden Lösungen negativ sein.

$-1 + 21 = 20;\ -3 + 7 = 4 = -p$

d) $2x^2 + 14x + 24 = 0 \mid :2$

$x^2 + 7x + 12 = 0$

$x_1 = -3;\ x_2 = -4$

$L = \{-3; -4\}$

Probe: $(x+3)(x+4) = x^2 + 7x + 12$

$q = 12 = 3 \cdot 4 = 2 \cdot 6 = 1 \cdot 12 = (-3) \cdot (-4)$

$(-3) + (-4) = -7 = -p$

Die Bestimmung der Lösungsmengen mit dem Satz von Vieta ist nur sinnvoll, wenn die Lösungen ganzzahlig sind. Findet man durch Probieren keine solchen, muß man die Lösungsformel anwenden.

Aufgaben

Bestimmen Sie jeweils die Lösungsmenge über der Grundmenge $\mathbb{R}$, wenn möglich mit dem Satz von Vieta!

416. $x^2 - 16x + 55 = 0$

417. $x^2 - 5x + 4 = 0$

418. $x^2 - 18x + 72 = 0$

419. $x^2 + 3x - 10 = 0$

420. $x^2 + 4x - 21 = 0$

421. $x^2 - x - 72 = 0$

422. $x^2 + 14x + 13 = 0$

423. $x^2 + 17x + 42 = 0$

424. $x^2 + 13x + 42 = 0$

425. $x^2 - 18x + 81 = 0$

426. $x^2 - 16 = 0$

427. $3x^2 + 6x - 45 = 0$

428. $4x^2 - 42x - 120 = 0$

429. $2x^2 - 13x + 20 = 0$

430. $x^2 + x + 1 = 0$

13 Rechnen mit Potenzen

13.1 Potenzen mit ganzzahligen Exponenten

Erklärung

Ein Term der Form

$$a^n = \underbrace{a \cdot a \cdot \ldots \cdot a}_{n-\text{Faktoren}} \quad \text{mit } a \in \mathbb{R} \text{ und } n \in \mathbb{N}$$

heißt **Potenz**, a heißt **Basis** oder Grundzahl, n heißt **Exponent** oder Hochzahl der Potenz.

Potenzen mit negativen Exponenten:

$$a^{-n} = \frac{1}{a^n} \quad \text{für } a \neq 0$$

Potenzen mit Exponent Null:

$$a^0 = 1 \quad \text{für } a \in \mathbb{R}$$

Regel

Potenzen mit gleicher **Basis**

$$a^m \cdot a^n = a^{m+n}$$

$$\frac{a^m}{a^n} = a^{m-n} \quad a \neq 0$$

Potenzen mit gleichem **Exponenten**

$$a^n \cdot b^n = (a \cdot b)^n$$

$$\frac{a^n}{b^n} = \left(\frac{a}{b}\right)^n \quad b \in \mathbb{R} \setminus \{0\}$$

Außerdem gilt: $(a^m)^n = a^{m \cdot n}$

Beispiele:

a) $3^4 = 3 \cdot 3 \cdot 3 \cdot 3 = 81$

b) $3^{-4} = \frac{1}{3^4} = \frac{1}{81}$

c) $3^0 = 1$

d) $3^4 \cdot 3^5 = 3^{4+5} = 3^9$

e) $\frac{3^5}{3^3} = 3^{5-3} = 3^2$

f) $3^4 \cdot 2^4 = (3 \cdot 2)^4 = 6^4$

g) $\frac{3^4}{2^4} = \left(\frac{3}{2}\right)^4$

h) $(3^4)^3 = 3^{4 \cdot 3} = 3^{12}$

i) $(-a)^n = \begin{cases} a^n & \text{falls n gerade} \\ -a^n & \text{falls n ungerade} \end{cases}$

Ergänzungen:

3^0 wird so definiert, daß die Potenzgesetze auch für ganzzahlige Exponenten gelten.

$1 = \frac{3^4}{3^4} = 3^4 \cdot \frac{1}{3^4} = 3^4 \cdot 3^{-4} = 3^{4-4} = 3^0$

ausführlich:

$3^4 \cdot 3^5 = 3 \cdot 3 \cdot 3 \cdot 3 \cdot 3 \cdot 3 \cdot 3 \cdot 3 \cdot 3 = 3^9$

$\frac{3^5}{3^3} = \frac{3 \cdot 3 \cdot 3 \cdot 3 \cdot 3}{3 \cdot 3 \cdot 3} = 3^2$

$3^4 \cdot 2^4 = 81 \cdot 16 = 1296 = 6^4$

$(3^4)^3 = (3^4) \cdot (3^4) \cdot (3^4) = 3^{4+4+4} = 3^{12}$

bei einer geraden Anzahl von Faktoren kann man das Minuszeichen weglassen:

$(-3)^4 = (-3)(-3)(-3)(-3) = 3^4$

$(-3)^3 = (-3)(-3)(-3) = -3^3$

Aufgaben

Vereinfachen Sie mit Hilfe der Rechenregeln für Potenzen bzw. berechnen Sie!

431. $2^6 =$ **432.** $4^4 =$ **433.** $1^3 =$

434. $2^{-3} =$ **435.** $3^{-2} =$ **436.** $5^{-2} =$

437. $6^{-3} =$ **438.** $1^{-5} =$ **439.** $2^{-1} =$

440. $1^0 =$ **441.** $1000^0 =$ **442.** $\left(\frac{1}{10}\right)^{-1} =$

443. $0{,}1^0 =$ **444.** $3^2 \cdot 3^3 =$ **445.** $3^8 =$

446. $4^2 \cdot 4^{-3} =$ **447.** $5^2 \cdot 5^2 =$ **448.** $x^4 \cdot x^3 =$

449. $x^m \cdot x^n =$ **450.** $x^5 \cdot x^{-4} =$ **451.** $3^7 \cdot 3^{-7} =$

452. $7^{-4} \cdot 7^3 =$ **453.** $\frac{3^5}{3^4} =$ **454.** $\frac{5^4}{5^5} =$

455. $\frac{8^2}{2^5} =$ **456.** $\frac{x^5}{x^3} =$ **457.** $\frac{x^7}{x^{-2}} =$

458. $\frac{6^2}{6^{-2}} =$ **459.** $2^4 \cdot \left(\frac{1}{2}\right)^4 =$ **460.** $4^2 \cdot 3^2 =$

461. $4^5 \cdot \left(\frac{1}{2}\right)^5 =$ **462.** $3^3 \cdot \left(\frac{1}{9}\right)^3 =$ **463.** $22^5 \cdot \left(\frac{1}{11}\right)^5 =$

464. $\frac{4^6}{2^6} =$ **465.** $\frac{15^4}{5^4} =$ **466.** $\frac{0{,}5^{10}}{2^{10}} =$

467. $\frac{1^{-1}}{2^{-1}} =$ **468.** $\frac{x^6}{2^6} =$ **469.** $3^2 : 3^2 =$

470. $3^2 : \left(\frac{1}{3}\right)^2 =$ **471.** $4^3 : 4^{-3} =$ **472.** $(3^2)^4 =$

473. $(3^4)^2 =$ **474.** $(0{,}99^4)^0 =$ **475.** $(0{,}99^0)^4 =$

476. $\left(\frac{1}{3}\right)^{-4} \cdot \left(\frac{1}{3}\right)^0 =$ **477.** $\left(\frac{1}{2}\right)^2 \cdot 8^4 =$ **478.** $(-2)^3 \cdot 2^3 =$

479. $\left((-1)^3\right)^2 =$ **480.** $(3^3)^2 =$ **481.** $(5^{-3})^4 =$

482. $(3^4)^{-2} \cdot (9^2)^3 =$ **483.** $(x^3)^2 =$ **484.** $(x^{-3})^2 =$

485. $(x^{-4})^2 \cdot \left(\frac{1}{x^2}\right)^4 \cdot (x^7)^{-1} \cdot (x^5)^3 =$

486. $(-2)^8 \cdot 2^{-8} \cdot (-2)^4 \cdot \left(\frac{1}{2^2}\right)^5 \cdot (-2)^5 =$

487. $(4^2)^{-2} \cdot \left(-\frac{1}{2}\right)^{-5} \cdot (-8)^3 \cdot (16^{-2})^2 \cdot \left(-\frac{1}{2}\right)^4 \cdot (9^0)^8 =$

13.2 Potenzen mit rationalen Exponenten

Erklärung

Für jede reelle Zahl $a \geq 0$ und $n \in \mathbb{N}$ versteht man unter $a^{\frac{1}{n}}$ diejenige reelle Zahl, die größer oder gleich Null ist, für die gilt:

$$\left(a^{\frac{1}{n}}\right)^n = a$$

Bezeichnung: $a^{\frac{1}{n}} = \sqrt[n]{a}$ (n-te Wurzel aus a)

$a^{\frac{m}{n}}$ ist diejenige nichtnegative reelle Zahl, für die gilt:

$$\left(a^{\frac{m}{n}}\right)^n = a^m \quad (m \in \mathbb{N}).$$

Bezeichnung: $a^{\frac{m}{n}} = \sqrt[n]{a^m}$

Weiter gilt: $a^{-\frac{m}{n}} = \frac{1}{a^{\frac{m}{n}}}$ für jede positive reelle Zahl a.

Außerdem gelten die Rechenregeln für Potenzen auch für rationale Exponenten.

Beispiele:

a) $\left(5^{\frac{1}{2}}\right)^2 = 5^{\frac{1}{2}\cdot 2} = 5^1$

$5^{\frac{1}{2}} = \sqrt{5} = \sqrt[2]{5}$

denn $\left(\sqrt{5}\right)^2 = 5$

b) $49^{\frac{1}{2}} = \sqrt{49} = 7$

c) $27^{\frac{1}{3}} = (3^3)^{\frac{1}{3}} = 3^{3\cdot\frac{1}{3}} = 3$

d) $16^{-\frac{1}{4}} = \frac{1}{16^{\frac{1}{4}}} = \frac{1}{(2^4)^{\frac{1}{4}}} = \frac{1}{2}$

e) $0^{\frac{1}{3}} = 0$

f) $4^{\frac{5}{2}} = \sqrt{4^5} = \sqrt{1024} = 32$

g) $125^{\frac{2}{3}} = (5^3)^{\frac{2}{3}} = 5^2 = 25$

h) $\sqrt[4]{2401} = (7^4)^{\frac{1}{4}} = 7$

i) $\sqrt{\sqrt[3]{64}} = \left(64^{\frac{1}{3}}\right)^{\frac{1}{2}} = (64)^{\frac{1}{6}}$

$= (2^6)^{\frac{1}{6}} = 2$

Ergänzungen:

Bei der Quadratwurzel $\sqrt{a} = \sqrt[2]{a}$ wird die 2 meist weggelassen.

$a^{\frac{1}{3}} = \sqrt[3]{a}$ wird auch als Kubikwurzel von a bezeichnet.

oder $4^{\frac{5}{2}} = (2^2)^{\frac{5}{2}} = 2^{2\cdot\frac{5}{2}} = 2^5 = 32$

Aufgaben

Berechnen Sie bzw. schreiben Sie als möglichst einfache Potenz!

488. $(7^{\frac{1}{2}})^2 =$

489. $4^{\frac{1}{2}} =$

490. $216^{\frac{1}{3}} =$

491. $\sqrt[4]{625} =$

492. $\sqrt[3]{343} =$

493. $54^{\frac{1}{3}} =$

494. $216^{-\frac{1}{3}} =$

495. $81^{-\frac{1}{4}} =$

496. $(-8)^{\frac{1}{3}} =$

497. $8^{\frac{2}{3}} =$

498. $16^{\frac{5}{4}} =$

499. $625^{\frac{1}{8}} =$

500. $\sqrt[5]{\sqrt{343}} =$

501. $\sqrt[3]{\sqrt{125}} =$

502. $32^{0,2} =$

503. $(\frac{27}{8})^{\frac{2}{3}} =$

504. $\left((\frac{5}{8})^{\frac{3}{4}}\right)^2 =$

505. $7^{\frac{1}{2}} \cdot 5^{\frac{1}{3}} =$

506. $27^{\frac{5}{3}} \cdot 128^{\frac{5}{7}} =$

507. $\left(\sqrt[4]{7}\right)^8 =$

508. $(-4)^{-\frac{5}{2}} =$

509. $\left(\frac{1}{2}\right)^{-\frac{1}{4}} \cdot 8^{\frac{2}{3}} \cdot 32^{\frac{3}{5}} =$

510. $\left(\frac{2}{25}\right)^{\frac{3}{4}} \cdot \left(\frac{8}{25}\right)^{\frac{3}{4}} =$

511. $\sqrt[3]{4} \cdot 2^{\frac{1}{5}} =$

512. $\sqrt[4]{(-12)^2} \cdot \sqrt{12} =$

513. $36^{-\frac{3}{2}} \cdot 3^{\frac{3}{2}} \cdot 2^{\frac{3}{2}} =$

514. $(0,1^4 \cdot 10^7)^{\frac{2}{3}} =$

515. $2^{\frac{4}{3}} \cdot 8^{\frac{3}{2}} =$

516. $\left(x^{\frac{1}{4}} \cdot x^2\right)^{\frac{1}{3}} =$

517. $64^{\frac{1}{5}} \cdot 4^{\frac{2}{5}} =$

14 Graphen von linearen und quadratischen Funktionen und von Betragsfunktionen

14.1 Zeichnen von Geraden

Durch die Gleichung $y = \frac{1}{2}x + 1$ wird jeder reellen Zahl $x \in \mathbb{R}$ genau eine reelle Zahl y zugeordnet. Eine solche Zuordnung kann mit einer Wertetabelle verdeutlicht werden. In dieser stehen ausgewählte x-Werte und zugehörige y-Werte untereinander.

Wertetabelle:

x	−4	−3	−2	−1	0	1	2	3	4
y	−1	−0,5	0	0,5	1	1,5	2	2,5	3

Dabei erhält man z. B. den y-Wert, der zum x-Wert −4 gehört durch Einsetzen in obige Gleichung: $y = \frac{1}{2} \cdot (-4) + 1 = -2 + 1 = -1$.

Die Zuordnung kann auch graphisch dargestellt werden. Die zugeordneten Paare (x | y) aus der Wertetabelle werden als Punkte in ein **kartesisches** oder **rechtwinkliges Koordinatensystem** eingetragen.

Durch die eingetragenen Punkte kann man eine Gerade zeichnen. Die Gerade vermittelt wie die obige Gleichung die Zuordnung der x- und y-Werte:

$-4 \mapsto -1$

$4 \mapsto 3$

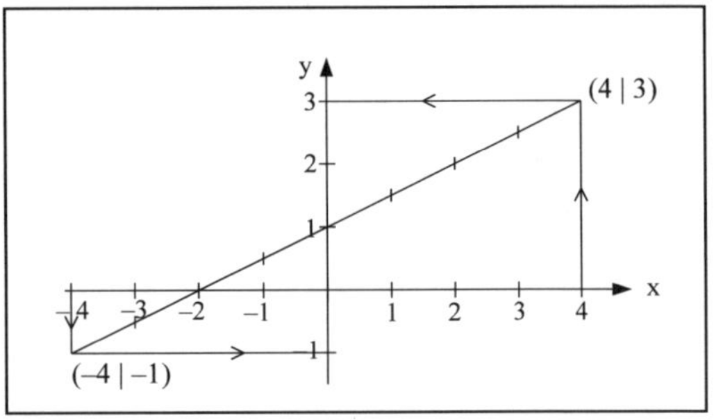

Bezeichnungen

Eine solche Zuordnung $x \mapsto y = \frac{1}{2}x + 1$ heißt eine **reelle Funktion**. Funktionen werden oft mit dem Buchstaben f bezeichnet. Die Gerade heißt **Graph** G_f der Funktion f. Eine Funktion f ist festgelegt durch die Zuordnungsvorschrift und die Menge der zugelassenen x-Werte. Diese Menge heißt **Definitionsmenge** D_f der Funktion. Die Menge der auftretenden y-Werte heißt **Wertemenge** W_f. Im Beispiel oben gilt: $D_f = \mathbb{R}$ und $W_f = \mathbb{R}$.

Die Gleichung $y = \frac{1}{2}x + 1$ heißt **Funktionsgleichung** von f.

Der Term $f(x) = \frac{1}{2}x + 1$ heißt **Funktionsterm** von f.

Der Faktor $\frac{1}{2}$ bei der Variablen x gibt an, um wieviel sich die y-Werte ändern, wenn sich die x-Werte um eine Längeneinheit ändern. Dies erkennt man auch an der Wertetabelle. Der Faktor gibt also an, wie "steil" die Gerade ist, und wird deshalb als **Steigung m** der Geraden bezeichnet.

Beispiele:

Definitionsmenge $D_f = \mathbb{R}$

a) $f: x \mapsto y = \frac{1}{4}x$

Wertetabelle:

x	–4	–3	–2	–1	0	1	2	3	4
y	–1	–0,75	–0,5	–0,25	0	0,25	0,5	0,75	1

Der Graph G_f ist eine Gerade durch den Koordinatenursprung.

Steigung: $m = \frac{1}{4}$.

Als Zeichenhilfe dient das Steigungsdreieck: Geht man von einem Punkt der Gerade um 4 Einheiten in x-Richtung und 1 Einheit in y-Richtung, so erhält man einen weiteren Punkt der Geraden.

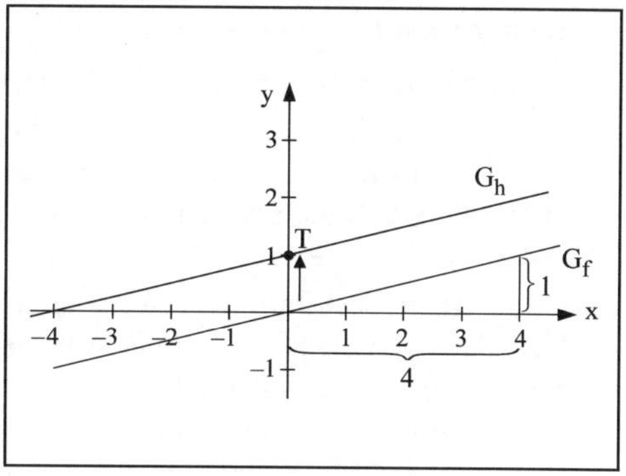

Das Steigungsdreieck kann bei jedem Punkt der Geraden gezeichnet werden. Der Graph der Funktion h: $x \mapsto y = \frac{1}{4}x + 1$ ist ebenfalls eine Gerade mit der Steigung $m = \frac{1}{4}$. Setzt man $x = 0$, so erhält man als Funktionswert $h(0) = \frac{1}{4} \cdot 0 + 1 = 1$. Die zugehörige Gerade schneidet also die y-Achse im Punkt $T(0 \mid 1)$ und ist parallel zur Ursprungsgeraden. Mit Hilfe des Steigungsdreiecks läßt sich die Gerade sofort zeichnen. Sie ist gegenüber der Ursprungsgeraden um 1 Einheit in Richtung der y-Achse nach oben verschoben.

(Ergänzung: Am Steigungsdreieck erkennt man, daß für den Schnittwinkel α zwischen den Geraden und der x-Achse gilt: $\tan\alpha = \frac{1}{4}$. Daraus folgt: $\alpha = 14{,}0°$.)

b) $f: x \mapsto y = x + 1{,}5$

Steigung: $m = 1$

Schnittpunkt mit der y-Achse:

$x = 0$: $f(0) = 0 + 1{,}5 = 1{,}5$;

$T(0 \mid 1{,}5)$

Mit dem Punkt T und dem Steigungsdreieck ("1 nach rechts und 1 nach oben") können sehr schnell weitere Punkte von G_f eingezeichnet werden und damit die zugehörige Gerade.

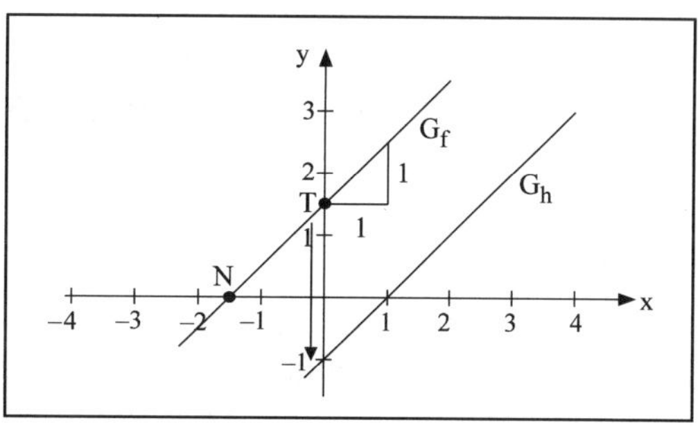

Schnittpunkt mit der x-Achse:

$y = 0$; $x + 1{,}5 = 0$; $x = -1{,}5$; N(–1,5 | 0). Der Graph der Funktion $h: x \mapsto x - 1$ ist ebenfalls eine Gerade mit der Steigung 1. Sie schneidet die y-Achse bei $y = -1$ und die x-Achse bei $x = 1$. Die Zahl $t = -1$ heißt y-Achsenabschnitt, die Stelle $x = 1$ heißt Nullstelle der Geraden.
Dabei gilt: $h(x) = f(x) - 2{,}5 = (x + 1{,}5) - 2{,}5 = x - 1$. Die Funktionswerte von h für einen bestimmten x-Wert erhält man, indem man vom zugehörigen Funktionswert f(x) 2,5 abzieht. Anschaulich bedeutet das, daß der Graph von h aus dem Graphen von f entsteht durch Verschiebung von 2,5 Einheiten parallel zur y-Achse nach unten.
(Ergänzung: Schnittwinkel mit x-Achse: $\tan\alpha = 1; \alpha = 45°$)

c) $f: x \mapsto y = -\frac{1}{2}x + 2$

Steigung: $m = -\frac{1}{2}$
Schnittpunkt mit y-Achse:
$f(0) = 2$; T(0 | 2)
Schnittpunkt mit der x-Achse:
$y = 0; -\frac{1}{2}x + 2 = 0; x = 4;$
N(4 | 0)
Steigungsdreieck: "2 nach rechts und 1 nach *unten*" oder "2 nach *links* und 1 nach oben"

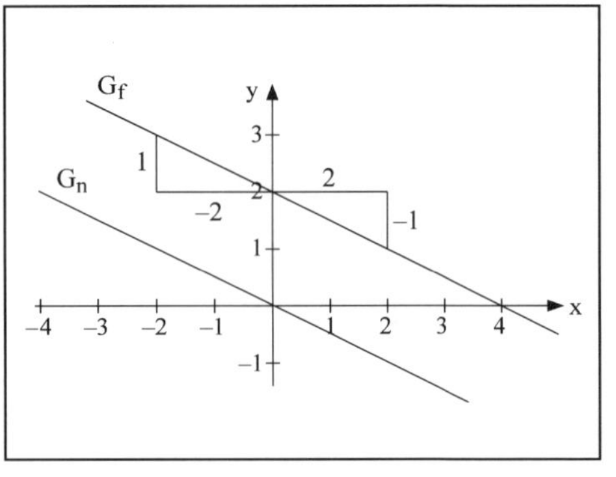

$h: x \mapsto y = -\frac{1}{2}x$; G_h ist eine Gerade durch den Ursprung mit der Steigung $-\frac{1}{2}$, also eine Parallele zu G_f durch den Ursprung.

Zusammenfassung

Funktionen der Form $f: x \mapsto y = m \cdot x + t$, $D_f = \mathbb{R}$, $m, t \in \mathbb{R}$, haben als Graphen eine Gerade mit der Steigung m und dem y-Achsenabschnitt t, d. h. der Punkt T(0 | t) liegt auf der Geraden. Die Gerade ist parallel zur Ursprungsgeraden mit der Gleichung $y = m \cdot x$ und geht aus dieser hervor durch Verschiebung um t Einheiten parallel zur y-Achse.

Für $m > 0$ erhält man eine steigende Gerade ("von links unten nach rechts oben"),
$m < 0$ erhält man eine fallende Gerade ("von links oben nach rechts unten"),
$m = 0$ erhält man eine Gerade parallel zur x-Achse.

Die Gerade kann gezeichnet werden durch
- Bestimmung zweier Punkte (z. B. Schnittpunkte mit den Achsen) oder
- Verwendung eines Punktes (z. B. $T(0 \mid t)$) und des Steigungsdreiecks.

Die Funktionen der Form $f: x \mapsto m \cdot x + t,\ x \in \mathbb{R}$ heißen **lineare Funktionen**. (Ergänzung: Für den Schnittwinkel α der Geraden mit der x-Achse gilt: $\tan\alpha = m$.)

Aufgaben

Geben Sie die Steigung der Geraden an. Bestimmen Sie jeweils die Schnittpunkte der Geraden mit den Koordinatenachsen, zeichnen Sie die Gerade in ein kartesisches Koordinatensystem ein, und zeichnen Sie ein Steigungsdreieck ein.

518. $f: x \mapsto y = \frac{1}{2}x - 1,\ x \in \mathbb{R}$

519. $f: x \mapsto y = \frac{2}{3}x + \frac{3}{2},\ x \in \mathbb{R}$

520. $f: x \mapsto y = \frac{1}{3}x + \frac{1}{2},\ x \in \mathbb{R}$

521. $f: x \mapsto y = \frac{3}{4}x - \frac{3}{2},\ x \in \mathbb{R}$

522. $f: x \mapsto y = -\frac{1}{4}x + 1,\ x \in \mathbb{R}$

523. $f: x \mapsto y = -\frac{2}{3}x + 3,\ x \in \mathbb{R}$

524. $f: x \mapsto y = -\frac{3}{2}x + 3,\ x \in \mathbb{R}$

525. $f: x \mapsto y = -2x + 1,\ x \in \mathbb{R}$

526. $f: x \mapsto y = \frac{4}{3}x + \frac{5}{3},\ x \in \mathbb{R}$

527. $f: x \mapsto y = \frac{3}{5}x - \frac{2}{5},\ x \in \mathbb{R}$

14.2 Aufstellen von Geradengleichungen

Durch zwei Punkte kann man eine Gerade zeichnen. Eine Gerade ist also durch zwei Punkte der Geraden bzw. durch einen Punkt und die Steigung der Geraden eindeutig festgelegt.

Aus diesen Angaben soll nun die Gleichung der Geraden bestimmt werden.

Die Gerade g verläuft durch den Punkt P(2 | 1) und hat die Steigung $m = -\frac{1}{2}$. Damit kann die Gerade gezeichnet werden.
Für die Funktionsgleichung von g macht man den Ansatz

$$y = mx + t.$$

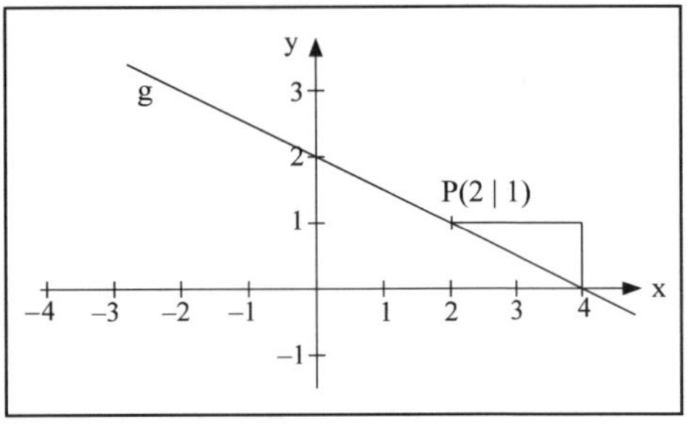

In diesen Ansatz werden die Koordinaten des Punktes P (x = 2; y = 1) und die Steigung $m = -\frac{1}{2}$ eingesetzt:

$$1 = -\frac{1}{2} \cdot 2 + t; \quad t = 2.$$

Damit ergibt sich für g die Gleichung $y = -\frac{1}{2}x + 2$.

Liegen die Punkte P(−1 | 1) und Q(3 | 2) auf der Geraden h, so kann die Gerade h gezeichnet werden, ebenso ein Steigungsdreieck.

Man erhält die Seitenlängen des Steigungsdreiecks durch die Differenzen Δx der x-Koordinaten von P und Q

$$\Delta x = x_Q - x_P = 3 - (-1) = 4$$

und die Differenz Δy der entsprechenden y-Koordinaten von P und Q

$$\Delta y = y_Q - y_P = 2 - 1 = 1.$$

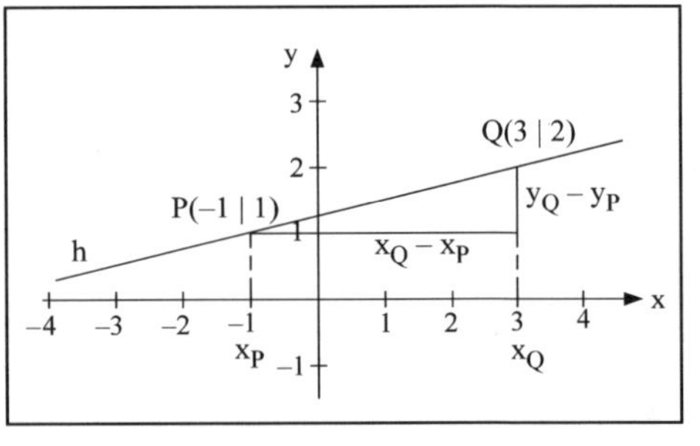

Daraus erhält man die Steigung $m = \frac{\Delta y}{\Delta x} = \frac{1}{4}$. Durch Einsetzen der Steigung m und der Koordinaten einer der beiden Punkte P oder Q in den Ansatz y = mx + t läßt sich die Gleichung für die Gerade h bestimmen:

$$1 = \frac{1}{4} \cdot (-1) + t; \;\; t = \frac{5}{4}.$$

Damit ergibt sich für h die Gleichung $y = \frac{1}{4}x + \frac{5}{4}$.

Beispiele:

a) Gerade durch den Punkt P(3 | –1) mit der Steigung $m = -\frac{1}{3}$.

Ansatz für die Gleichung

$$y = mx + t.$$

Einsetzen von m und $x_P = 3$
$y_P = -1$:

$$-1 = -\frac{1}{3} \cdot 3 + t; \;\; t = 0.$$

Gleichung: $y = -\frac{1}{3}x$.

Die Gerade geht durch den Ursprung, da t = 0 ist.

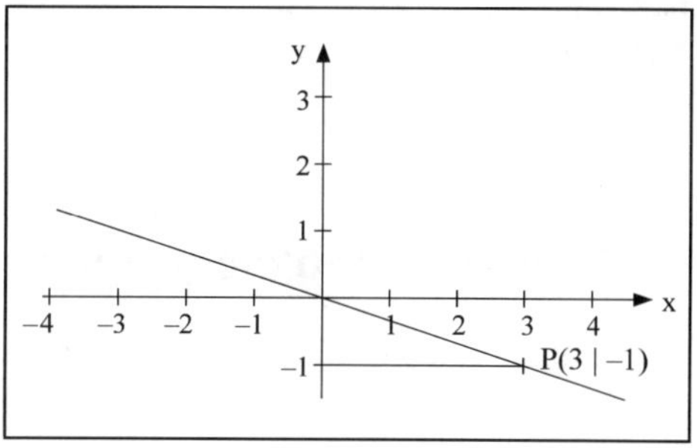

b) Gerade durch die Punkte P(–3 | 0) und Q(2 | 3)

$\Delta y = y_Q - y_P = 3 - 0 = 3$

$\Delta x = x_Q - x_P = 2 - (-3) = 5$

Ansatz: y = mx + t

Einsetzen von m und x_P, y_P:

$$0 = \frac{3}{5} \cdot (-3) + t; \;\; t = \frac{9}{5}.$$

Gleichung: $y = \frac{3}{5}x + \frac{9}{5}$

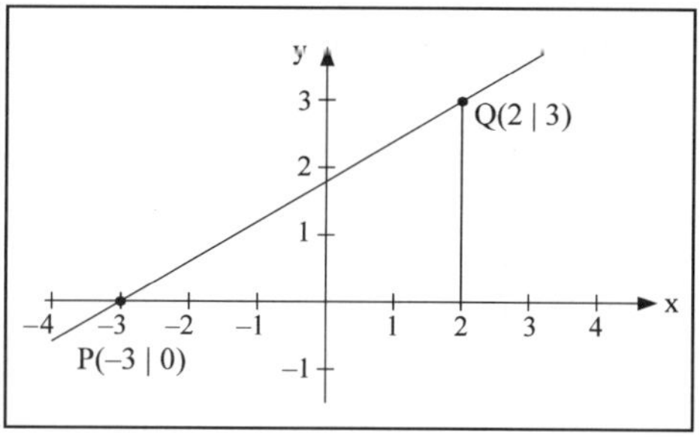

Vertauscht man bei Δy *und* Δx die Reihenfolge der Koordinaten, so erhält man den gleichen Wert für die Steigung:

$$m = \frac{\Delta y}{\Delta x} = \frac{y_P - y_Q}{x_P - x_Q} = \frac{0-3}{-3-2} = \frac{-3}{-5} = \frac{3}{5}$$

Aufgaben

Bestimmen Sie aus den gegebenen Größen jeweils eine Gleichung für die zugehörige Gerade.

528. $P(-1 \mid 1)$, $Q(2 \mid -1)$

529. $P(-3 \mid 1)$, $m = \frac{2}{3}$

530. $P(-4 \mid -1)$, $Q(-2 \mid 3)$

531. $P(1 \mid 2)$, $m = -1$

532. $P(-4 \mid 3)$, $Q(-2 \mid 0{,}5)$

533. $P(-1 \mid -1{,}5)$, $m = \frac{4}{3}$

534. $P(-3 \mid -1)$, $Q(-1 \mid 2)$

535. $P(0{,}5 \mid -1)$, $m = \frac{5}{3}$

14.3 Lineare Ungleichungen

Nun sollen lineare Ungleichungen in der Grundmenge $G = \mathbb{R}$ mit Hilfe der Zeichnung der zugehörigen Geraden gelöst werden.

Ungleichung: $\frac{1}{2}x + 1 > 0$, Definitionsmenge $D = \mathbb{R}$

zugehörige Geradengleichung: $y = \frac{1}{2}x + 1$

Zeichnung der Geraden: $m = \frac{1}{2}$, $T(0 \mid 1)$, $N(-2 \mid 0)$

Die Ungleichung

$$(y =)\ \frac{1}{2}x + 1 > 0$$

wird nun folgendermaßen interpretiert:
Gesucht sind alle x-Werte, für die die y-Werte der zugehörigen Punkte auf der Geraden größer als Null sind, d. h. für die die Gerade oberhalb der x-Achse verläuft.

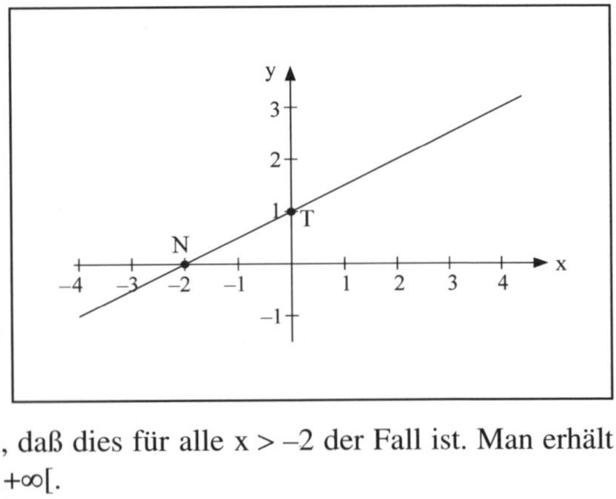

Aus der Zeichnung erkennt man, daß dies für alle $x > -2$ der Fall ist. Man erhält also die Lösungsmenge $L =]-2; +\infty[$.

Bei der Ungleichung (y =) $\frac{1}{2}$ x + 1 < 0 sucht man entsprechend alle x-Werte, für die die y-Werte der zugehörigen Geradenpunkte kleiner als Null sind, d. h. für die die Gerade unterhalb der x-Achse verläuft. Man erhält dann als Lösungsmenge L =]–∞; –2[.

Beispiele:

a) Ungleichung: $\frac{1}{4}x+1>0$, $G = D = \mathbb{R}$

zugehörige Geradengleichung: $y=\frac{1}{4}x+1$

$m=\frac{1}{4}$, T(0 | 1), N(–4 | 0)

Für x > –4 sind die y-Werte der Geradenpunkte größer als Null, d. h. die Gerade verläuft oberhalb der x-Achse. Es folgt:

L =]–4; +∞[

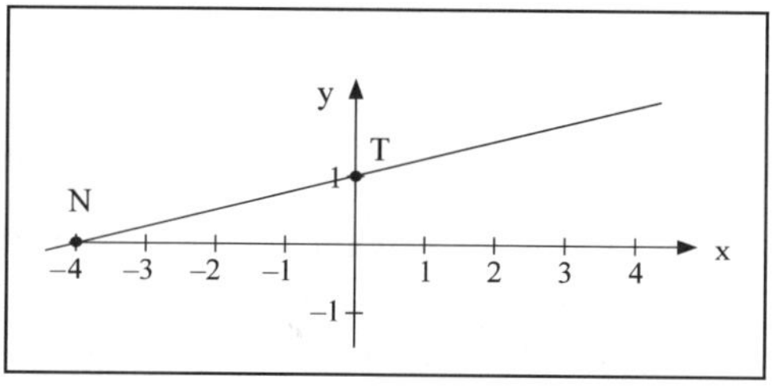

b) Ungleichung: $x+1{,}5\leq 0$, $G = D = \mathbb{R}$

zugehörige Geradengleichung: $y=x+1{,}5$

$m=1$, T(0 | 1,5), N(–1,5 | 0)

Gesucht sind die x-Werte aller Punkte der Geraden, die auf der x-Achse liegen oder für die die Gerade unterhalb der x-Achse verläuft.

L =]–∞; –1,5]

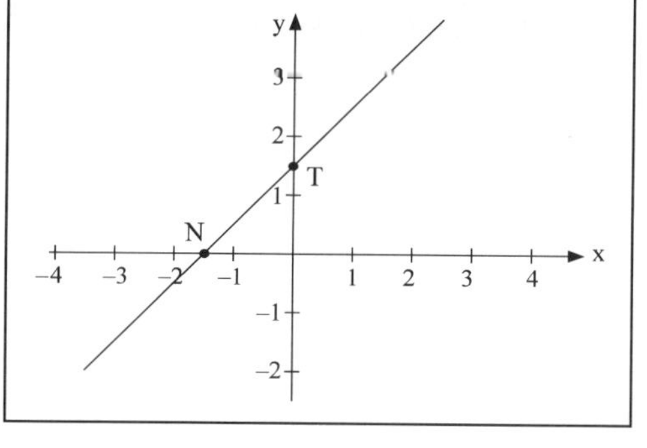

c) Ungleichung: $-\frac{1}{2}x + 2 \geq 0$, $\quad G = D = \mathbb{R}$

zugehörige Geradengleichung: $y = -\frac{1}{2}x + 2$

$m = -\frac{1}{2}$, T(0 | 2), N(4 | 0)

Gesucht sind die x-Werte aller Punkte der Geraden, die entweder auf der x-Achse liegen oder oberhalb der x-Achse.

$L =]-\infty; 4]$

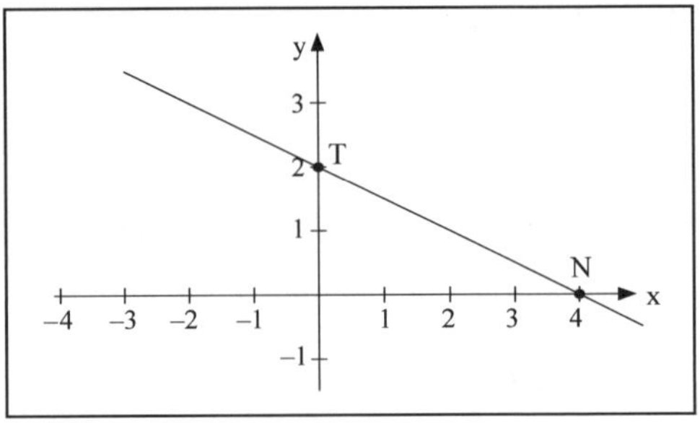

d) Ungleichung: $x + 4 < \frac{5}{3}x + 3$, $\quad G = D = \mathbb{R}$

Alle Terme werden auf die linke Seite gebracht, d. h. beidseitig wird $-\frac{5}{3}x - 3$ addiert. Man erhält dann: $-\frac{2}{3}x + 1 < 0$.
zugehörige Geradengleichung: $y = -\frac{2}{3}x + 1$

$m = -\frac{2}{3}$, T(0 | 1), N($\frac{3}{2}$ | 0)

Gesucht sind die x-Werte aller Punkte der Geraden, für die die Gerade unterhalb der x-Achse verläuft.

$L =]1{,}5; \infty[$

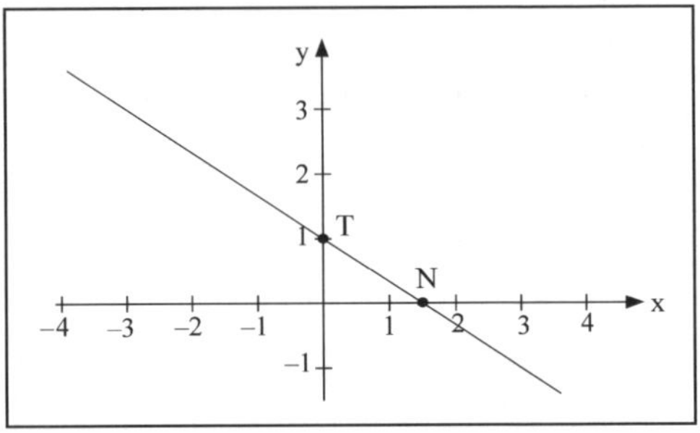

Aufgaben

Bestimmen Sie jeweils die Lösungsmenge der Ungleichung für $G = D = \mathbb{R}$!

536. $\frac{1}{2}x - 1 \leq 0$

537. $\frac{2}{3}x + \frac{3}{2} > 0$

538. $\frac{1}{3}x + \frac{1}{2} \geq 0$

539. $\frac{3}{4}x - \frac{3}{2} < 0$

540. $-\frac{1}{4}x + 1 \leq 0$

541. $-\frac{2}{3}x + 3 > 0$

542. $-\frac{3}{2}x + 3 < 0$

543. $-2x + 1 \geq 0$

544. $2x + 1 < \frac{2}{3}x - \frac{2}{3}$

545. $x - 1 > \frac{2}{5}x - \frac{3}{5}$

14.4 Einfache Bruchungleichungen

Einfache Bruchungleichungen sind in diesem Kapitel solche Ungleichungen, bei denen die zugehörigen Bruchterme im Zähler und im Nenner aus linearen Funktionstermen bestehen.

Wir untersuchen die Ungleichung $\frac{x+2}{-x+1} > 0$ in der Grundmenge $G = \mathbb{R}$.

Für die Definitionsmenge gilt: $D = \mathbb{R} \setminus \{1\}$. Denn für $x = 1$ wird der Nenner Null.

Wir betrachten die Zählerfunktion $z: x \mapsto y = x + 2$
und die Nennerfunktion $n: x \mapsto y = -x + 1$
jeweils mit der Definitionsmenge $D = \mathbb{R}$ und zeichnen die zugehörigen Geraden G_z und G_n mit Hilfe des y-Achsenabschnitts und der Steigung. Die jeweiligen Nullstellen sind $N_z(-2 \mid 0)$ und $N_n(1 \mid 0)$.

Der Wert des Bruchterms $\frac{x+2}{-x+1}$ ist dann größer als Null, wenn entweder Zähler *und* Nenner positiv oder Zähler *und* Nenner negativ sind. In der Lösungsmenge der Ungleichung sind also alle x-Werte, für die *beide* Geraden oberhalb oder *beide* Geraden unterhalb der x-Achse verlaufen. Aus der Zeichnung erkennt man, daß dies für alle $x \in]-2; 1[$ der Fall ist. Also folgt: $L =]-2; 1[$.

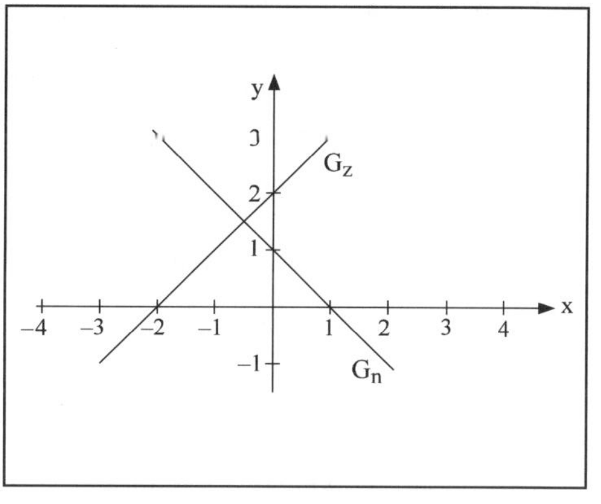

Beispiele:

a) Ungleichung: $\frac{x-4}{x} < 0$, $D = \mathbb{R} \setminus \{0\}$

Zähler: $z(x) = x - 4$, Geradengleichung $y = x - 4$, $m_z = 1$, $T_z(0 \mid -4)$, $N_z(4 \mid 0)$

Nenner: $n(x) = x$, Geradengleichung $y = x$, $m_n = 1$, $T_n(0 \mid 0) = N_n$

Der Bruchterm $\frac{x-4}{x}$ ist dann kleiner als Null, wenn entweder der Zähler größer als Null ist *und* der Nenner kleiner als Null ist oder umgekehrt.
Das heißt, daß alle x-Werte in der Lösungsmenge sind, für die die Geraden G_z und G_n auf verschiedenen Seiten der x-Achse verlaufen. Aus der Zeichnung folgt:

$L =]0; 4[$.

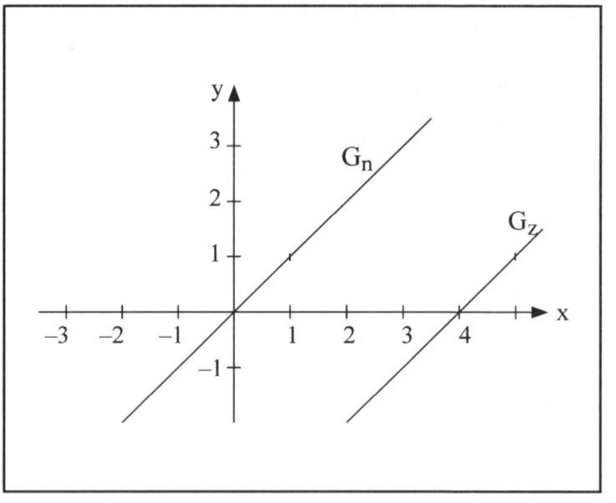

b) Ungleichung: $\frac{x-4}{x+3} > 0$, $D = \mathbb{R} \setminus \{-3\}$

Zähler: $z(x) = x - 4$, Geradengleichung $y = x - 4$, $m_z = 1$, $T_z(0 \mid -4)$, $N_z(4 \mid 0)$

Nenner: $n(x) = x + 3$, Geradengleichung $y = x + 3$, $m_n = 1$, $T_n(0 \mid 3)$, $N_n(-3 \mid 0)$

Der Bruchterm $\frac{x-4}{x+3}$ ist dann größer als Null, wenn entweder Zähler *und* Nenner größer als Null sind oder *beide* kleiner als Null sind.
Das heißt, daß alle x-Werte in der Lösungsmenge sind, für die die Geraden G_z und G_n auf der gleichen Seite der x-Achse verlaufen. Aus der Zeichnung folgt:

$L =]-\infty; -3[\cup]4; \infty[$.

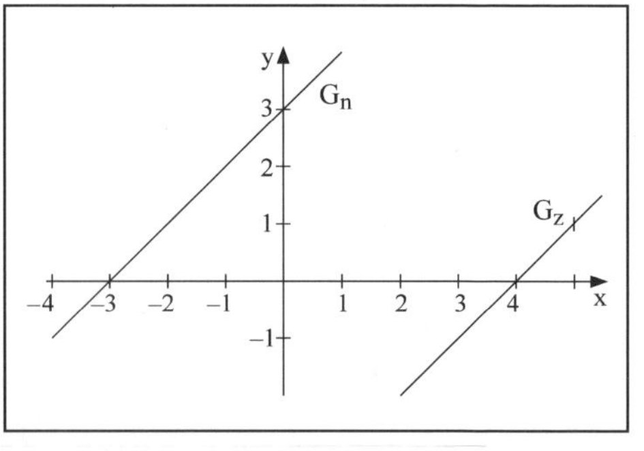

Denn für $x \in]-\infty; -3[$ sind Zähler und Nenner jeweils negativ, für $x \in]4; \infty[$ sind Zähler und Nenner jeweils positiv, der Wert des Bruches ist also in beiden Fällen positiv.

c) Ungleichung: $\frac{3x+6}{2x-1} \leq 0$, $D = \mathbb{R} \setminus \{0,5\}$

Zähler: $z(x) = 3x + 6$, Geradengleichung $y = 3x + 6$, $m_z = 3$, $T_z(0 \mid 6)$, $N_z(-2 \mid 0)$

Nenner: $n(x) = 2x - 1$, Geradengleichung $y = 2x - 1$, $m_n = 2$, $T_n(0 \mid -1)$, $N_n(0{,}5 \mid 0)$

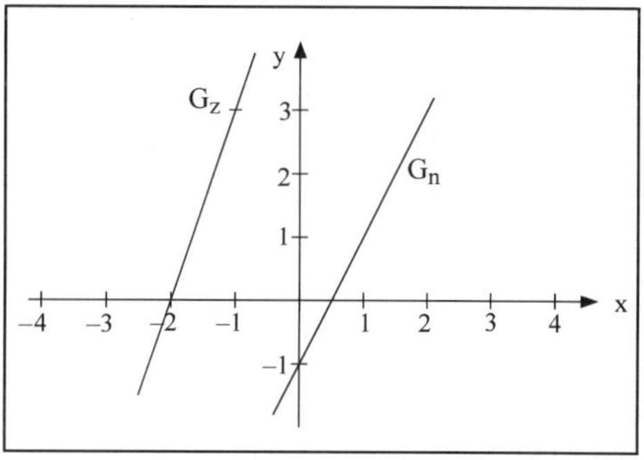

Zähler und Nenner müssen also verschiedenes Vorzeichen haben. Für die Lösungsmenge ergibt sich:

L = [–2; 0,5[.

Die Zahl x = –2 ist in der Lösungsmenge, da der Wert des Bruches dann Null wird. Für die Bestimmung der Lösungsmenge genügt aber auch eine Grobskizze der beiden Geraden nach der Berechnung der Nullstellen.

Weiter berücksichtigt man bei der Grobskizze noch, ob die beiden Geraden eine positive oder negative Steigung haben, also ob die Geraden steigen oder fallen.

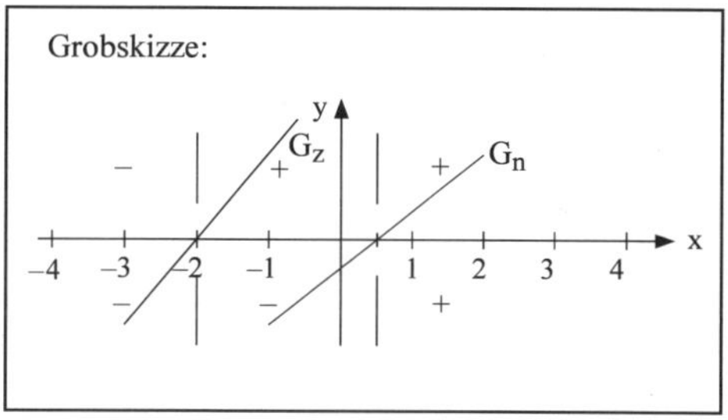

Die Lösungsmenge kann mit der Grobskizze bestimmt werden: Oberhalb der x-Achse notiert man das Vorzeichen des Zählers, unterhalb das Vorzeichen des Nenners. Dann erkennt man den Bereich mit unterschiedlichen Vorzeichen.

d) Ungleichung: $\frac{2x+2}{-4x+8} \geq 0$, $D = \mathbb{R} \setminus \{2\}$

Zähler: $z(x) = 2x + 2$, Geradengleichung $y = 2x + 2$, $m_z = 2$, $N_z(-1|0)$
Nenner: $n(x) = -4x + 8$, Geradengleichung $y = -4x + 8$, $m_n = -4$, $N_n(2|0)$

Die steigende Zählergerade und die fallende Nennergerade werden bei den Nullstellen skizziert, und das jeweilige Vorzeichen wird notiert.
Nur im Bereich zwischen –1 und 2 tritt gleiches Vorzeichen auf.

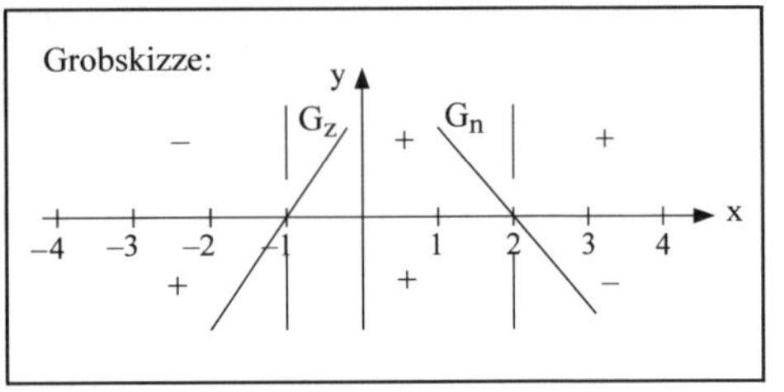

Die Zählernullstelle $x = -1$ liegt dabei in der Lösungsmenge, da für diese Zahl der Wert des Bruches Null wird. Die Nennernullstelle $x = 2$ ist dagegen nicht in der Definitionsmenge und damit auch nicht in der Lösungsmenge. Man erhält: $L = [-1; 2[$.

e) Ungleichung: $\frac{-2x}{x-3} < -1$, $D = \mathbb{R} \setminus \{3\}$

Zuerst formt man die Ungleichung so um, daß auf der rechten Seite der Ungleichung Null steht: $\frac{-2x}{x-3} + 1 < 0$.

Auf der linken Seite wird zusammengefaßt: $\frac{-2x}{x-3} + \frac{x-3}{x-3} < 0$; $\frac{-x-3}{x-3} < 0$.

Nun wird wie oben die Lösungsmenge bestimmt.
Zähler: $z(x) = -x - 3$, Geradengleichung $y = -x - 3$, $m_z = -1$, $N_z(-3|0)$
Nenner: $n(x) = x - 3$, Geradengleichung $y = x - 3$, $m_n = 1$, $N_n(3|0)$

Man erkennt, daß für $x < -3$ und für $x > 3$ Zähler und Nenner verschiedenes Vorzeichen haben.
Man erhält:

$L =]-\infty; -3[\cup]3; \infty[$.

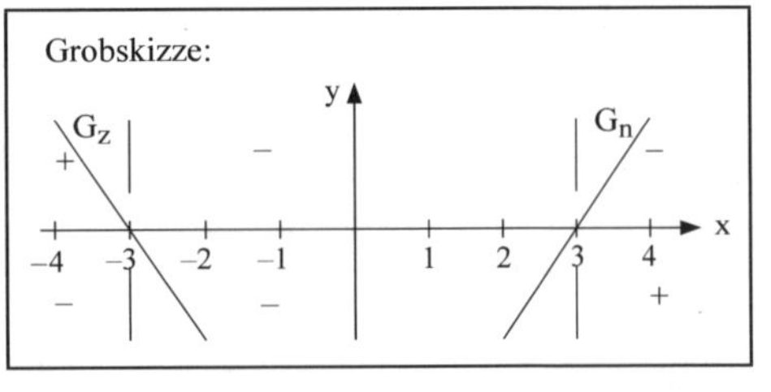

Aufgaben

Bestimmen Sie die Definitionsmengen und Lösungsmengen folgender Bruchungleichungen bei der Grundmenge G = IR.

546. $\frac{x+2}{x} > 0$

547. $\frac{3-x}{x} > 0$

548. $\frac{x-4}{2x} \leq 0$

549. $\frac{2x+5}{x-4} \geq 0$

550. $\frac{2x-7}{2x+1} < 0$

551. $\frac{5-3x}{5x+2} > 0$

552. $\frac{4x+5}{3-x} < 2$

553. $\frac{x-7}{1-x} \geq 1$

554. $\frac{6x+3}{-2x+3} > 0$

555. $\frac{4x-10}{-3x+2} < 0$

14.5 Zeichnen von Parabeln

Jede Funktion f der Form $f: x \mapsto y = ax^2 + bx + c$ mit $D_f = \mathbb{R}$ und a, b, c $\in \mathbb{R}$, $a \neq 0$ heißt **quadratische Funktion**. Der Graph der Funktion heißt **Parabel**.

Beispiele:

a) $f: x \mapsto y = x^2$

Wertetabelle:

x	−3	−2	−1	0	1	2	3
y	9	4	1	0	1	4	9

Der Graph G_f ist eine Kurve durch den Koordinatenursprung. G_f heißt **Normalparabel**. Der Ursprung O(0 | 0) ist der tiefste Punkt von G_f. Er heißt **Scheitel** oder **Scheitelpunkt** der Parabel und wird oft mit S bezeichnet. Man sagt: die Parabel ist **nach oben geöffnet**.

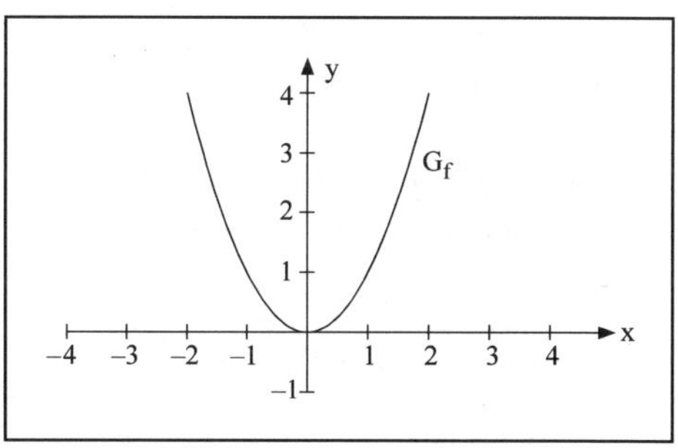

Die Parabel ist **achsensymmetrisch** zur y-Achse, d. h. spiegelt man die Parabel an der y-Achse, so erhält man wieder die gleiche Kurve. Diese Eigenschaft erkennt man auch an der Wertetabelle. Geht man vom Ursprung gleich weit nach links oder rechts, so erhält man den gleichen Funktionswert: $f(-1) = f(1) = 1$, $f(-2) = f(2) = 4$, $f(-3) = f(3) = 9$.

Allgemein gilt: $f(-x) = f(x)$ für alle $x \in \mathbb{R}$.

b) $f: x \mapsto y = x^2 - 2,\ x \in \mathbb{R}$

Wertetabelle:

x	–3	–2	–1	0	1	2	3
y	7	2	–1	–2	–1	2	7

Der Graph G_f hat die Form der Normalparabel. Der Scheitel der Parabel ist S(0 | –2).
Die Parabel entsteht durch Verschieben der Normalparabel um 2 Einheiten parallel zur y-Achse nach unten. Die Parabel ist symmetrisch zur y-Achse.

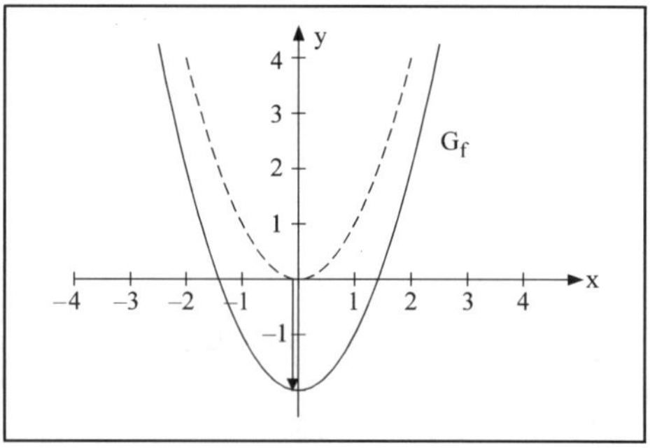

Allgemein gilt: $f: x \mapsto y = x^2 + c,\ x \in \mathbb{R}$. G_f entsteht durch Verschieben der Normalparabel um c Einheiten längs der y-Achse.
Scheitel: S(0 | c).

c) $f: x \mapsto y = (x-3)^2,\ x \in \mathbb{R}$

Wertetabelle:

x	0	1	2	3	4	5	6
y	9	4	1	0	1	4	9

Der Graph G_f hat die Form der Normalparabel. Der Scheitel der Parabel ist S(3 | 0).
Die Parabel entsteht durch Verschieben der Normalparabel um 3 Einheiten parallel zur x-Achse nach rechts. Die Parabel ist symmetrisch zur Geraden x = 3.

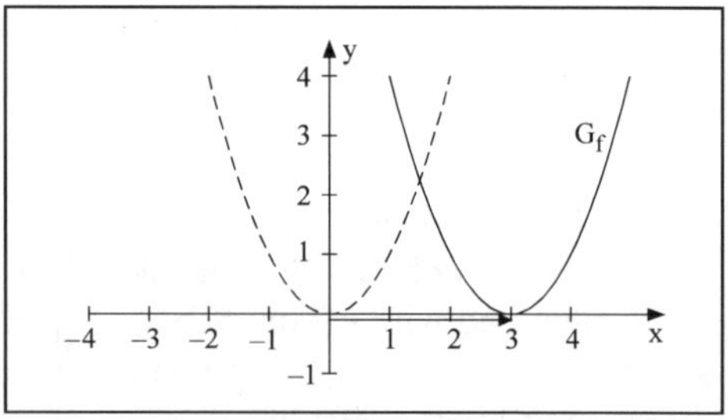

d) f: $x \mapsto y = (x+2)^2$, $x \in \mathbb{R}$

Wertetabelle:

x	–5	–4	–3	–2	–1	0	1
y	9	4	1	0	1	4	9

Der Graph G_f hat die Form der Normalparabel. Der Scheitel der Parabel ist S(–2 | 0). Die Parabel entsteht durch Verschieben der Normalparabel um 2 Einheiten parallel zur x-Achse nach links. Die Parabel ist symmetrisch zur Geraden x = –2.

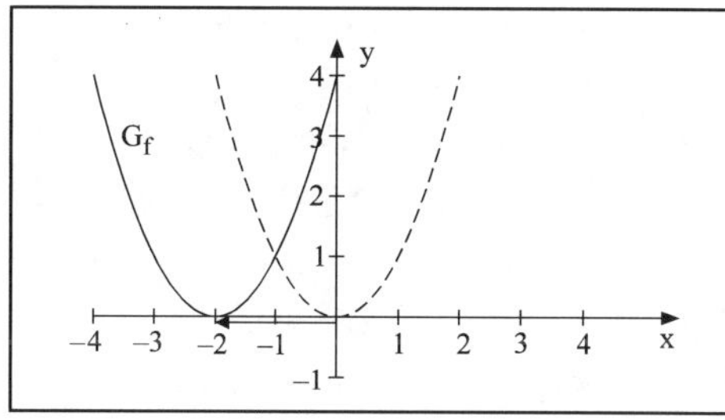

Allgemein gilt: f: $x \mapsto y = (x-p)^2$, $x \in \mathbb{R}$. G_f entsteht durch Verschieben der Normalparabel um p Einheiten parallel zur x-Achse.
Scheitel: S(p | 0).
Die Parabel ist nach oben geöffnet.

e) f: $x \mapsto y = (x+1)^2 - 2$, $x \in \mathbb{R}$

Wertetabelle:

x	–4	–3	–2	–1	0	1	2
y	7	2	–1	–2	–1	2	7

Der Graph G_f hat die Form der Normalparabel. Der Scheitel der Parabel ist S(1 | 2). Die Parabel entsteht durch Verschieben der Normalparabel um 1 Einheit parallel zur x-Achse nach links und um 2 Einheiten parallel zur y-Achse nach unten. Die Parabel ist symmetrisch zur Geraden x = –1.

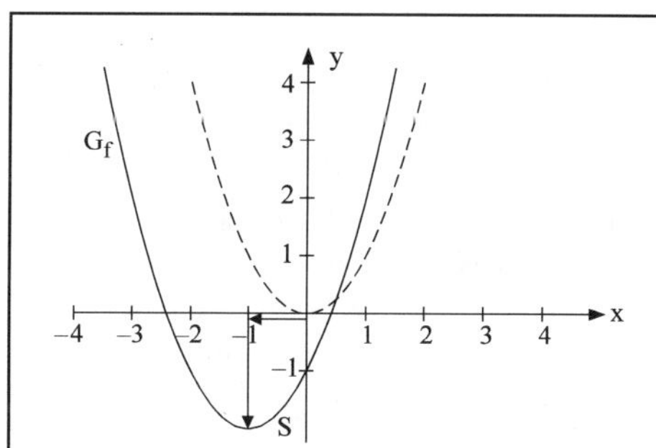

Allgemein gilt: f: $x \mapsto y = (x-p)^2 + q$, $x \in \mathbb{R}$. G_f entsteht durch Verschieben der Normalparabel um p Einheiten parallel zur x-Achse und um q Einheiten parallel zur y-Achse. Diese Form der Funktionsgleichung heißt **Scheitelform**, da der Scheitel S der Parabel sofort abgelesen werden kann: Scheitel: S(p | q).
Die Parabel ist symmetrisch zur Geraden mit der Gleichung x = p.

Aufgaben

Bestimmen Sie jeweils den Scheitel der Parabel und die Symmetrieachse. Zeichnen Sie dann die Parabel.

556. $f: x \mapsto y = x^2 - 1,\ x \in \mathbb{R}$

557. $f: x \mapsto y = x^2 + 1{,}5,\ x \in \mathbb{R}$

558. $f: x \mapsto y = (x-1)^2,\ x \in \mathbb{R}$

559. $f: x \mapsto y = (x+2{,}5)^2,\ x \in \mathbb{R}$

560. $f: x \mapsto y = (x-4)^2,\ x \in \mathbb{R}$

561. $f: x \mapsto y = (x+2)^2 - 1,\ x \in \mathbb{R}$

562. $f: x \mapsto y = (x-3)^2 + 2,\ x \in \mathbb{R}$

563. $f: x \mapsto y = (x+2{,}5)^2 + 1{,}5,\ x \in \mathbb{R}$

564. $f: x \mapsto y = (x-1{,}5)^2 - 2,\ x \in \mathbb{R}$

565. $f: x \mapsto y = (x+3)^2 - 2,\ x \in \mathbb{R}$

Weitere Beispiele:

f) $f: x \mapsto y = -x^2,\ x \in \mathbb{R}$

Wertetabelle:

x	–3	–2	–1	0	1	2	3
y	–9	–4	–1	0	–1	–4	–9

Der Graph G_f hat die Form der Normalparabel. Der Scheitel der Parabel ist S(0 | 0).
Die Parabel entsteht durch Spiegeln der Normalparabel an der x-Achse. Die Parabel ist nach unten geöffnet. Sie ist symmetrisch zur y-Achse.

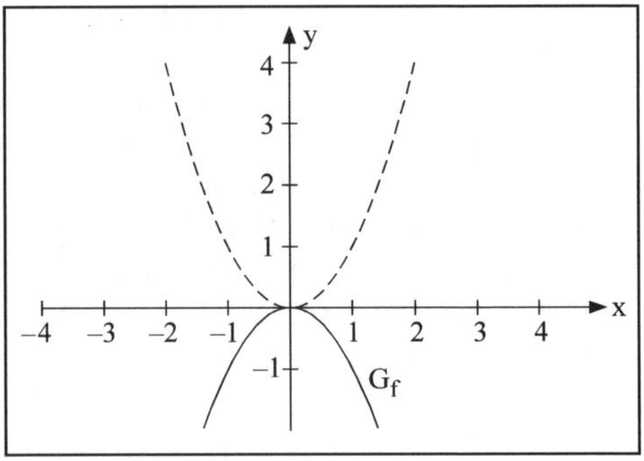

g) $f: x \mapsto y = -(x-1)^2 + 3,\ x \in \mathbb{R}$

Wertetabelle:

x	–2	–1	0	1	2	3	4
y	–6	–1	2	3	2	–1	–6

Der Graph G_f hat die Form der Normalparabel. Der Scheitel der Parabel ist S(1 | 3). Die Parabel entsteht durch Spiegeln der Normalparabel an der x-Achse, Verschieben um 1 nach rechts und 3 nach oben. Die Parabel ist symmetrisch zur Geraden x = 1.

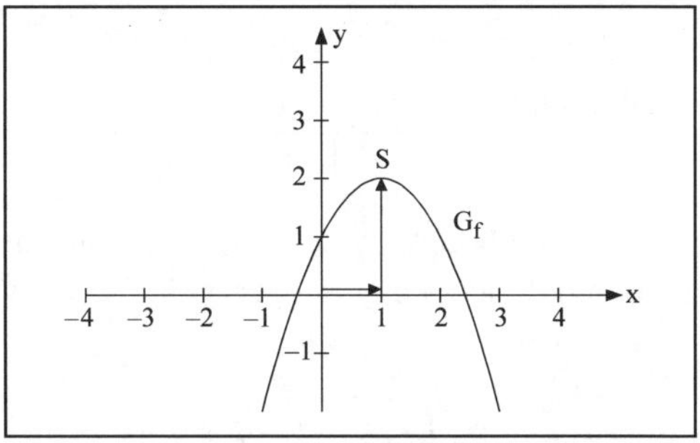

Allgemein gilt: $f: x \mapsto y = -(x-p)^2 + q,\ x \in \mathbb{R}$. G_f entsteht durch Spiegeln der Normalparabel an der x-Achse und Verschieben um p Einheiten parallel zur x-Achse und um q Einheiten parallel zur y-Achse. Scheitel: S(p | q). Die Parabel ist nach unten geöffnet.

h) $f: x \mapsto y = \frac{1}{2}x^2,\ x \in \mathbb{R}$

Wertetabelle:

x	–3	–2	–1	0	1	2	3
y	4,5	2	0,5	0	0,5	2	4,5

Der Graph G_f ist eine Parabel, bei der die Funktionswerte für den gleichen x-Wert nur halb so groß sind wie bei der Normalparabel. Man sagt, die Parabel ist mit dem Faktor 0,5 gestaucht. Die Parabel liegt also unterhalb der Normalparabel.

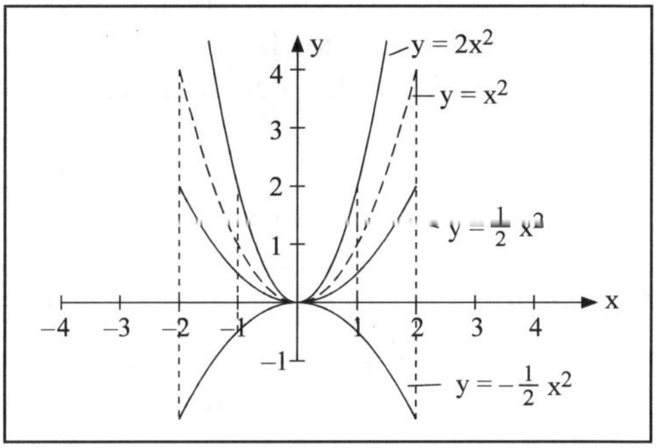

i) $f: x \mapsto y = 2x^2,\ x \in \mathbb{R}$

Wertetabelle:

x	–3	–2	–1	0	1	2	3
y	18	8	2	0	2	8	18

Der Graph G_f ist eine Parabel, bei der die Funktionswerte für den gleichen x-Wert doppelt so groß sind wie bei der Normalparabel. Die Parabel ist mit dem Faktor 2 gestreckt. Die Parabel liegt oberhalb der Normalparabel und ist nach oben geöffnet.

j) $f: x \mapsto y = -\frac{1}{2}x^2, x \in \mathbb{R}$

Wertetabelle:

x	−3	−2	−1	0	1	2	3
y	−4,5	−2	−0,5	0	−0,5	−2	−4,5

Der Graph G_f ist eine Parabel, die aus der Parabel mit der Gleichung $y = \frac{1}{2}x^2$ durch Spiegelung an der x-Achse hervorgeht. Die Parabel ist nach unten geöffnet.

k) $f: x \mapsto y = -\frac{1}{2}(x+1)^2 + 2, x \in \mathbb{R}$

Wertetabelle:

x	−4	−3	−2	−1	0	1	2
y	−2,5	0	1,5	2	1,5	0	−2,5

Der Graph G_f ist eine Parabel, die aus der Parabel mit der Gleichung $y = \frac{1}{2}x^2$ durch Verschieben um 1 nach links und 2 nach oben hervorgeht. Scheitel: S(−1 | 2). Die Parabel ist symmetrisch zur Geraden mit der Gleichung x = −1 und ist nach unten geöffnet.

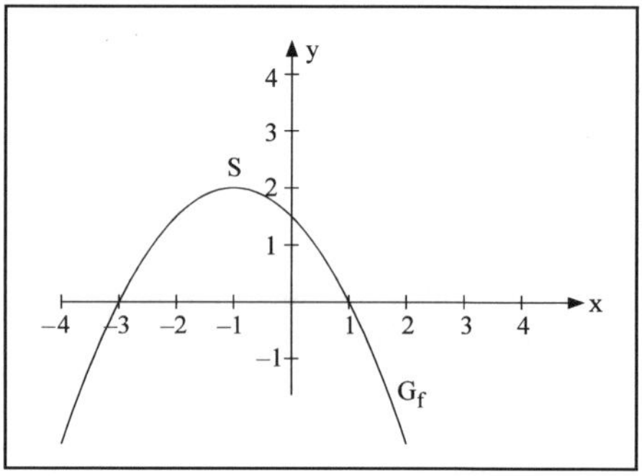

Aufgaben

Bestimmen Sie jeweils den Scheitel der Parabel und die Symmetrieachse. Geben Sie die Öffnung der Parabel an, und zeichnen Sie dann die Parabel.

566. $f: x \mapsto y = -x^2 + 1, \ x \in \mathbb{R}$

567. $f: x \mapsto y = -x^2 + 4, \ x \in \mathbb{R}$

568. $f: x \mapsto y = -(x+2)^2, \ x \in \mathbb{R}$

569. $f: x \mapsto y = -(x-2{,}5)^2, \ x \in \mathbb{R}$

570. $f: x \mapsto y = -(x-2)^2 + 4, \ x \in \mathbb{R}$

571. $f: x \mapsto y = -(x+1)^2 + 2, \ x \in \mathbb{R}$

572. $f: x \mapsto y = \frac{1}{2}x^2 - 2, \ x \in \mathbb{R}$

573. $f: x \mapsto y = \frac{1}{4}x^2 + 1, \ x \in \mathbb{R}$

574. $f: x \mapsto y = \frac{1}{2}(x-2{,}5)^2, \ x \in \mathbb{R}$

575. $f: x \mapsto y = \frac{1}{2}(x+1{,}5)^2, \ x \in \mathbb{R}$

576. $f: x \mapsto y = \frac{1}{2}(x-2)^2 - 2, \ x \in \mathbb{R}$

577. $f: x \mapsto y = -\frac{1}{2}(x+2)^2 + 2, \ x \in \mathbb{R}$

578. $f: x \mapsto y = -\frac{1}{2}(x-1)^2 + 4{,}5, \ x \in \mathbb{R}$

579. $f: x \mapsto y = -\frac{1}{4}(x-1)^2 + 1, \ x \in \mathbb{R}$

580. $f: x \mapsto y = 2x^2 - 2, \ x \in \mathbb{R}$

581. $f: x \mapsto y = -2x^2 + 4, \ x \in \mathbb{R}$

582. $f: x \mapsto y = 2(x+2)^2, \ x \in \mathbb{R}$

583. $f: x \mapsto y = -2(x-3)^2, \ x \in \mathbb{R}$

584. $f: x \mapsto y = 2(x-2)^2 - 2, \ x \in \mathbb{R}$

585. $f: x \mapsto y = -2(x+2)^2 + 2, \ x \in \mathbb{R}$

Ergänzungen: Schnittstellen von Parabeln mit der x-Achse (Nullstellen)

Die Schnittstellen einer Parabel mit der x-Achse haben die y-Koordinate Null. Ist die Gleichung der Parabel durch $y = ax^2 + bx + c$ gegeben, so erhält man die Nullstellen als Lösungen der quadratischen Gleichung $ax^2 + bx + c = 0$.
Die Bestimmung der Lösungen kann mit der Lösungsformel oder dem Satz von Vieta erfolgen, wie in Kapitel 12 beschrieben. Ist die Funktionsgleichung in Scheitelform gegeben, so gibt es eine weitere Variante für die Nullstellenbestimmung.

Beispiele:

a) $f: x \mapsto y = x^2 - 2, x \in \mathbb{R}$

Nullstellen:

$x^2 - 2 = 0; \ x^2 = 2;$

$x_{1,2} = \pm\sqrt{2}$

$N_1(-\sqrt{2} \mid 0), N_2(\sqrt{2} \mid 0)$

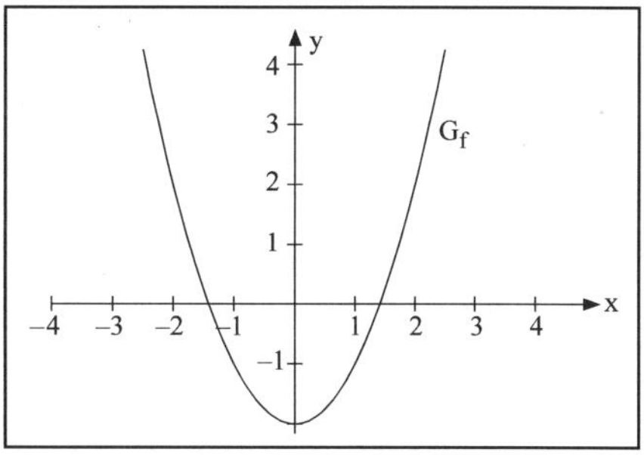

Da die Parabeln achsensymmetrisch sind, liegt die x-Koordinate x_S des Scheitels genau in der Mitte zwischen den Nullstellen, d. h. es gilt:

$$x_S = \frac{1}{2}(x_1 + x_2).$$

In unserem Beispiel gilt:

$$x_S = 0{,}5 \cdot (-\sqrt{2} + \sqrt{2}) = 0$$

b) $f\colon x \mapsto y = x^2 - 4x + 3,\ x \in \mathbb{R}$

Nullstellen: $x^2 - 4x + 3 = 0$;
$(x-1)\cdot(x-3) = 0$;
$x_1 = 1,\ x_2 = 3$
Scheitel:
$x_S = 0{,}5(x_1 + x_2) = 0{,}5\,(1+3) = 2$
Die y-Koordinate y_S des Scheitels erhält man durch Einsetzen von x_S in den Funktionsterm:
$y_S = 4 - 8 + 3 = -1.\ \ S(2 \mid -1)$
Form: nach oben geöffnete Normalparabel
Mit diesen Ergebnissen kann die Parabel sofort gezeichnet werden.

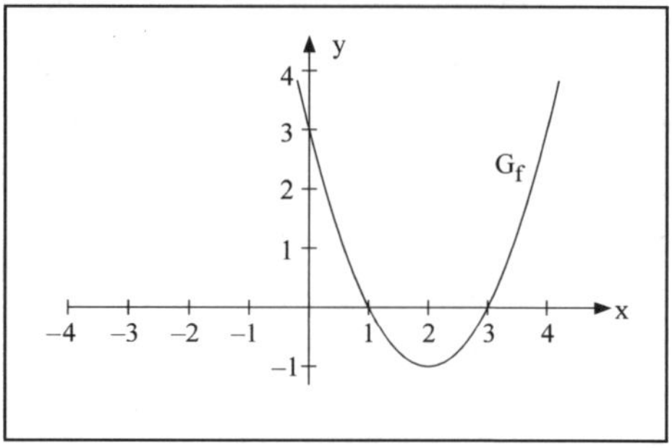

c) $f\colon x \mapsto y = (x-2)^2 - 1,\ x \in \mathbb{R}$

Scheitel: Die Koordinaten des Scheitels kann man dem Funktionsterm ohne weitere Rechnung entnehmen: $S(2 \mid -1)$
Nullstellen: $y = 0\colon (x-2)^2 - 1 = 0;\ (x-2)^2 = 1;\ x - 2 = \pm 1;\ \ x_1 = 1, x_2 = 3.$
Form: nach oben geöffnete Normalparabel
Zeichnung: siehe Beispiel b

d) $f\colon x \mapsto y = x^2 - 2x + 1,\ x \in \mathbb{R}$

Nullstellen: $x^2 - 2x + 1 = 0$;
$(x-1)^2 = 0$;
$x_{1,2} = 1$ (doppelt)
Die doppelte Nullstelle x = 1 bedeutet, daß hier eine Berührstelle der Parabel mit der x-Achse vorliegt. Der zugehörige Punkt $S(1 \mid 0)$ ist gleichzeitig der Scheitel der Parabel.

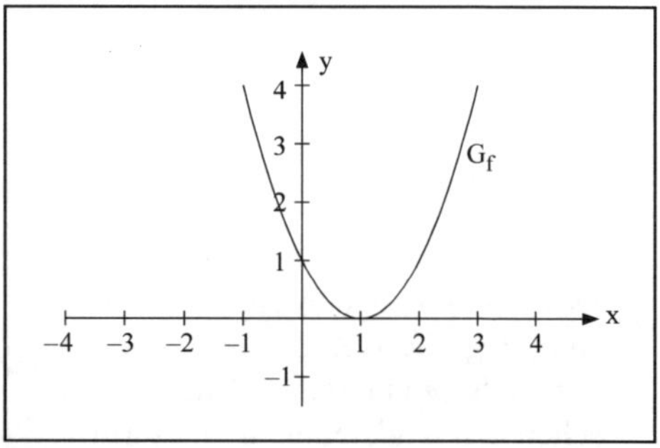

Form: nach oben geöffnete Normalparabel

e) $f: x \mapsto y = x^2 + 2x - 1, x \in \mathbb{R}$

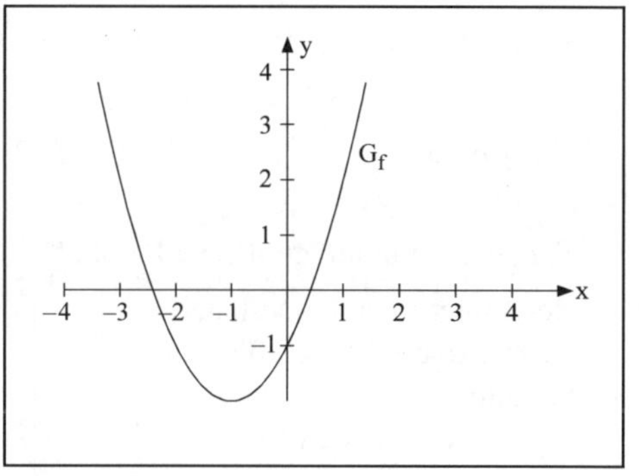

Nullstellen: $x^2 + 2x - 1 = 0$;

$x_{1,2} = 0{,}5 \cdot (-2 \pm \sqrt{4+4}) =$

$= 0{,}5 \cdot (-2 \pm 2\sqrt{2}) =$

$= -1 \pm \sqrt{2}$

$x_1 = -1 - \sqrt{2}$, $x_2 = -1 + \sqrt{2}$.

Scheitel:

$x_S = 0{,}5(-1 - \sqrt{2} - 1 + \sqrt{2}) = -1$

$y_S = 1 - 2 - 1 = -2$,

$S(-1 \mid -2)$

Form: nach oben geöffnete Normalparabel

Die Bestimmung des Scheitels kann auch erfolgen, indem man den Funktionsterm mittels **quadratischer Ergänzung** in Scheitelform bringt:

$f(x) = x^2 + 2x - 1 = x^2 + 2x + 1 - 1 - 1 = (x^2 + 2x + 1) - 2 = (x+1)^2 - 2$

Dazu wird der Term $x^2 + 2x$ zuerst zu einem vollständigen Quadrat ergänzt, indem man den Koeffizienten von x

(1) halbiert (2 : 2 = 1)dann
(2) quadriert ($1^2 = 1$) dann
(3) addiert und subtrahiert (+1 – 1).

Dadurch erhält man im Funktionsterm das vollständige Quadrat $(x^2 + 2x + 1)$, das man mittels der binomischen Formeln (siehe Kapitel 4) schreiben kann als $(x+1)^2$.
Diese Methode der Scheitelbestimmung ist z. B. dann erforderlich, wenn keine Nullstellen vorhanden sind.

f) $f: x \mapsto y = (x+1)^2 - 2, x \in \mathbb{R}$

Scheitel: Die Koordinaten des Scheitels kann man dem Funktionsterm ohne weitere Rechnung entnehmen: $S(-1 \mid -2)$.
Nullstellen: $y = 0$: $(x+1)^2 - 2 = 0$; $(x+1)^2 = 2$; $x + 1 = \pm\sqrt{2}$;
$x_1 = -1 - \sqrt{2}$, $x_2 = -1 + \sqrt{2}$.
Form: nach oben geöffnete Normalparabel
Zeichnung: siehe Beispiel e

g) $f\colon x \mapsto y = -0{,}5x^2 - x + 1{,}5,\ x \in \mathbb{R}$

Scheitel: $f(x) = -0{,}5\,(x^2 + 2x - 3) = -0{,}5\,(x^2 + 2x + 1 - 1 - 3) =$
$= -0{,}5\,[\,(x+1)^2 - 4\,] = -0{,}5\,(x+1)^2 + 2 \qquad S(-1 \mid 2)$

Nullstellen: $-0{,}5x^2 - x + 1{,}5 = 0; \mid \cdot (-2)$; $x^2 + 2x - 3 = 0$; $(x+3)\cdot(x-1) = 0$;
$x_1 = -3,\ x_2 = 1$

Form: nach unten geöffnete Parabel

Berechnet man die Nullstellen zuerst, so ergibt sich für den Scheitel:

$x_S = 0{,}5\,(x_1 + x_2) =$
$= 0{,}5\,(-3+1) = -1,$
$y_S = -0{,}5 + 1 + 1{,}5 = 2,$
$S(-1 \mid 2)$

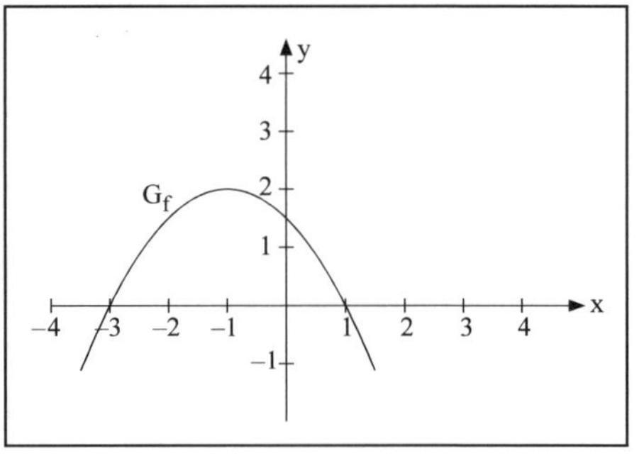

Aufgaben

Bestimmen Sie jeweils die Nullstellen von f und den Scheitel der Parabel. Geben Sie die Öffnung der Parabel an, und skizzieren Sie dann die Parabel.

586. $f\colon x \mapsto y = x^2 - 1,\ x \in \mathbb{R}$
587. $f\colon x \mapsto y = x^2 + 1{,}5,\ x \in \mathbb{R}$
588. $f\colon x \mapsto y = x^2 + 2x + 1,\ x \in \mathbb{R}$
589. $f\colon x \mapsto y = x^2 + 5x + 6{,}25,\ x \in \mathbb{R}$
590. $f\colon x \mapsto y = x^2 - 8x + 16,\ x \in \mathbb{R}$
591. $f\colon x \mapsto y = x^2 + 4x + 3,\ x \in \mathbb{R}$
592. $f\colon x \mapsto y = x^2 - 6x + 11,\ x \in \mathbb{R}$
593. $f\colon x \mapsto y = x^2 + 5x + 7{,}75,\ x \in \mathbb{R}$
594. $f\colon x \mapsto y = x^2 - 3x + 0{,}25,\ x \in \mathbb{R}$
595. $f\colon x \mapsto y = x^2 + 6x + 7,\ x \in \mathbb{R}$
596. $f\colon x \mapsto y = -x^2 + 1,\ x \in \mathbb{R}$
597. $f\colon x \mapsto y = -x^2 + 4,\ x \in \mathbb{R}$

598. $f: x \mapsto y = -x^2 - 4x - 4, \ x \in \mathbb{R}$

599. $f: x \mapsto y = -x^2 + 5x - 6{,}25, \ x \in \mathbb{R}$

600. $f: x \mapsto y = -x^2 + 4x, \ x \in \mathbb{R}$

601. $f: x \mapsto y = -x^2 - 2x + 1, \ x \in \mathbb{R}$

602. $f: x \mapsto y = \frac{1}{2}x^2 - 2, \ x \in \mathbb{R}$

603. $f: x \mapsto y = \frac{1}{4}x^2 + 1, \ x \in \mathbb{R}$

604. $f: x \mapsto y = \frac{1}{2}x^2 - 2{,}5x + 3{,}125, \ x \in \mathbb{R}$

605. $f: x \mapsto y = \frac{1}{2}x^2 + 1{,}5x + 1{,}125, \ x \in \mathbb{R}$

606. $f: x \mapsto y = \frac{1}{2}x^2 - 2x, \ x \in \mathbb{R}$

607. $f: x \mapsto y = -\frac{1}{2}x^2 - 2x, \ x \in \mathbb{R}$

608. $f: x \mapsto y = -\frac{1}{2}x^2 + x + 4, \ x \in \mathbb{R}$

609. $f: x \mapsto y = -\frac{1}{4}x^2 + 0{,}5x + 0{,}75, \ x \in \mathbb{R}$

610. $f: x \mapsto y = 2x^2 - 2, \ x \in \mathbb{R}$

611. $f: x \mapsto y = -2x^2 + 4, \ x \in \mathbb{R}$

612. $f: x \mapsto y = 2x^2 + 8x + 8, \ x \in \mathbb{R}$

613. $f: x \mapsto y = -2x^2 + 12x - 18, \ x \in \mathbb{R}$

614. $f: x \mapsto y = 2x^2 - 8x + 6, \ x \in \mathbb{R}$

615. $f: x \mapsto y = -2x^2 - 8x - 6, \ x \in \mathbb{R}$

14.6 Quadratische Ungleichungen

Nun sollen quadratische Ungleichungen in der Grundmenge $G = \mathbb{R}$ mit Hilfe der Zeichnung der zugehörigen Parabeln gelöst werden.

Ungleichung: $x^2 - 2 > 0$, Definitionsmenge $D = \mathbb{R}$
zugehörige Parabelgleichung: $y = x^2 - 2$

Zeichnung der Parabel:

Nullstellen: $x_{1,2} = \pm\sqrt{2}$, Scheitel: $S(0 \mid -2)$,
Form: nach oben geöffnete Normalparabel

Die Ungleichung

$$(y =)\ x^2 - 2 > 0$$

wird nun folgendermaßen interpretiert:
Gesucht sind alle x-Werte, für die die y-Werte der zugehörigen Punkte auf der Parabel größer als Null sind, d. h. für die die Parabel oberhalb der x-Achse verläuft.

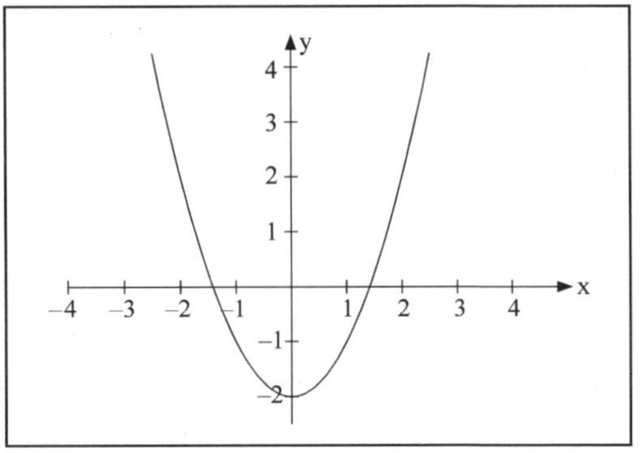

Aus der Zeichnung erkennt man, daß dies für alle $x < -\sqrt{2}$ oder $x > \sqrt{2}$ der Fall ist. Man erhält also die Lösungsmenge $L =]-\infty; -\sqrt{2}\,[\cup]\,\sqrt{2}\,; +\infty[$.
Bei der Ungleichung $(y =)\ x^2 - 2 < 0$ sucht man entsprechend alle x-Werte, für die die y-Werte der zugehörigen Parabelpunkte kleiner als Null sind, d. h. für die die Parabel unterhalb der x-Achse verläuft. Man erhält dann als Lösungsmenge:

$$L =]-\sqrt{2}; \sqrt{2}[$$

Beispiele:

a) Ungleichung: $x^2 - 4x + 3 \leq 0$, $G = D = \mathbb{R}$
zugehörige Parabelgleichung: $y = x^2 - 4x + 3$

Nullstellen:
$x^2 - 4x + 3 = 0;$
$(x-1)\cdot(x-3) = 0;$
$x_1 = 1,\ x_2 = 3$
Scheitel:
$x_S = 0{,}5\,(1+3) = 2$
$y_S = 4 - 8 + 3 = -1$
$S(2 \mid -1)$
Form: nach oben geöffnete Normalparabel

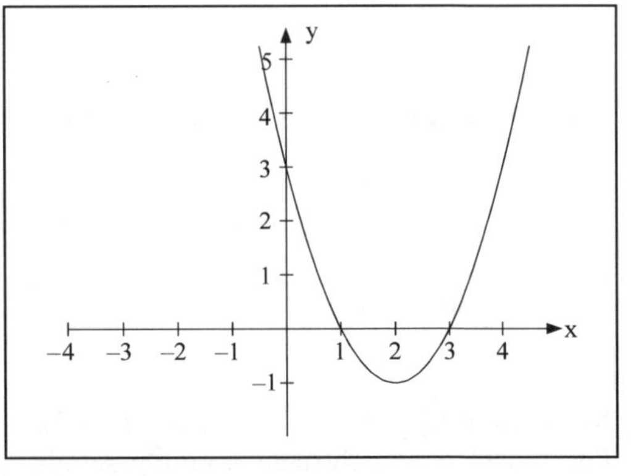

Gesucht sind die x-Werte aller Punkte der Parabel, die entweder auf der x-Achse liegen oder für die die Parabel unterhalb der x-Achse verläuft: $L = [1; 3]$.

b) Ungleichung: $-x^2 + 2x + 2 \geq 0$, $G = D = \mathbb{R}$
zugehörige Parabelgleichung: $y = -x^2 + 2x + 2$

Nullstellen: $x^2 - 2x - 2 = 0$;
$x_{1,2} = 0{,}5\,(2 \pm \sqrt{4 - 4 \cdot 1 \cdot (-2)} =$
$= 0{,}5\,(2 \pm 2\sqrt{3}) = 1 \pm \sqrt{3}$

Scheitel:
$x_S = 0{,}5\,(1 - \sqrt{3} + 1 + \sqrt{3}) = 1$
$y_S = -1 + 2 + 2 = 3$
S(1 | 3)

Form: nach unten geöffnete Normalparabel

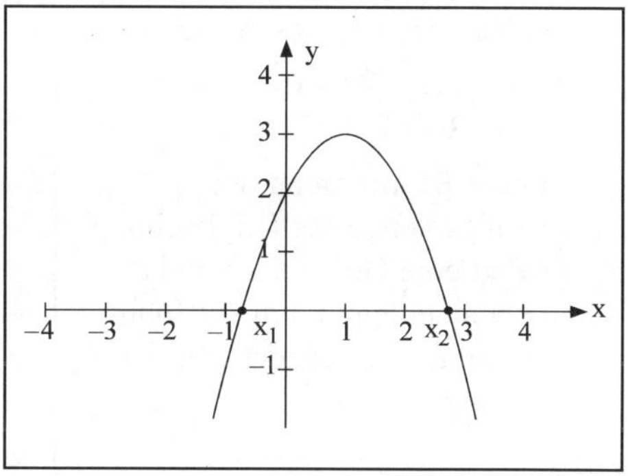

Gesucht sind die x-Werte aller Punkte der Parabel, die entweder auf der x-Achse liegen oder für die die Parabel oberhalb der x-Achse verläuft: $L = [1 - \sqrt{3}; 1 + \sqrt{3}]$

c) Ungleichung: $-x^2 + 7x + 1 < 2x + 5$, $G = D = \mathbb{R}$
Beidseitiges Addieren von $-(2x + 5)$ ergibt: $-x^2 + 5x - 4 < 0$
zugehörige Parabelgleichung: $y = -x^2 + 5x - 4$

Nullstellen: $-x^2 + 5x - 4 = 0$;
$x^2 - 5x + 4 = 0$; $(x - 1) \cdot (x - 4) = 0$;
$x_1 = 1$, $x_2 = 4$

Scheitel:
$x_S = 0{,}5\,(1 + 4) = 2{,}5$
$y_S = -6{,}25 + 12{,}5 - 4 = 2{,}25$
S(2,5 | 2,25)

Form: nach unten geöffnete Normalparabel

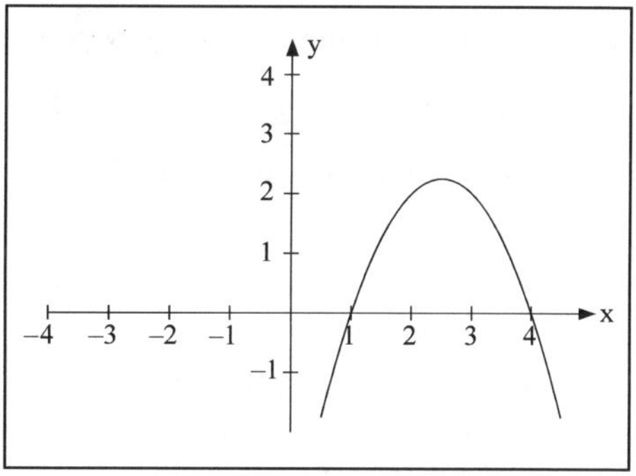

Gesucht sind die x-Werte aller Punkte der Parabel, die unterhalb der x-Achse liegen: $L =]-\infty; 1[\cup]4; \infty[= \mathbb{R} \setminus [1; 4]$.

d) Ungleichung: $x^2 + x - 6 < 0$, $G = D = \mathbb{R}$
zugehörige Parabelgleichung: $y = x^2 + x - 6$

Nullstellen: $x^2 + x - 6 = 0$;
$(x + 3) \cdot (x - 2) = 0$;
$x_1 = -3$, $x_2 = 2$
Für die Bestimmung der Lösungsmenge der Ungleichung genügt eine Grobskizze, bei der die Nullstellen und die Öffnung der Parabel verwendet werden.

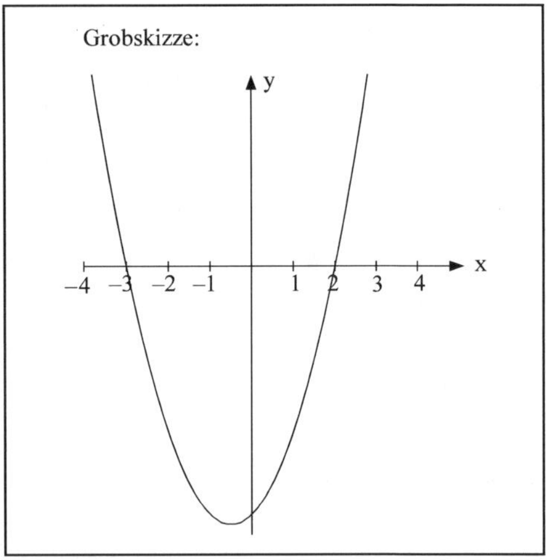

Aus der Grobskizze entnimmt man den Bereich, in dem die Parabel unterhalb der x-Achse verläuft: $L =]-3; 2[$.

e) Ungleichung: $-x^2 + 2x + 3 \leq 0$, $G = D = \mathbb{R}$
zugehörige Parabelgleichung: $y = -x^2 + 2x + 3$

Nullstellen: $-x^2 + 2x + 3 = 0$;
$x^2 - 2x - 3 = 0; (x + 1) \cdot (x - 3) = 0$;
$x_1 = -1$, $x_2 = 3$
Form: nach unten geöffnete Normalparabel
Unterhalb der x-Achse bzw. auf der x-Achse verläuft die Parabel für $x \leq -1$ oder $x \geq 3$:
$L =]-\infty; -1]\ [3; \infty[$

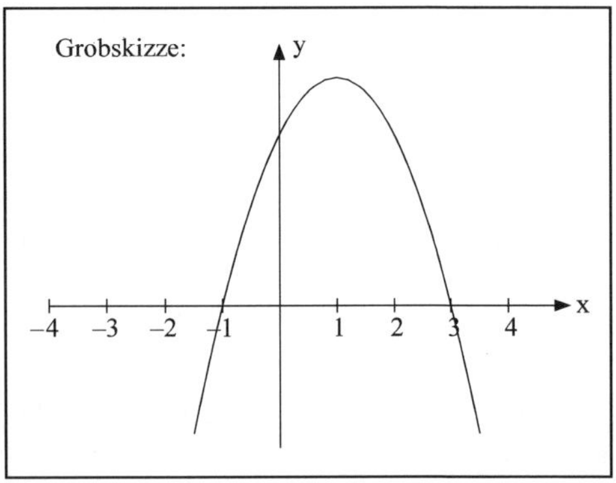

f) Ungleichung: $x^2 - 2x + 1 \leq 0$, $G = D = \mathbb{R}$
zugehörige Parabelgleichung: $y = x^2 - 2x + 1$

Nullstellen: $x^2 - 2x + 1 = 0$;
$(x-1)^2 = 0$; $x_{1,2} = 1$ (doppelt)

Scheitel: $S(1 \mid 0)$

Form: nach oben geöffnete Normalparabel

Unterhalb der x-Achse verläuft die Parabel an keiner Stelle, nur der Scheitel liegt auf der x-Achse. $L = \{1\}$

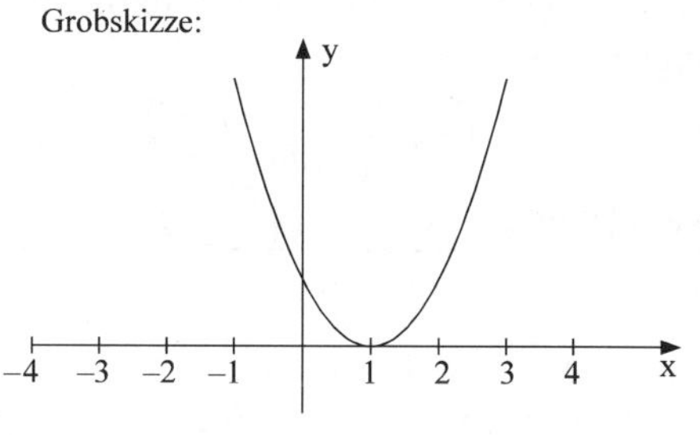

Aufgaben

Bestimmen Sie jeweils die Lösungsmenge der Ungleichung für $G = D = \mathbb{R}$!

616. $x^2 - 1 > 0$

617. $x^2 - x - 6 < 0$

618. $x^2 - 4 \leq 0$

619. $x^2 - 3x - 4 \geq 0$

620. $-x^2 - 2x + 3 > 0$

621. $-x^2 + 1{,}5x + 7 < 0$

622. $-x^2 + 4x - 1 \geq 0$

623. $\frac{1}{2}x^2 - x - 4 < 0$

624. $-2x^2 + 8x + 2 \geq 0$

625. $x^2 - 4x + 4 \geq 0$

626. $x^2 - 6x + 9 \leq 0$

627. $x^2 - 6x + 10 < 0$

628. $x^2 + 6x + 11 \geq 0$

629. $-x^2 - 2x - 2 \leq 0$

630. $x^2 + x - 9 < 2x + 3$

14.7 Graphen von Funktionen mit Beträgen

Als **Betragsfunktion** wird die Funktion $f\colon x \mapsto y = |x|,\ x \in \mathbb{R}$ bezeichnet. Die Funktion heißt abschnittsweise definiert, denn für den Funktionsterm gilt (siehe Kapitel 10):

$$f(x) = \begin{cases} x & \text{für} \quad x \geq 0 \\ -x & \text{für} \quad x < 0 \end{cases}$$

Wertetabelle:

x	−4	−3	−2	−1	0	1	2	3	4
y	4	3	2	1	0	1	2	3	4

Für $x \geq 0$ stimmt der Graph offenbar mit der Geraden mit der Gleichung $y = x$ überein, für $x < 0$ mit der Geraden mit der Gleichung $y = -x$. Dies erkennt man auch bereits an der abschnittsweisen Definition des Funktionsterms.

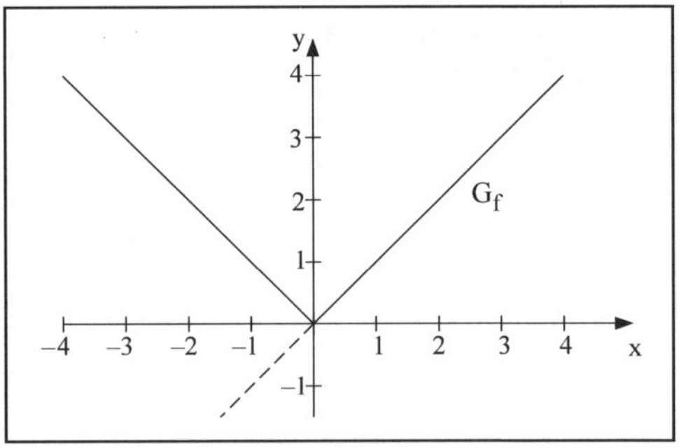

Der Graph der Betragsfunktion entsteht aus der Geraden mit der Gleichung $y = x$, indem der Teil der Geraden unterhalb der x-Achse an der x-Achse nach oben gespiegelt wird. Dabei entsteht ein V-förmiger Funktionsgraph. Der Graph ist symmetrisch zur y-Achse.

Mit der Betragsfunktion können nun vielfältige neue Funktionen gebildet werden, deren Graph mit dem Graph der Betragsfunktion verwandt ist.

<u>Beispiele</u>:

a) $f\colon x \mapsto y = |x| - 2,\ x \in \mathbb{R}$ $\qquad f(x) = \begin{cases} x - 2 & \text{für} \quad x \geq 0 \\ -x - 2 & \text{für} \quad x < 0 \end{cases}$

Wertetabelle:

x	−4	−3	−2	−1	0	1	2	3	4
y	2	1	0	−1	−2	−1	0	1	2

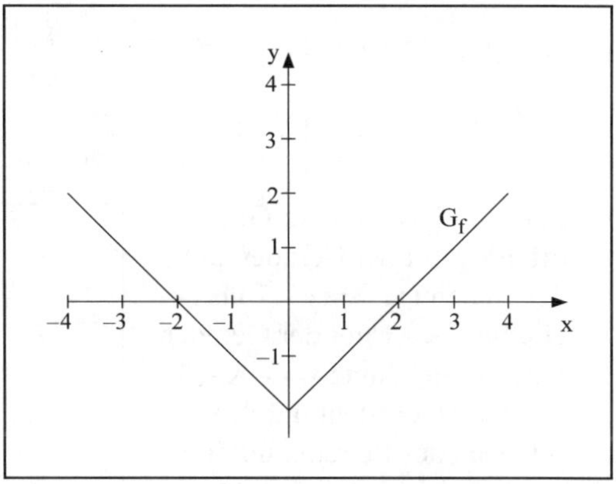

Für $x \geq 0$ stimmt der Graph offenbar mit der Geraden mit der Gleichung $y = x - 2$ überein, für $x < 0$ mit der Geraden mit der Gleichung $y = - x - 2$. Der Graph entsteht durch Verschieben der Betragsfunktion um 2 Einheiten parallel zur y-Achse nach unten analog wie die Parabel mit der Gleichung $y = x^2 - 2$ aus der Normalparabel mit der Gleichung $y = x^2$ entsteht (siehe Kapitel 14.5). Der Graph ist symmetrisch zur y-Achse. Für die Spitze gilt $S(0 \mid -2)$. Die x-Koordinate $x_S = 0$ der Spitze entspricht der Nahtstelle, die bei der abschnittsweisen Definition auftritt. Die y-Koordinate y_S erhält man durch Einsetzen in den zugehörigen Funktionsterm.

b) $f: x \mapsto y = |x - 2|, \ x \in \mathbb{R}$ $\qquad f(x) = \begin{cases} x-2 & \text{für} \quad x \geq 2 \\ -x+2 & \text{für} \quad x < 2 \end{cases}$

Wertetabelle:

x	−4	−3	−2	−1	0	1	2	3	4
y	6	5	4	3	2	1	0	1	2

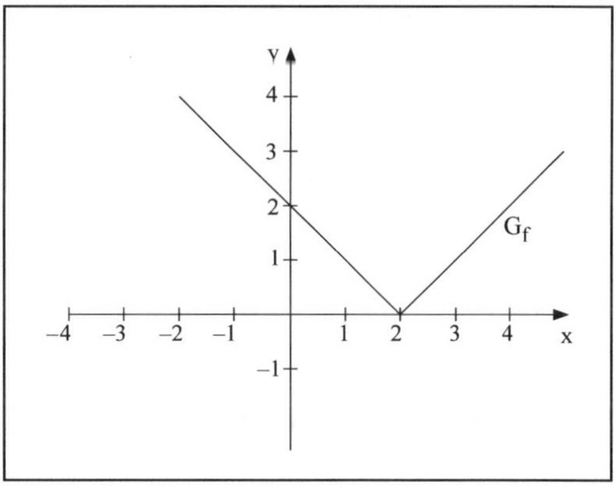

Für $x \geq 2$ stimmt der Graph offenbar mit der Geraden mit der Gleichung $y = x - 2$ überein, für $x < 2$ mit der Geraden mit der Gleichung $y = - x + 2$. Der Graph entsteht durch Verschieben der Betragsfunktion um 2 Einheiten parallel zur x-Achse nach rechts analog wie die Parabel mit der Gleichung $y = (x - 2)^2$ aus der Normalparabel mit der Gleichung $y = x^2$ entsteht. Der Graph ist symmetrisch zur Geraden mit der Gleichung $x = 2$ mit der Spitze $S(2 \mid 0)$.

c) $f\colon x \mapsto y = |x+1| - 2,\ x \in \mathbb{R}$ $\qquad f(x) = \begin{cases} x - 1 & \text{für } x \geq -1 \\ -x - 3 & \text{für } x < -1 \end{cases}$

Wertetabelle:

x	−4	−3	−2	−1	0	1	2	3	4
y	1	0	−1	−2	−1	0	1	2	3

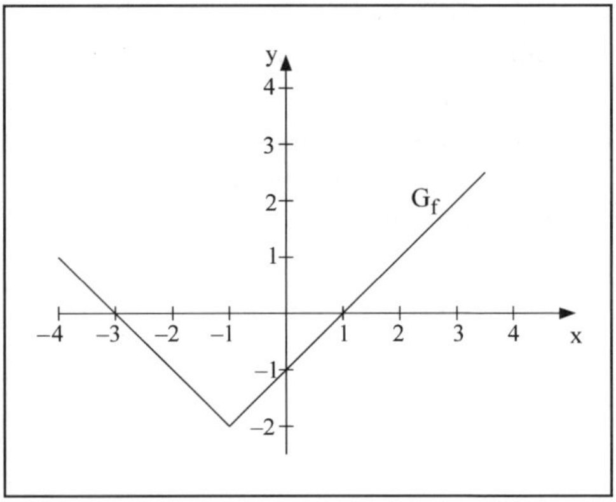

Für $x \geq -1$ stimmt der Graph offenbar mit der Geraden mit der Gleichung $y = x - 1$ überein, für $x < -1$ mit der Geraden mit der Gleichung $y = -x - 3$. Der Graph entsteht durch Verschieben der Betragsfunktion um 1 Einheit parallel zur x-Achse nach links und 2 Einheiten parallel zur y-Achse nach unten analog wie die Parabel mit der Gleichung $y = (x + 1)^2 - 2$ aus der Normalparabel mit der Gleichung $y = x^2$ entsteht.

Der Graph ist symmetrisch zur Geraden mit der Gleichung $x = -1$ und hat die Spitze $S(-1 \mid -2)$.

d) $f\colon x \mapsto y = -|x|,\ x \in \mathbb{R}$ $\qquad f(x) = \begin{cases} -x & \text{für } x \geq 0 \\ x & \text{für } x < 0 \end{cases}$

Wertetabelle:

x	−4	−3	−2	−1	0	1	2	3	4
y	−4	−3	−2	−1	0	−1	−2	−3	−4

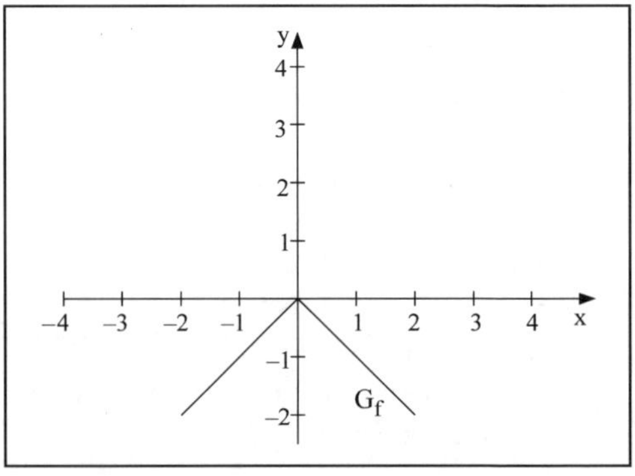

Für $x \geq 0$ stimmt der Graph offenbar mit der Geraden mit der Gleichung $y = -x$ überein, für $x < 0$ mit der Geraden mit der Gleichung $y = x$. Der Graph entsteht durch Spiegeln der Betragsfunktion an der x-Achse.

Spitze: $S(0 \mid 0)$

e) $f: x \mapsto y = -|x-1|+3,\ x \in \mathbb{R}$ $\qquad f(x) = \begin{cases} -x+4 & \text{für} \quad x \geq 1 \\ x+2 & \text{für} \quad x < 1 \end{cases}$

Wertetabelle:

x	−4	−3	−2	−1	0	1	2	3	4
y	−2	−1	0	1	2	3	2	1	0

Für $x \geq 1$ stimmt der Graph offenbar mit der Geraden mit der Gleichung $y = -x + 4$ überein, für $x < 1$ mit der Geraden mit der Gleichung $y = x + 2$. Der Graph entsteht durch Verschieben des Funktionsgraphs zu $y = -|x|$ um eine Einheit parallel zur x-Achse nach rechts und um drei Einheiten parallel zur y-Achse nach oben.

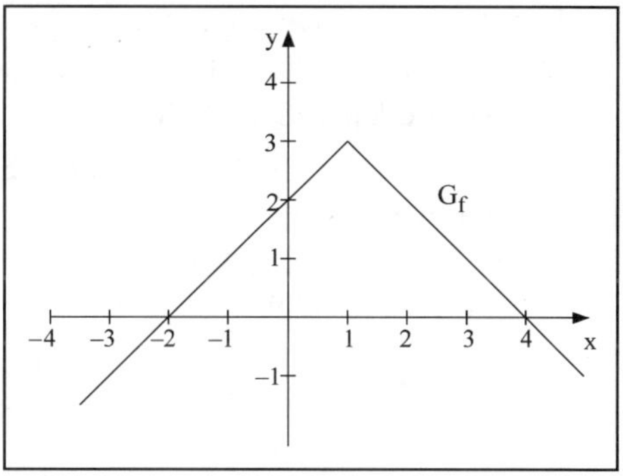

Der Graph ist symmetrisch zur Geraden mit der Gleichung $x = 1$ und hat die Spitze $S(1 \mid 3)$.

f) $f: x \mapsto y = -|x^2 - 2x|,\ x \in \mathbb{R}$

Wir betrachten die Parabel mit der Gleichung: $y = x^2 - 2x$

Nullstellen:
$x^2 - 2x = 0;\ x(x-2) = 0;$
$x_1 = 0,\ x_2 = 2.$
Scheitel: $x_S = 1, y_S = -1,\ S(1 \mid -1)$
Form: Normalparabel

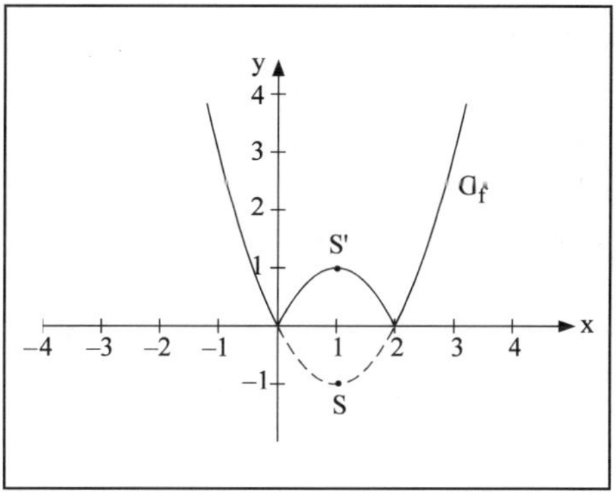

Betragsfreie Schreibweise von f(x): In dem Bereich, in dem die Parabel oberhalb der x-Achse verläuft, können die Betragsstriche einfach weggelassen werden, da der Term zwischen den Betragsstrichen dann größer Null ist: $f(x) = x^2 - 2x$ für $x \leq 0$ oder $x \geq 2$. In dem Bereich, in dem die Parabel unterhalb der x-Achse verläuft, müssen beim Weglassen der Betragsstriche die Vorzeichen geändert werden, da der Term zwischen den Betragsstrichen dort kleiner als Null ist: $f(x) = -x^2 + 2x$ für $0 < x < 2$. Dazu gehört eine Parabel, die nach unten geöffnet ist, mit dem Scheitel $S'(1 \mid 1)$.

Der Graph von f entsteht also für $0 < x < 2$ durch Spiegeln der Ausgangsparabel an der x-Achse nach oben. Für $x \leq 0$ oder $x \geq 2$ stimmt der Graph von f mit der Ausgangsparabel überein.

Allgemein: Der Graph der Funktion $f: x \mapsto y = |ax^2 + bx + c| \; x \in \mathbb{R}$ wird in folgenden Schritten ermittelt:

(1) Von der Parabel, die zur Gleichung $y = ax^2 + bc + c$ gehört, werden die Nullstellen und der Scheitel berechnet und die Parabel gezeichnet.

(2) Der Teil der Parabel oberhalb der x-Achse und die Nullstellen stimmen mit dem Graphen von f überein.

(3) Spiegelt man den Teil der Parabel, der unterhalb der x-Achse liegt, an der x-Achse nach oben, so erhält man den Rest des Graphen von f:

$$f(x) = \begin{cases} x^2 - 2x & \text{für} \quad x \leq 0 \text{ oder } x \geq 2 \\ -x^2 + 2x & \text{für} \quad 0 < x < 2 \end{cases}$$

Aufgaben

Geben Sie den Funktionsterm abschnittsweise definiert ohne Betragsstriche an, und zeichnen Sie den Graphen von f.

631. $f: x \mapsto y = |x| - 1, \; x \in \mathbb{R}$

632. $f: x \mapsto y = |x - 1|, \; x \in \mathbb{R}$

633. $f: x \mapsto y = |x + 1|, \; x \in \mathbb{R}$

634. $f: x \mapsto y = |x - 2| + 1, \; x \in \mathbb{R}$

635. $f: x \mapsto y = |x + 2| - 1, \; x \in \mathbb{R}$

636. $f: x \mapsto y = -|x| + 3, \; x \in \mathbb{R}$

637. $f: x \mapsto y = -|x - 2| + 2, \; x \in \mathbb{R}$

638. $f: x \mapsto y = -\frac{1}{2}|x + 2| + 1, \; x \in \mathbb{R}$

639. $f: x \mapsto y = |x^2 - 1|, \; x \in \mathbb{R}$

640. $f: x \mapsto y = |-x^2 + 1|, \; x \in \mathbb{R}$

641. $f: x \mapsto y = |x^2 - 2x - 3|, \; x \in \mathbb{R}$

642. $f: x \mapsto y = |x^2 - 4x + 2|, \; x \in \mathbb{R}$

643. $f: x \mapsto y = |x^2 + 2x + 4|, \; x \in \mathbb{R}$

644. $f: x \mapsto y = |x^2 - 6x + 8|, \; x \in \mathbb{R}$

14.8 Ungleichungen mit Beträgen

Nun sollen Ungleichungen mit Beträgen in der Grundmenge G = ℝ mit Hilfe der Zeichnung der zugehörigen Funktionsgraphen gelöst werden.
Ungleichung: $|x| - 2 > 0$, Definitionsmenge D = ℝ

zugehörige Funktionsgleichung: $y = |x| - 2 = \begin{cases} x-2 & \text{für} \quad x \geq 0 \\ -x-2 & \text{für} \quad x < 0 \end{cases}$

Zeichnung des Funktionsgraphen: Nullstellen: $x_1 = 2$, $x_2 = -2$. Spitze: S(0 | –2)

Die Ungleichung

(y =) $|x| - 2 > 0$

wird nun folgendermaßen interpretiert:
Gesucht sind alle x-Werte, für die die y-Werte der zugehörigen Punkte auf dem Graphen größer als Null sind, d. h. für die der Graph oberhalb der x-Achse verläuft.

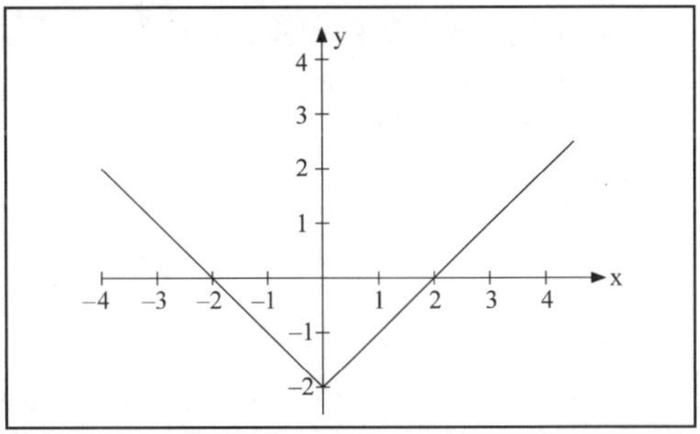

Aus der Zeichnung erkennt man, daß dies für alle x < –2 oder x > 2 der Fall ist. Man erhält also die Lösungsmenge L =]–∞; –2[∪]2; +∞[.
Bei der Ungleichung (y =) $|x| - 2 < 0$ sucht man entsprechend alle x-Werte, für die die y-Werte der zugehörigen Graphenpunkte kleiner als Null sind, d. h. für die der Graph unterhalb der x-Achse verläuft. Man erhält dann als Lösungsmenge: L =]–2; 2[.

Beispiele:

a) Ungleichung: $|x+1| - 2 \leq 0$, G = D = ℝ

zugehörige Funktionsgleichung: $y = |x+1| - 2 = \begin{cases} x-1 & \text{für} \quad x \geq -1 \\ -x-3 & \text{für} \quad x < -1 \end{cases}$

Nullstellen:

(1) $x - 1 = 0$; $x_1 = 1$
(2) $-x - 3 = 0$; $x_2 = -3$
Spitze: S(–1 | –2)
Gesucht sind die x-Werte, für die der Graph entweder auf der x-Achse oder für die der Graph unterhalb der x-Achse verläuft: L = [–3; 1]

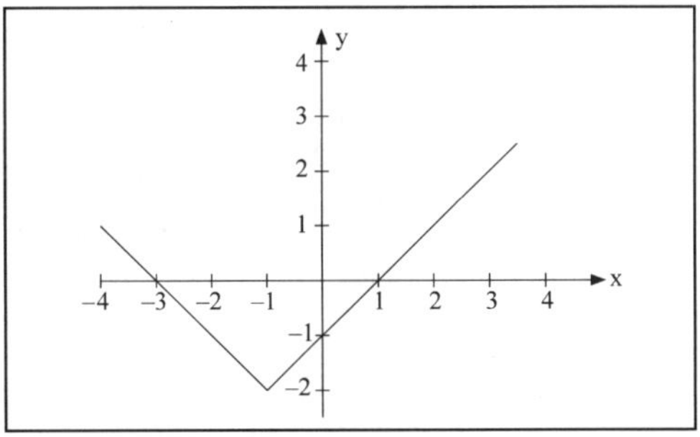

b) Ungleichung: $-|x-1|+3 \geq 0$, $G = D = \mathbb{R}$

zugehörige Funktionsgleichung: $y = -|x-1|+3 = \begin{cases} -x+4 & \text{für} \quad x \geq 1 \\ x+2 & \text{für} \quad x < 1 \end{cases}$

Nullstellen:

(1) $-x + 4 = 0$; $x_1 = 4$

(2) $x + 2 = 0$; $x_2 = -2$

Spitze: S(1 | 3)

Gesucht sind die x-Werte, für die der Graph auf der x-Achse oder oberhalb der x-Achse verläuft:
$L = [-2; 4]$.

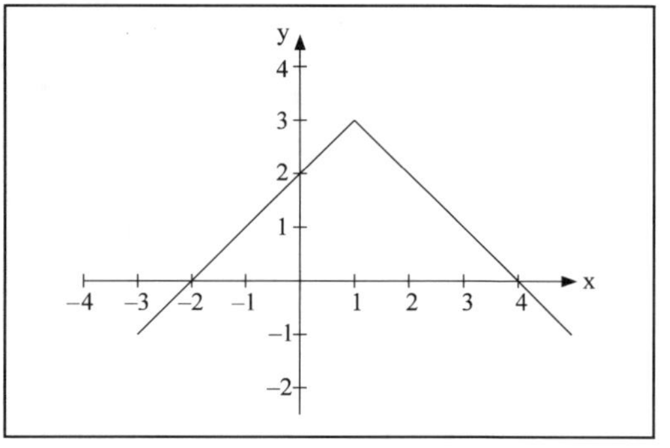

c) Ungleichung: $-|x-1|+3 < 0$, $G = D = \mathbb{R}$
Hier kann man die Zeichnung aus Beispiel b verwenden. Gesucht sind die x-Werte, für die der Graph unterhalb der x-Achse verläuft:

$$L =]-\infty; -2[\;\cup\;]4; \infty[.$$

d) Ungleichung: $|x^2 - 2x| < 3$, $G = D = \mathbb{R}$
zugehörige Funktionsgleichung: $f: x \mapsto y = |x^2 - 2x|$

1. Schritt: Parabel mit der Gleichung $y = x^2 - 2x$

Nullstellen: $x^2 - 2x = 0$;
$x \cdot (x-2) = 0$; $x_1 = 0$, $x_2 = 2$.

Scheitel:
$x_S = 0{,}5 \cdot (0+2) = 1$,
$y_S = 1 - 2 = -1$, S(1 | −1)

2. Schritt: Zeichnung der Parabel zu $y = x^2 - 2x$

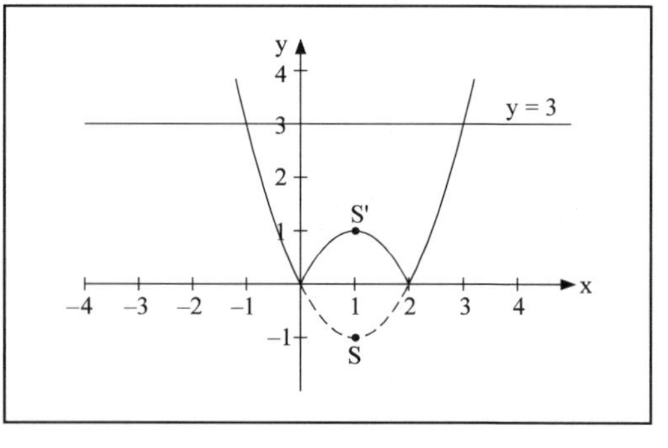

3. Schritt: Spiegeln des Teils der Parabel unterhalb der x-Achse an der x-Achse nach oben: S'(1 | 1). Einzeichnen des Graphen von f.

Abschnittsweise Definition: $f(x) = \begin{cases} x^2 - 2x & \text{für} \quad x \leq 0 \text{ oder } x \geq 2 \\ -x^2 + 2x & \text{für} \quad 0 < x < 2 \end{cases}$

4. Schritt: Ungleichung: $|x^2 - 2x| < 3$. Gesucht sind die x-Werte aller Punkte des Graphen von f, deren y-Werte $y = |x^2 - 2x|$ kleiner als 3 sind. Um die Lösungsmenge zu erkennen, zeichnet man die Gerade mit der Gleichung $y = 3$ in das Koordinatensystem ein. Dann bestimmt man die x-Werte der Punkte des Graphen von f, die unterhalb dieser Geraden liegen:

$$L =]-1; 3[.$$

Die Grenzen des Lösungsintervalls müssen allerdings exakt berechnet werden. Dazu bestimmt man die x-Werte der Punkte des Graphen von f, deren y-Wert gleich drei ist:

$$(y =)\, x^2 - 2x = 3; x^2 - 2x - 3 = 0; (x+1)\cdot(x-3) = 0; x_1 = -1, x_2 = 3.$$

e) Ungleichung: $|x^2 - 2| > 1$, $G = D = \mathbb{R}$
zugehörige Funktionsgleichung: $f\colon x \mapsto y = |x^2 - 2|$

1. Schritt: Parabel mit der Gleichung $y = x^2 - 2$
Nullstellen: $x^2 - 2 = 0$;
$x^2 = 2; x_1 = -\sqrt{2}, x_2 = \sqrt{2}$.
Scheitel:
$x_S = 0{,}5\cdot(-\sqrt{2} + \sqrt{2}) = 0$,
$y_S = -2$, $S(0\,|\,-2)$
2. Schritt: Zeichnung der Parabel zu $y = x^2 - 2$

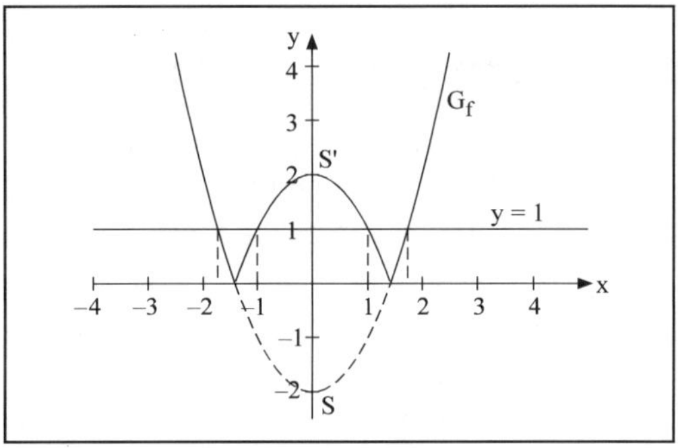

3. Schritt: Spiegeln des Teils der Parabel unterhalb der x-Achse an der x-Achse nach oben: $S'(0\,|\,2)$. Einzeichnen des Graphen von f.

Abschnittsweise Definition: $f(x) = \begin{cases} x^2 - 2 & \text{für } x \le -\sqrt{2} \text{ oder } x \ge \sqrt{2} \\ -x^2 + 2 & \text{für } -\sqrt{2} < x < \sqrt{2} \end{cases}$

4. Schritt: Ungleichung: $|x^2 - 2| > 1$. Gesucht sind die x-Werte aller Punkte des Graphen von f, deren y-Werte $y = |x^2 - 2|$ größer als 1 sind. Um die Lösungsmenge zu erkennen, zeichnet man die Gerade mit der Gleichung $y = 1$ in das Koordinatensystem ein. Man bestimmt die x-Werte der Punkte des Graphen von f, deren y-Wert gleich 1 ist:

(1) $(y =)\, x^2 - 2 = 1; x^2 = 3; x_{1,2} = \pm\sqrt{3}$

(2) $(y =) - x^2 + 2 = 1; x^2 = 1; x_{3,4} = \pm 1$

In der Lösungsmenge sind alle x-Werte, für die der Graph von f oberhalb der Geraden mit der Gleichung y = 1 verläuft:

$$L =]-\infty; -\sqrt{3}[\ \cup\ ]-1; 1[\ \cup\ ]\sqrt{3}; \infty[.$$

Aufgaben

Bestimmen Sie jeweils die Lösungsmenge der Ungleichung für $G = D = \mathbb{R}$!

645. $|x|-1>0$

646. $|x-1|<0$

647. $|x+1|\leq 0$

648. $|x-2|+1\geq 0$

649. $|x+2|-1\leq 0$

650. $-|x|+3>0$

651. $-|x-2|+2<0$

652. $-\frac{1}{2}|x+2|\geq -1$

653. $|x^2-1|\leq 3$

654. $|-x^2+1|\geq 1$

655. $|x^2-2x-3|>3$

656. $|x^2-4x+2|\leq 2$

657. $|x^2+2x+4|<0$

658. $|x^2-6x+8|>3$

14.9 Vermischte Ungleichungen

In diesem Kapitel werden Bruchungleichungen untersucht, bei denen die zugehörigen Bruchterme im Zähler und im Nenner aus linearen oder quadratischen Funktionstermen bestehen oder aus Termen bestehen, die Betragsstriche enthalten.

Wir untersuchen die Ungleichung $\frac{|x-3|-1}{x^2-1}<0$ in der Grundmenge $G = \mathbb{R}$.

Für die Definitionsmenge gilt: $D = \mathbb{R} \setminus \{\pm 1\}$. Denn für $x = \pm 1$ wird der Nenner Null.

Wir betrachten die Zählerfunktion $z\colon x \mapsto y = |x-3|-1$
und die Nennerfunktion $n\colon x \mapsto y = x^2-1$
jeweils mit der Definitionsmenge $D = \mathbb{R}$ und zeichnen die zugehörigen Graphen G_z und G_n.

Zähler: $z(x) = \begin{cases} x-4 & \text{für } x \geq 3 \\ -x+2 & \text{für } x<3 \end{cases}$

Nullstellen: (1) $x-4=0; x_1=4$ (2) $-x+2=0; x_2=2$
Spitze: $S(3 \mid -1)$, Form: Betragsfunktion

Nenner: $n(x)=x^2-1$, , Nullstellen: $x^2-1=0; x_{1,2}=\pm 1$,

Spitze: $S(0 \mid -1)$, Form: Normalparabel

Der Wert des Bruchterms ist dann kleiner als Null, wenn der Zähler positiv und der Nenner negativ sind oder Zähler negativ und Nenner positiv. In der Lösungsmenge der Ungleichung sind also alle x-Werte, für die die Graphen auf verschiedenen Seiten der x-Achse verlaufen.

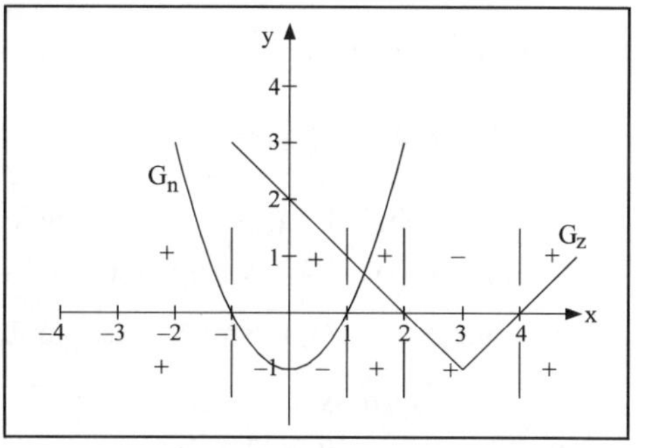

Um die Lösungsmenge besser zu erkennen, notiert man zwischen den Nullstellen von Zähler und Nenner *oberhalb* der x-Achse das Vorzeichen des Zählers und *unterhalb* der x-Achse das Vorzeichen des Nenners. Dann erkennt man die Bereiche mit unterschiedlichen Vorzeichen: L =]–1; 1[∪]2; 4[.

Beispiele:

a) Ungleichung: $\frac{-|x+2|+2}{x+2} \geq 0$, $D = \mathbb{R} \setminus \{-2\}$

Zähler: $z(x) = -|x+2|+2 = \begin{cases} -x & \text{für} \quad x \geq -2 \\ x+4 & \text{für} \quad x < -2 \end{cases}$

Nullstellen: (1) $-x = 0; x_1 = 0$ (2) $x + 4 = 0; x_2 = -4$
Spitze: S(–2 | 2)

Nenner: $n(x) = x + 2$, Nullstelle: $x = -2$, Steigung: $m = 1$

Der Bruchterm ist dann größer oder gleich Null, wenn entweder Zähler *und* Nenner größer als Null sind oder Zähler *und* Nenner kleiner als Null sind oder der Zähler gleich Null ist. In der Lösungsmenge der Ungleichung sind also alle x-Werte der Definitionsmenge, für die die Graphen auf der gleichen Seite der x-Achse verlaufen oder der Zähler gleich Null ist:

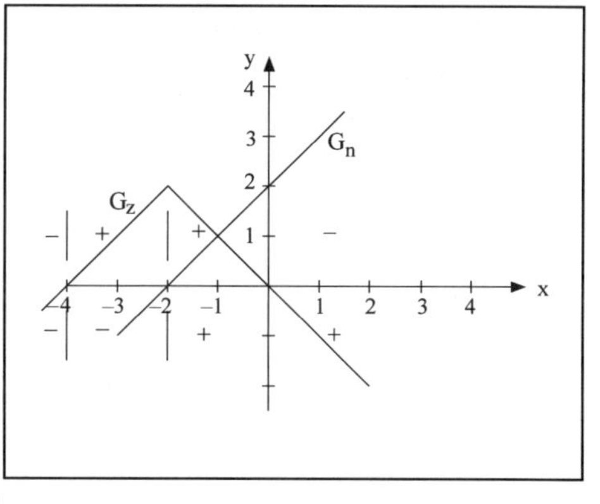

$L =]-\infty; -4] \cup]-2; 0]$.

b) Ungleichung: $\frac{-x^2+4x}{x^2-3} > 0$, $D = \mathbb{R} \setminus \{\pm\sqrt{3}\}$

Zähler: $z(x) = -x^2 + 4x$,
Nullstellen: $-x^2 + 4x = 0; -x(x-4) = 0; x_1 = 0, x_2 = 4$
Scheitel: S(2 | 4), Form: nach unten geöffnete Normalparabel

Nenner: $n(x) = x^2 - 3$, Nullstelle: $x^2 = 3, x_{1,2} = \pm\sqrt{3}$,

Scheitel: S(0 | –3), Form: Normalparabel

Der Bruchterm ist dann größer als Null, wenn entweder Zähler *und* Nenner größer als Null sind oder Zähler *und* Nenner kleiner als Null sind, d. h. wenn die Vorzeichen von Zähler und Nenner gleich sind.
Aus der Vorzeichenverteilung von Zähler und Nenner erkennt man die Lösungsmenge:

$L =]-\sqrt{3}; 0[\cup]\sqrt{3}; 4[$.

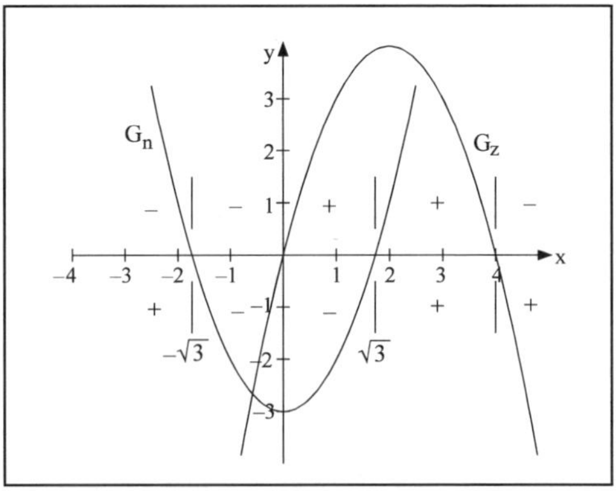

Zur Bestimmung der Lösungsmenge genügt auch eine Grobskizze der Graphen von Zähler und Nenner:

Für die Bestimmung der Lösungsmenge benötigt man die Nullstellen von Zähler und Nenner und die Offnung der Parabeln.

$L =]-\sqrt{3}; 0[\cup]\sqrt{3}; 4[$

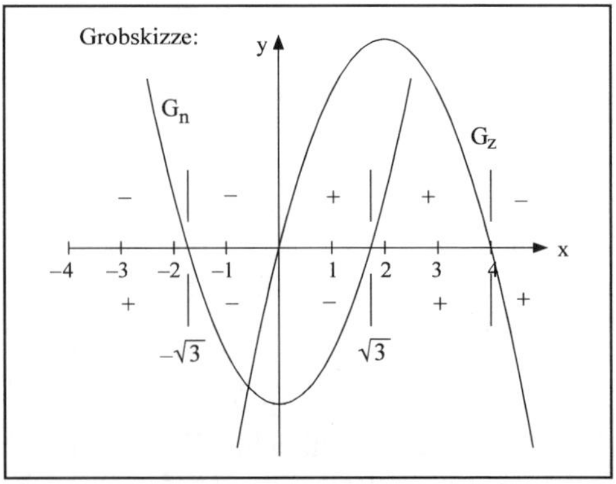

c) Ungleichung: $\frac{|x+2|-2}{-|x|+4} \leq 0$, $D = \mathbb{R} \setminus \{\pm 4\}$

Zähler: $z(x) = |x+2|-2 = \begin{cases} x & \text{für} \quad x \geq -2 \\ -x-4 & \text{für} \quad x < -2 \end{cases}$

Nullstellen: (1) $x = 0; x_1 = 0$ (2) $-x-4 = 0; x_2 = -4$,
Spitze: $S_z(-2 \mid -2)$, Form: Betragsfunktion

Nenner: $n(x) = -|x|+4 = \begin{cases} -x+4 & \text{für} \quad x \geq 0 \\ x+4 & \text{für} \quad x < 0 \end{cases}$,

Nullstellen: (1) $-x+4 = 0; x_1 = 4$ (2) $x+4 = 0; x_2 = -4$,
Spitze: S_n $(0 \mid 4)$, Form: an x-Achse gespiegelte Betragsfunktion

Der Bruchterm ist dann kleiner oder gleich Null, wenn entweder Zähler und Nenner verschiedenes Vorzeichen haben oder der Zähler gleich Null ist. Aber in der Lösungsmenge können nur solche x-Werte sein, die auch in der Definitionsmenge sind. Die Zählernullstelle x = –4 ist also nicht in der Lösungsmenge.

$L =]-\infty; -4[\cup]-4; 0] \cup]4; \infty[$.

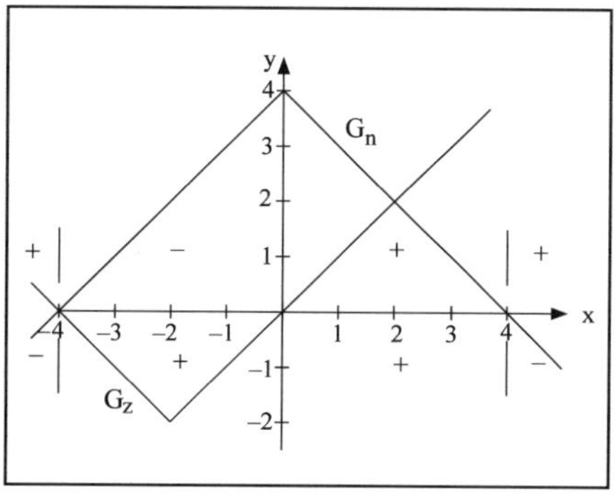

Aufgaben

Bestimmen Sie jeweils die Definitionsmenge und die Lösungsmenge der Ungleichung für $G = \mathbb{R}$!

659. $\frac{|x-1|-2}{-x+1} > 0$

660. $\frac{-|x-3|+1}{x+3} \leq 0$

661. $\frac{-|x+2{,}5|+1{,}5}{-|x-1|+1} \geq 0$

662. $\frac{|x-2|-1}{-|x+2|+1} < 0$

663. $\frac{x^2-x-12}{x^2-x-2} \leq 0$

664. $\frac{x^2-3x-4}{x^2+3x} > 0$

665. $\frac{x^2+4x+2}{x-1{,}5} < 0$

666. $\frac{x^2-x-6}{-x+1} \geq 0$

667. $\frac{x^2+4x+3}{|x-2|-2} > 0$

668. $\frac{(x+3)^2}{|x-2|} \leq 0$

Lösungen

1. $3x^2 + 7x^2 - 14x^2 + 35x^2 = 31x^2$

2. $33a - 7b - 10a + 8b - 17a + 22b = 6a + 23b$

3. $13x + 5xy - 4z - 6x + 14xy + 16z - 7z = 7x + 19xy + 5z$

4. $18x^2 + 14u - 13x^2 - 2x + 2u + 4x - u = 5x^2 + 15u + 2x$

5. $12a^2 + 4a^3 + 17a^3 - 3a^2 - 5x = 9a^2 + 21a^3 - 5x$

6. $25ax - 13x + 12x^2 = 25ax - 13x + 12x^2$

7. $14uvw + 5uv - 22w + 35uw - 13uvw + 21w - 35uw + 25u^2 - 12v^2 -$
$-24u^2 + 13v^2 = uvw + 5uv - w + u^2 + v^2$

8. $17xy + 13x^2 - 14ax^2 - 7x^2 + 20ax^2 + 15bx - 13xy + 10bx - 4xy =$
$= 6x^2 + 6ax^2 + 25bx$

9. $2a^2 - 2b^2 - 3a^2b + 5b^2 + 10a^2 - 6a^2 + 6a^2b = 6a^2 + 3b^2 + 3a^2b$

10. $0{,}8x^2 + 0{,}2a^2 - 1{,}2a - 1{,}7x^2 - 0{,}3a + 0{,}7a^2 + 1{,}9x^2 + a^2 + 2a =$
$= x^2 + 1{,}9a^2 + 0{,}5a$

11. $4 \cdot 7x = 28x$

12. $3x \cdot 20y = 60xy$

13. $14u \cdot 2v = 28uv$

14. $4a \cdot 7c \cdot 2x = 56acx$

15. $3s \cdot 4t \cdot 5s = 60s^2t$

16. $7s \cdot 2s \cdot 3t = 42s^2t$

17. $2x \cdot 3y \cdot 4x \cdot 2y = 48x^2y^2$

18. $3x \cdot y \cdot 5x \cdot 3y = 45x^2y^2$

19. $5x \cdot 3y \cdot 4xy = 60x^2y^2$

20. $3xy \cdot 7xz = 21x^2yz$

21. $3xz \cdot 4y \cdot 3yz = 36xy^2z^2$

22. $2x^2 \cdot 4y \cdot 2y \cdot 3x = 48x^3y^2$

23. $3a^2 \cdot 4ab \cdot 2ab^2 = 24a^4b^3$

24. $2a \cdot 3x^2 \cdot 4ax \cdot 5xz \cdot 2a^3 = 240a^5x^4z$

25. $3a \cdot 2b - 4ab + 3x \cdot 5y - 2x \cdot 3y = 6ab - 4ab + 15xy - 6xy = 2ab + 9xy$

26. $4x \cdot 3y + 2u \cdot 2v + 2u \cdot 4v - 3y \cdot 2x = 12xy + 4uv + 8uv - 6xy = 6xy + 12uv$

27. $2y \cdot 3z - 2x^2 \cdot 4z + 3yz + 2x \cdot 5xz + 4z \cdot 5y =$
$= 6yz - 8x^2z + 3yz + 10x^2z + 20yz = 29yz + 2x^2z$

28. $3x \cdot 4y^2 + 10x \cdot 3a - 5a \cdot 2ab - 2y \cdot 2xy + 7ax - x \cdot 2a + 15a^2 \cdot 2b =$
$= 12xy^2 + 30ax - 10a^2b - 4xy^2 + 7ax - 2ax + 30a^2b =$
$= 8xy^2 + 35ax + 20a^2b$

29. $3u^2 \cdot 7 - 12a^2 \cdot 2b + 8x \cdot 5y \cdot 3z - 7x \cdot 4y - 2y^2 - 7u \cdot 3u - 15yz \cdot 8x + y \cdot 3y +$
$+ 14y \cdot 2x =$
$= 21u^2 - 24a^2b + 120xyz - 28xy - 2y^2 - 21u^2 - 120xyz + 3y^2 + 28xy =$
$= -24a^2b + y^2$

30. $3x^2 \cdot 2x^2 - x \cdot 5x^3 + 2x \cdot 5x \cdot 2x \cdot 10x - 2x^3 \cdot 3x + 10x^4 =$
$= 6x^4 - 5x^4 + 200x^4 - 6x^4 + 10x^4 = 205x^4$

31. $17xyz - 5x \cdot 3y + y \cdot 20x - 2yz \cdot 3x + z \cdot 5xy + 5y \cdot 10x =$
$= 17xyz - 15xy + 20xy - 6xyz + 5xyz + 50xy = 16xyz + 55xy$

32. $3a^2 \cdot 4ab + 10a \cdot 2ab - 6b \cdot 2a^3 - 3a \cdot 2a^3b^2 + a^2b \cdot 6ab + 3a^2b \cdot 4a =$
$= 12a^3b + 20a^2b - 12a^3b - 6a^4b^2 + 6a^3b^2 + 12a^3b =$
$= 12a^3b + 20a^2b - 6a^4b^2 + 6a^3b^2$

33. $(-5) + (-4) = -(5 + 4) = -9$

34. $(-3{,}5) + (-7) + (-5) + (-3) = -(3{,}5 + 7 + 5 + 3) = -18{,}5$

35. $-7{,}4 + 5 = -(7{,}4 - 5) = -2{,}4$

36. $3 - 11 = -(11 - 3) = -8$

37. $-5 + 3 - 11 - 10 + 3 - 5 = -(5 + 11 + 10 + 5) + (3 + 3) = -31 + 6 =$
$= -(31 - 6) = -25$

38. $5{,}2 - 7{,}4 + 3{,}2 - 4{,}3 - 5{,}3 + 3{,}4 = (5{,}2 + 3{,}2 + 3{,}4) - (7{,}4 + 4{,}3 + 5{,}3) =$
$= 11{,}8 - 17 = -(17 - 11{,}8) = -5{,}2$

39. $-1{,}5x + 0{,}9x - 2{,}5x + 1{,}1x - 3x + 5 = -(1{,}5x + 2{,}5x + 3x) + (0{,}9x + 1{,}1x) + 5 =$
$= -7x + 2x + 5 = -(7x - 2x) + 5 = -5x + 5$

40. $3y - 3x + 3y + 5x - 8y - 10x = (3y + 3y) - 8y - (3x + 10x) + 5x =$
$= 6y - 8y - 13x + 5x = -(8y - 6y) - (13x - 5x) == -2y - 8x$

41. $4s + 6t - 6s - 4t + 2t - 2s = 4s - (6s + 2s) + (6t + 2t) - 4t =$
$= 4s - 8s + 8t - 4t = -(8s - 4s) + 4t = -4s + 4t$

42. $3{,}4p - 0{,}4x + 0{,}4p - 5{,}4x + 4{,}6p + (-9{,}4p) = 8{,}4p - 5{,}8x - 9{,}4p =$
$= -(9{,}4p - 8{,}4p) - 5{,}8x = -p - 5{,}8x$

43. $12xy - 12x - 12y - 18xy + 6x + 4y =$
$= -(18xy - 12xy) - (12x - 6x) - (12y - 4y) = -6xy - 6x - 8y$

44. $1{,}4s - 0{,}4t + 1{,}4st - 0{,}9s - 0{,}1t - 0{,}6st = 1{,}4s - 0{,}9s - 0{,}5t + 1{,}4st - 0{,}6st =$
$= 0{,}5s - 0{,}5t + 0{,}8st$

45. $-1{,}5t + 3{,}7s + (-1{,}7s) - 1{,}5t + 5t - 2s = -3t + 5t + 3{,}7s - 3{,}7s = 2t$

46. $3t - 4x + 7t - 10t - 14t + 2x - 10t + 2x = 10t - 34t - 4x + 4x =$
$= -(34t - 10t) = -24t$

47. $1{,}2a - 0{,}2b - 1{,}8a - 1{,}2b + 0{,}2a + 0{,}8c - 0{,}8a = 1{,}4a - 2{,}6a - 1{,}4b + 0{,}8c =$
$= -(2{,}6a - 1{,}4a) - 1{,}4b + 0{,}8c = -1{,}2a - 1{,}4b + 0{,}8c$

48. $3{,}2 \cdot 5 = 16$

49. $(-3{,}2) \cdot (+5) = -(3{,}2 \cdot 5) = -16$

50. $(-3{,}2) \cdot (-5) = 16$

51. $4{,}2 : (-1{,}2) = -(4{,}2 : 1{,}2) = -3{,}5$

52. $(-4{,}2) : (-2) = 2{,}1$

53. $1{,}7 \cdot (-2) = -(1{,}7 \cdot 2) = -3{,}4$

54. $(-4{,}8) \cdot (-1) = 4{,}8$

55. $(-3)\cdot(-4)\cdot(-2)\cdot(+4) = -(3\cdot 4\cdot 2\cdot 4) = -96$

56. $7x\cdot(-2y)\cdot(-0{,}5x) = 7x^2y$

57. $(-5y)\cdot 3y\cdot(-\frac{1}{5}x)\cdot(-2) = -6xy^2$

58. $-3x + (-4x)\cdot(5y) - (6x\cdot 3y) + (-5x)\cdot(-2) = -3x - 20xy - 18xy + 10x =$
$= 7x - 38xy$

59. $7s\cdot 3 - (-4s)\cdot(-6) + (4t)\cdot(-2) - 7t = 21s - 24s - 8t - 7t = -3s - 15t$

60. $-(-3x)\cdot(2y)\cdot(-4z) + (-2z)\cdot(-x)\cdot(-12y) + (-0{,}5y)\cdot(24xz)\cdot(-2) -$
$-(-8xyz)\cdot(-6)\cdot(-0{,}5) = -24xyz - 24xyz + 24xyz + 24xyz = 0$

61. $(-3x)\cdot(-3x^2)\cdot(2x)\cdot(-2y) - (7x^3)\cdot(-6y) + (14y)\cdot(-3x^3) - (12x^4)\cdot(3y) =$
$= -36x^4y + 42x^3y - 42x^3y - 36x^4y = -72x^4y$

62. $(-2a)\cdot(-2a) + (\frac{1}{2}a)\cdot(-\frac{1}{2}a)\cdot(8a) - (\frac{1}{3}b)\cdot(-\frac{1}{6}b) + (\frac{1}{2}b^2)\cdot(-\frac{1}{3}) =$
$= 4a^2 - 2a^2 + \frac{1}{18}b^2 - \frac{1}{6}b^2 = 2a^2 - \frac{1}{9}b^2$

63. $7 + (x - 12) = 7 + x - 12 = -5 + x$

64. $10x + (-5x + 2) = 10x - 5x + 2 = 5x + 2$

65. $2s - (4s - 4) = 2s - 4s + 4 = -2s + 4$

66. $3t - (-2 + 4t - 2s) = 3t + 2 - 4t + 2s = -t + 2 + 2s$

67. $(3x - 2y) - (4x - 5 - 5y) = 3x - 2y - 4x + 5 + 5y = -x + 3y + 5$

68. $24k^2 - (40k + 16k^2 - 4) - (24k + 6) = 24k^2 - 40k - 16k^2 + 4 - 24k - 6 =$
$= 8k^2 - 64k - 2$

69. $2x - \left[5x^2 - (5x - 2)\right] + (-3x + 2) + 5x^2 = 2x - \left[5x^2 - 5x + 2\right] - 3x + 2 + 5x^2 =$
$= 2x - 5x^2 + 5x - 2 - 3x + 2 + 5x^2 = 4x$

70. $4t-[3s-(2t-3s)+6]-6=4t-[3s-2t+3s+6]-6=$
$=4t-3s+2t-3s-6-6=6t-6s-12$

71. $-(4a-3)-[(3x^2+x)-(4x+4x^2)-(-3x-x^2)]=$
$=-4a+3-[3x^2+x-4x-4x^2+3x+x^2]=-4a+3-[0]=-4a+3$

72. $-(-3x+2x^2+5)-(4x^2+2x+5)+(6x^2-10)=$
$=3x-2x^2-5-4x^2-2x-5+6x^2-10=x-20$

73. $5\cdot(3x-2)=15x-10$

74. $7(4s-3t)-8(2s+5t)=28s-21t-16s-40t=12s-61t$

75. $-4t(2s-3)+2s(4t-3)=-8st+12t+8st-6s=12t-6s$

76. $(5k-4)\cdot 5-2(8k-10)=25k-20-16k+20=9k$

77. $2x(2-2x+5y)-2y(5x-2)=4x-4x^2+10xy-10xy+4y=$
$=4x-4x^2+4y$

78. $-3(4a-3b-3b^2+2a^2)-4(-3a-1{,}5a^2)=$
$=-12a+9b+9b^2-6a^2+12a+6a^2=9b+9b^2$

79. $4x(x-y)-[3x(x+y)-2x(x-y)]=4x^2-4xy-[3x^2+3xy-2x^2+2xy]=$
$=4x^2-4xy-[x^2+5xy]=4x^2-4xy-x^2-5xy=3x^2-9xy$

80. $5(-2a+b)-2[(3a-5b)\cdot 4+(12-9a)\cdot a]=$
$=-10a+5b-2[12a-20b+12a-9a^2]=$
$=-10a+5b-24a+40b-24a+18a^2=-58a+45b+18a^2$

81. $4[4s(t-s)-(s+4t)\cdot 3]-7s(s+8)=4[4st-4s^2-3s-12t]-7s^2-56s=$
$=16st-16s^2-12s-48t-7s^2-56s=16st-23s^2-68s-48t$

82. $(-2)[(-3t)(2a-b)-(-4a)(10-2t)]-(-6)(3a+7t)=$
$=(-2)\cdot[-6at+3bt+40a-8at]+18a+42t=$
$=12at-6bt-80a+16at+18a+42t=28at-6bt-62a+42t$

83. $(7t+8e)(x+1)=7tx+7t+8ex+8e$

84. $(5t^2-8t)(2t^3+4)=10t^5+20t^2-16t^4-32t$

85. $(4x^2+2,5y)(-x-2y)=-4x^3-8x^2y-2,5xy-5y^2$

86. $(2x-3y-2)(4-2x+2y)=$
$=8x-4x^2+4xy-12y+6xy-6y^2-8+4x-4y=$
$=12x-4x^2+10xy-16y-6y^2-8$

87. $(x-2)(-3x-5-y)=-3x^2-5x-xy+6x+10+2y=$
$=-3x^2+x-xy+10+2y$

88. $(2x+y)(x-y)-\left[(x+3)(2x-4y)+3(4y-2x)\right]=$
$=2x^2-2xy+xy-y^2-[2x^2-4xy+6x-12y+12y-6x]=$
$=2x^2-xy-y^2-[2x^2-4xy]=2x^2-xy-y^2-2x^2+4xy=3xy-y^2$

89. $(a+b)(2a-1)\cdot b=2a^2b-ab+2ab^2-b^2$

90. $(x-1)(x^2+2x-1)-(x^2-2x+1)(x+2)=$
$=x^3+2x^2-x-x^2-2x+1-(x^3+2x^2-2x^2-4x+x+2)=$
$=x^3+x^2-3x+1-x^3+3x-2=x^2-1$

91. $a(3a-b+2ab-1)-(a-b)(3a-b)=$
$=3a^2-ab+2a^2b-a-(3a^2-ab-3ab+b^2)=$
$=3a^2-ab+2a^2b-a-3a^2+4ab-b^2=3ab+2a^2b-a-b^2$

92. $(-3x)(2x+3y)-(2x-3y)(3+4x-2y)=$
$=-6x^2-9xy-(6x+8x^2-4xy-9y-12xy+6y^2)=$
$=-6x^2-9xy-6x-8x^2+16xy+9y-6y^2=-14x^2+7xy-6x+9y-6y^2$

93. $4xy+2x-6xy=2x(2y+1-3y)$

94. $\frac{2}{3}a+\frac{5}{3}b-\frac{1}{3}c=\frac{1}{3}(2a+5b-c)$

95. $42abc^2 - 30ab^2c - 28a^2bc = 2abc\,(21c - 15b - 14a)$

96. $a^3 - 2a^2 + 4a = a\,(a^2 - 2a + 4)$

97. $-a - b = -\,(a + b)$

98. $a\,(5x - 2y) - b\,(5x - 2y) = (5x - 2y)\,(a - b)$

99. $x\,(3a - b) + y\,(-3a + b) + 3az - bz = (3a - b)\,(x - y + z)$

100. $3at - 5bt + 3as - 5bs = t\,(3a - 5b) + s\,(3a - 5b) = (3a - 5b)\,(t + s)$

101. $3bx - 7ax + 6b^2 - 14ab - 12ab + 28a^2 =$
$= x\,(3b - 7a) + 2b\,(3b - 7a) - 4a\,(3b - 7a) = (3b - 7a)\,(x + 2b - 4a)$

102. $sx^2y - tx^2y + 3ps - 3pt - 4as + 4at = x^2y\,(s - t) + 3p\,(s - t) - 4a\,(s - t) =$
$= (s - t)\,(x^2y + 3p - 4a)$

103. $(s + t)^2 = s^2 + 2st + t^2$

104. $(12s + 4t)^2 = 144s^2 + 96st + 16t^2$

105. $(5x + 6y)^2 = 25x^2 + 60xy + 36y^2$

106. $(9a + 6b)^2 = 81a^2 + 108ab + 36b^2$

107. $4s^2 + 12st + 9t^2 = (2s)^2 + 2 \cdot 2s \cdot 3t + (3t)^2 = (2s + 3t)^2$

108. $9x^2 + 4y^2 + 12xy = (3x)^2 + (2y)^2 + 2 \cdot 3x \cdot 2y = (3x + 2y)^2$

109. $t^2 + 2t + 1 = t^2 + 2 \cdot t \cdot 1 + 1^2 = (t + 1)^2$

110. $400n^2 + 9m^2 + 120mn = (20n)^2 + (3m)^2 + 2 \cdot 20n \cdot 3m = (20n + 3m)^2$

111. $(1{,}2x + 5y)^2 = 1{,}44x^2 + 12xy + 25y^2$

112. $(s-t)^2 = s^2 - 2st + t^2$

113. $(8n - 0{,}5m)^2 = 64n^2 - 8mn + 0{,}25m^2$

114. $k^2 - 24kl + 144\,l^2 = k^2 - 2 \cdot k \cdot 12\,l + (12\,l)^2 = (k - 12\,l)^2$

115. $16s^2 + 25t^2 - 40st = (4s)^2 + (5t)^2 - 2 \cdot 4s \cdot 5t = (4s - 5t)^2$

116. $x^2 - x + \frac{1}{4} = x^2 - 2 \cdot x \cdot \frac{1}{2} + \left(\frac{1}{2}\right)^2 = \left(x - \frac{1}{2}\right)^2$

117. $x^2 - 2x + 1 = x^2 - 2 \cdot x \cdot 1 + 1^2 = (x-1)^2$

118. $25d^2 + 36c^2 - 60cd = (5d)^2 + (6c)^2 - 2 \cdot 5d \cdot 6c = (5d - 6c)^2$

119. $9x^2 + 64y^2 - 24xy = (3x)^2 + (8y)^2 - 3x \cdot 8y$

120. $x^4 + 100 - 20x^2 = (x^2)^2 + 10^2 - 2 \cdot x^2 \cdot 10 = (x^2 - 10)^2$

121. $4x^2 + \frac{1}{4}y^2 - xy = (2x)^2 + \left(\frac{1}{2}y\right)^2 - 2x \cdot \frac{1}{2}y$

122. $(2s + 5t)\,(2s - 5t) = 4s^2 - 25t^2$

123. $(x + 12s)\,(x - 12s) = x^2 - 144s^2$

124. $(16x - 11y)\,(16x + 11y) = 256x^2 - 121y^2$

125. $9y^2 - 25 = (3y)^2 - 5^2 = (3y + 5)\,(3y - 5)$

126. $169 - 144x^2 = (13)^2 - (12x)^2 = (13 + 12x)\,(13 - 12x)$

127. $196a^2 - 225b^2 = (14a)^2 - (15b)^2 = (14a + 15b)\,(14a - 15b)$

128. $256p^2 - 16pq + \frac{1}{4}q^2 = (16p)^2 - 2 \cdot 16p \cdot \frac{1}{2}q + \left(\frac{1}{2}q\right)^2 = \left(16p - \frac{1}{2}q\right)^2$

129. $\frac{1}{9}x^2 - \frac{1}{16}y^2 = \left(\frac{1}{3}x\right)^2 - \left(\frac{1}{4}y\right)^2 = \left(\frac{1}{3}x + \frac{1}{4}y\right)\left(\frac{1}{3}x - \frac{1}{4}y\right)$

130. $36a^2 - 4ab + \frac{1}{9}b^2 = (6a)^2 - 2 \cdot 6a \cdot \frac{1}{3}b + \left(\frac{1}{3}b\right)^2 = \left(6a - \frac{1}{3}b\right)^2$

131. $\frac{1}{100} + 2x + 100x^2 = \left(\frac{1}{10}\right)^2 + 2 \cdot \frac{1}{10} \cdot 10x + (10x)^2 = \left(\frac{1}{10} + 10x\right)^2$

132. $\left(\frac{1}{12}x^2 - 6x\right)^2 = \frac{1}{144}x^4 - 2 \cdot \frac{1}{12}x^2 \cdot 6x + 36x^2 = \frac{1}{144}x^4 - x^3 + 36x^2$

133. $x^4 - y^4 = (x^2)^2 - (y^2)^2 = (x^2 + y^2)(x^2 - y^2)$

134. $4x^4 - 25x^2 = (2x^2)^2 - (5x)^2 = (2x^2+5x)(2x^2-5x)$

135. $\frac{1}{25}a^2 - 2\frac{1}{4}b^2 = \left(\frac{1}{5}a\right)^2 - \left(\frac{3}{2}b\right)^2 = \left(\frac{1}{5}a + \frac{3}{2}b\right)\left(\frac{1}{5}a - \frac{3}{2}b\right)$

136. $3as + 5at - 6bs - 10bt = a\,(3s + 5t) - 2b\,(3s + 5t) = (3s + 5t)\,(a - 2b)$

137. $15a^2 + 30ab + 15b^2 = 15\,(a^2 + 2ab + b^2) = 15\,(a + b)^2$

138. $8g^2 - 8h^2 = 8\,(g^2 - h^2) = 8\,(g + h)\,(g - h)$

139. $18x + 12ux + 2u^2x - 27y - 18uy - 3u^2y =$
$= 2x\,(9 + 6u + u^2) - 3y\,(9 + 6u + u^2) = (3 + u)^2\,(2x - 3y)$

140. $18s^3 - 60s^2t + 50st^2 = 2s\,(9s^2 - 30st + 25t^2) = 2s\,(3s - 5t)^2$

141. $6a^2xz + 12a^2vx + 6a^2yz + 12a^2vy = 6a^2x\,(z + 2v) + 6a^2y\,(z + 2v) =$
$= (z + 2v)\,(6a^2x + 6a^2y) = (z + 2v)\,(x + y)\,6a^2$

142. $5a^2 - 5b^2 + 4a^2 + 8ab + 4b^2 = 5\,(a^2 - b^2) + 4\,(a^2 + 2ab + b^2) =$
$= 5\,(a + b)\,(a - b) + 4\,(a + b)^2 = (a + b)\,(5a - 5b + 4a + 4b) =$
$= (a + b)\,(9a - b)$

143. $4x^2 - 2xy + 12x^2 + 3y^2 - 12xy = 2x\,(2x - y) + 3\,(4x^2 + y^2 - 4xy) =$
$= 2x\,(2x - y) + 3\,(2x - y)^2 = (2x - y)\,(2x + 6x - 3y) = (2x - y)\,(8x - 3y)$

144. $4x^5 - 24x^4 + 36x^3 = x^3\,(4x^2 - 24x + 36) = x^3\,(2x - 6)^2$

145. $3x^3 - 48x = 3x\,(x^2 - 16) = 3x\,(x + 4)\,(x - 4)$

146. $\frac{2x}{3-x}$; $D = \mathbb{Q} \setminus \{3\}$

147. $\frac{2+a}{a+4}$; $D = \mathbb{Q} \setminus \{-4\}$

148. $\frac{3-x}{2x}$; $D = \mathbb{Q} \setminus \{0\}$

149. $\frac{14+7a}{3-8a}$; $D = \mathbb{Q} \setminus \left\{\frac{3}{8}\right\}$

150. $\frac{a+2}{a^2-7a} = \frac{a+2}{a\,(a-7)}$; $D = \mathbb{Q} \setminus \{0; 7\}$

151. $\frac{b-3}{b^2+4}$; $D = \mathbb{Q}$, da $b^2 + 4 > 0$

152. $\frac{3x}{4x}$; $D = \mathbb{Q} \setminus \{0\}$

153. $\frac{1{,}5x}{12x^2-20x}$; $12x^2 - 20x = 4x\,(3x - 5)$; $D = \mathbb{Q} \setminus \left\{0; \frac{5}{3}\right\}$

154. $\frac{x}{x^2-2x+1}$; $x^2 - 2x + 1 = (x - 1)^2$; $D = \mathbb{Q} \setminus \{1\}$

155. $\frac{4x}{9x^2+30x+25}$; $9x^2 + 30x + 25 = (3x + 5)^2$; $D = \mathbb{Q} \setminus \left\{-\frac{5}{3}\right\}$

156. $\frac{2x+7}{3x-4}$ erweitern mit 2x: $\frac{(2x+7)\cdot 2x}{(3x-4)\cdot 2x} = \frac{4x^2+14x}{6x^2-8x}$

157. $\frac{a-3b}{2a}$ erweitern mit (2a – 4): $\frac{(a-3b)\cdot(2a-4)}{2a\cdot(2a-4)} = \frac{2a^2-4a-6ab+12b}{4a^2-8a}$

158. $\frac{3xy+2}{10x^2}$ erweitern mit (3xy – 2): $\frac{(3xy+2)\cdot(3xy-2)}{10x^2\cdot(3xy-2)} = \frac{9x^2y^2-4}{30x^3y-20x^2}$

159. $\frac{a-b}{a+b}$ erweitern mit (a – b): $\frac{(a-b)(a-b)}{(a+b)(a-b)} = \frac{a^2-2ab+b^2}{a^2-b^2}$

160. $\frac{a^2-2ab}{a-b}$ erweitern mit (a + b): $\frac{(a^2-2ab)(a+b)}{(a-b)(a+b)} =$

$$= \frac{a^3+a^2b-2a^2b-2ab^2}{a^2-b^2} =$$

$$= \frac{a^3-a^2b-2ab^2}{a^2-b^2}$$

161. $\frac{3x}{2b-3}$; Nenner: 10b – 15: $\frac{3x\cdot 5}{(2b-3)\cdot 5} = \frac{15x}{10b-15}$

162. $\frac{3x}{2b-3}$; Nenner: $10ab^2 - 15ab$: $\frac{3x\cdot 5ab}{(2b-3)\cdot 5ab} = \frac{15abx}{10ab^2-15ab}$

163. $\frac{3z+1}{2x+3z}$; Nenner: $12x^2z + 18xz^2$: $\frac{(3z+1)\cdot 6xz}{(2x+3z)\cdot 6xz} = \frac{18xz^2+6xz}{12x^2z+18xz^2}$

164. $\frac{x+4}{a+b}$; Nenner: $a^2 - b^2$: $\frac{(x+4)(a-b)}{(a+b)(a-b)} = \frac{ax-bx+4a-4b}{a^2-b^2}$

165. $\frac{a+1}{3a+b}$; Nenner: $9a^2 + 6ab + b^2$: $\frac{(a+1)(3a+b)}{(3a+b)(3a+b)} = \frac{3a^2+ab+3a+b}{9a^2+6ab+b^2}$

166. $\frac{3x}{x-1}; \frac{2x}{x+2}; \frac{3x\cdot(x+2)}{(x-1)(x+2)} = \frac{3x^2+6x}{x^2+x-2}; \frac{2x\cdot(x-1)}{(x+2)(x-1)} = \frac{2x^2-2x}{x^2+x-2}$

167. $\frac{a+1}{3x}; \frac{2a-1}{y+1}; \frac{(a+1)(y+1)}{3x\cdot(y+1)} = \frac{ay+a+y+1}{3xy+3x}; \frac{(2a-1)\cdot 3x}{(y+1)\cdot 3x} = \frac{6ax-3x}{3xy+3x}$

168. $\frac{2x+y}{x+y}; \frac{3x}{x-y}; \frac{(2x+y)(x-y)}{(x+y)(x-y)} = \frac{2x^2-2xy+xy-y^2}{x^2-y^2} = \frac{2x^2-xy-y^2}{x^2-y^2};$

$$\frac{3x\cdot(x+y)}{(x-y)(x+y)} = \frac{3x^2+3xy}{x^2-y^2}$$

169. $\frac{3a}{2x+2y}; \quad \frac{5}{4x+4y}; \quad \frac{3a\cdot 2}{(2x+2y)\cdot 2} = \frac{6a}{4x+4y}; \quad \frac{5}{4x+4y}$

170. $\frac{2x}{3x+2y}; \quad \frac{2y}{12x^2+8xy}; \quad \frac{2x\cdot 4x}{(3x+2y)\cdot 4x} = \frac{8x^2}{12x^2+8xy}; \quad \frac{2y}{12x^2+8xy}$

171. $\frac{3ab}{6a} = \frac{b}{2}$

172. $\frac{3ax+3bx}{9x^2} = \frac{3x(a+b)}{3x \cdot 3x} = \frac{a+b}{3x}$

173. $\frac{12a^2+4a}{8a^2} = \frac{4a(3a+1)}{4a \cdot 2a} = \frac{3a+1}{2a}$

174. $\frac{11a+11b}{a^2+2ab+b^2} = \frac{11 \cdot (a+b)}{(a+b)(a+b)} = \frac{11}{a+b}$

175. $\frac{4a^2-12ab+9b^2}{10a-15b} = \frac{(2a-3b)^2}{5(2a-3b)} = \frac{2a-3b}{5}$

176. $\frac{9x^2-9y^2}{5x-5y} = \frac{9(x+y)(x-y)}{5(x-y)} = \frac{9(x+y)}{5}$

177. $\frac{9x^2-9y^2}{9x^2-18xy+9y^2} = \frac{(3x+3y)(3x-3y)}{(3x-3y)^2} = \frac{3x+3y}{3x-3y} = \frac{3(x+y)}{3(x-y)} = \frac{x+y}{x-y}$

178. $\frac{49s^2-25t^2}{14s+10t} = \frac{(7s+5t)(7s-5t)}{2(7s+5t)} = \frac{7s-5t}{2}$

179. $\frac{8x^2-18y^2}{12x^2-36xy+27y^2} = \frac{2(4x^2-9y^2)}{3(4x^2-12xy+9y^2)} = \frac{2(2x+3y)(2x-3y)}{3(2x-3y)^2} = \frac{2(2x+3y)}{3(2x-3y)}$

180. $\frac{\frac{1}{4}a^2+\frac{1}{3}ab+\frac{1}{9}b^2}{\frac{5}{4}a^2-\frac{5}{9}b^2} = \frac{\left(\frac{1}{2}a+\frac{1}{3}b\right)^2}{5\left(\frac{1}{2}a+\frac{1}{3}b\right)\left(\frac{1}{2}a-\frac{1}{3}b\right)} = \frac{\frac{1}{2}a+\frac{1}{3}b}{5\left(\frac{1}{2}a-\frac{1}{3}b\right)}$

181. $\frac{x-2}{14-7x} = \frac{x-2}{-7(x-2)} = \frac{1}{-7}$

182. $\frac{2a^2+2ab-b^2}{a+b} = \frac{2a(a+b)-b^2}{(a+b)}$

183. $\frac{x^2-y^2}{x-y+1} = \frac{(x+y)(x-y)}{(x-y)+1}$

184. $\frac{2a^2+2ab+3a+3b}{5a+5b} = \frac{2a(a+b)+3(a+b)}{5(a+b)} = \frac{(a+b)(2a+3)}{5(a+b)} = \frac{2a+3}{5}$

185. $\frac{36x^2-100y^2}{15x+25y} = \frac{(6x+10y)(6x-10y)}{5(3x+5y)} = \frac{2(3x+5y)(6x-10y)}{5(3x+5y)} = \frac{2(6x-10y)}{5}$

186. $\frac{x^3+7x^2+15x+9}{x+3} = (x^3+7x^2+15x+9):(x+3) = x^2+4x+3$

$$\begin{array}{l} -(x^3+3x^2) \\ \hline \quad 4x^2+15x \\ \quad -(4x^2+12x) \\ \hline \qquad 3x+9 \\ \qquad -(3x+9) \\ \hline \qquad ---- \end{array}$$

$\frac{(x^2+4x+3)(x+3)}{(x+3)} = x^2+4x+3; \quad D = \mathbb{Q} \setminus \{-3\}$

187. $\frac{x^2-6x+8}{x-4} = (x^2-6x+8):(x-4) = x-2;$

$$\begin{array}{l} -(x^2-4x) \\ \hline \quad -2x+8 \\ \quad -(-2x+8) \\ \hline \quad ---- \end{array}$$

$\frac{(x-2)(x-4)}{x-4} = x-2;$

$D = \mathbb{Q} \setminus \{4\}$

188. $\frac{3x^2-12x-15}{x-5} = (3x^2-12x-15):(x-5) = 3x+3;$

$$\begin{array}{l} -(3x^2-15x) \\ \hline \quad 3x-15 \\ \quad -(3x-15) \\ \hline \quad ---- \end{array}$$

$\frac{(3x+3)(x-5)}{x-5} = 3x+3;$

$D = \mathbb{Q} \setminus \{5\}$

189. $\frac{4x^2+12x-40}{4} = \frac{4(x^2+3x-10)}{4} = x^2+3x-10; \quad D = \mathbb{Q}$

190. $\frac{a^3-3a^2-32a+28}{(a+2)(a-7)}; \; (a^3-3a^2-32a+28):(a+2) = a^2-5a-22+\frac{72}{a+2}$

$$\begin{array}{l} -(a^3+2a^2) \\ \hline \quad -5a^2-32a \\ \quad -(-5a^2-10a) \\ \hline \qquad -22a+28 \\ \qquad -(-22a-44) \\ \hline \qquad\qquad 72 \end{array}$$

Division geht nicht auf

$$
\begin{array}{l}
(a^3-3a^2-32a+28):(a-7)=a^2+4a-4\\
\underline{-(a^3-7a^2)}\\
\quad 4a^2-32a\\
\quad \underline{-(4a^2-28a)}\\
\qquad -4a+28\\
\qquad \underline{-(-4a+28)}\\
\qquad -----
\end{array}
$$

$$\frac{(a^2+4a-4)(a-7)}{(a-7)(a+2)}=\frac{a^2+4a-4}{a+2}$$

$D=\mathbb{Q}\setminus\{-2;7\}$

191. $\frac{x^2-10x+25}{(x-5)(x+1)}$; $(x^2-10x+25):(x-5)=x-5$

$$
\begin{array}{l}
\underline{-(x^2-\ 5x)}\\
\quad -5x+25\\
\quad \underline{-(-5x+25)}\\
\quad ----
\end{array}
$$

$$\frac{(x-5)(x-5)}{(x-5)(x+1)}=\frac{(x-5)}{(x+1)};$$

$D=\mathbb{Q}\setminus\{-1;5\}$

192. $\frac{a^3+5a^2-13a+7}{(a-1)(a+1)}$; $(a^3+5a^2-13a+7):(a-1)=a^2+6a-7$

$$
\begin{array}{l}
\underline{-(a^3-\ a^2)}\\
\quad 6a^2-13a\\
\quad \underline{-(6a^2-\ 6a)}\\
\qquad -\ 7a+7\\
\qquad \underline{-(-\ 7a+7)}\\
\qquad ----
\end{array}
$$

$$
\begin{array}{l}
(a^2+6a-7):(a+1)=a+5-\frac{12}{a+1}\\
\underline{-(a^2+a)}\\
\quad 5a-7\\
\quad \underline{-(5a+5)}\\
\qquad -12
\end{array}
$$

Division geht nicht auf

$$\frac{(a^2+6a-7)(a-1)}{(a-1)(a+1)}=\frac{a^2+6a-7}{a+1};\quad D=\mathbb{Q}\setminus\{-1;1\}$$

193. $\frac{2x^3-2}{(x-1)(x+2)}$; $(2x^3-2):(x-1)=2x^2+2x+2$

$$\begin{array}{l}
-(2x^3-2x^2)\\
\quad 2x^2\\
\quad -(2x^2-2x)\\
\qquad 2x-2\\
\qquad -(2x-2)\\
\qquad ---
\end{array}$$

$(2x^2+2x+2):(x+2)=2x-2+\frac{6}{x+2}$

$$\begin{array}{l}
-(2x^2+4x)\\
\quad -2x+2\\
\quad -(-2x-4)\\
\qquad 6
\end{array}$$

$\frac{(2x^2+2x+2)(x-1)}{(x-1)(x+2)}=\frac{2x^2+2x+2}{x+2}$; $D=\mathbb{Q}\setminus\{-2;1\}$

194. $\frac{a^3-4a^2-3a+18}{a^2-9}$; $(a^3-4a^2-3a+18):(a^2-9)=a-4+\frac{6a-18}{a^2-9}$

$$\begin{array}{l}
-(a^3\qquad -9a)\\
\quad -4a^2+6a\\
\quad -(-4a^2\qquad +36)\\
\qquad 6a-18
\end{array}$$

$a^2-9=(a-3)(a+3)$

$(a^3-4a^2-3a+18):(a-3)=a^2-a-6$

$$\begin{array}{l}
-(a^3-3a^2)\\
\quad -a^2-3a\\
\quad -(-a^2+3a)\\
\qquad -6a+18\\
\qquad -(-6a+18)\\
\qquad ---
\end{array}$$

Zähler nicht teilbar durch $a+3$, sonst wäre er teilbar durch a^2-9

$\frac{(a^2-a-6)\cdot(a-3)}{(a-3)(a+3)}=\frac{a^2-a-6}{a+3}$; $D=\mathbb{Q}\setminus\{-3;3\}$

195. $\frac{5x^3-30x^2+55x-30}{5(x^2-1)(x-3)}$; $(5x^3-30x^2+55x-30):(x-1)=5x^2-25x+30$

$$\begin{array}{l}
\underline{-(5x^3-5x^2)} \\
\quad -25x^2+55x \\
\quad \underline{-(-25x^2+25x)} \\
\qquad\quad 30x-30 \\
\qquad\quad \underline{-(30x-30)} \\
\qquad\qquad ---
\end{array}$$

$(5x^2-25x+30):(x-3)=5x-10=5(x-2)$

$$\begin{array}{l}
\underline{-(5x^2-15x)} \\
\quad -10x+30 \\
\quad \underline{-(-10x+30)} \\
\qquad ----
\end{array}$$

$\frac{5(x-2)(x-3)(x-1)}{5(x-1)(x+1)(x-3)}=\frac{x-2}{x+1}$; $D=\mathbb{Q}\setminus\{-1;1;3\}$

196. $\frac{2x^2}{7}+\frac{5x^2}{7}=\frac{2x^2+5x^2}{7}=\frac{7x^2}{7}=x^2$

197. $\frac{x-y}{z}-\frac{y-z}{z}=\frac{x-y-(y-z)}{z}=\frac{x-2y+z}{z}$

198. $\frac{3}{a^2}-\frac{2a-b}{a^2}-\frac{3+b}{a^2}=\frac{3-(2a-b)-(3+b)}{a^2}=\frac{-2a}{a^2}=\frac{-2}{a}$

199. $\frac{3x-z}{10z}-\frac{z+3x}{10z}-\frac{5x-12z}{10z}=\frac{3x-z-(z+3x)-(5x-12z)}{10z}=\frac{-5x+10z}{10z}=$

$=\frac{5(-x+2z)}{5\cdot 2z}=\frac{-x+2z}{2z}$

200. $\frac{5a^2-2a+1}{3a}-\frac{2a-5a^2-1}{3a}-\frac{2-a^2+a}{3a}=\frac{5a^2-2a+1-(2a-5a^2-1)-(2-a^2+a)}{3a}=$

$=\frac{5a^2-2a+1-2a+5a^2+1-2+a^2-a}{3a}=\frac{11a^2-5a}{3a}=\frac{a(11a-5)}{a\cdot 3}=\frac{11a-5}{3}$

201.

$$\begin{array}{lcrr}
6 & = & 2\cdot 3 & 5 \\
15 & = & 3\cdot 5 & 2 \\
\hline
\text{kgV:} & & 2\cdot 3\cdot 5 = & 30
\end{array}$$

$\frac{x}{6}+\frac{y}{15}=\frac{x\cdot 5}{30}+\frac{y\cdot 2}{30}=\frac{5x+2y}{30}$

202. HN: 2a

$$\frac{3a}{2}-\frac{4}{2a}=\frac{3a\cdot a}{2a}-\frac{4}{2a}=\frac{3a^2-4}{2a}$$

203.

$$\begin{array}{llll} 3x & = & 3\cdot\ x & 3x \\ 9 & = & 3^2 & x^2 \\ x^2 & = & x\cdot x & 9 \\ \hline \text{kgV:} & & 3^2\cdot x^2 & \end{array}$$

$$\frac{5x^2}{3x}-\frac{11x}{9}-\frac{4}{x^2}=\frac{5x^2\cdot 3x}{9x^2}-\frac{11x\cdot x^2}{9x^2}-\frac{4\cdot 9}{9x^2}=\frac{15x^3-11x^3-36}{9x^2}=\frac{4x^3-36}{9x^2}$$

204. HN: $a\cdot b$

$$\frac{x+y}{a}-\frac{x+y}{b}=\frac{(x+y)\cdot b}{ab}-\frac{(x+y)\cdot a}{ab}=\frac{bx+by-ax-ay}{ab}$$

205. HN: $2x\cdot(x+5)$

$$\frac{x+5}{2x}+\frac{4-x}{x+5}=\frac{(x+5)\,(x+5)}{2x\cdot(x+5)}+\frac{(4-x)\cdot 2x}{(x+5)\cdot 2x}=\frac{x^2+10x+25+8x-2x^2}{2x^2+10x}=$$

$$=\frac{-x^2+18x+25}{2x^2+10x}$$

206. HN: $a-b$

$$\frac{x+y}{a-b}+\frac{x-y}{b-a}=\frac{x+y}{a-b}+\frac{(x-y)\,(-1)}{(b-a)\,(-1)}=\frac{x+y-x+y}{a-b}=\frac{2y}{a-b}$$

207. HN: $2\,(a-b)$

$$\frac{5}{a-b}+\frac{3}{2b-2a}=\frac{5\cdot 2}{2\,(a-b)}+\frac{3\cdot(-1)}{(2b-2a)\,(-1)}=\frac{7}{2\,(a-b)}$$

208. HN: $a^2-b^2=(a+b)\,(a-b)$

$$\frac{2a}{a+b}-\frac{3b+1}{a-b}+\frac{3b^2}{a^2-b^2}=\frac{2a\,(a-b)}{(a+b)\,(a-b)}-\frac{(3b+1)\,(a+b)}{(a+b)\,(a-b)}+\frac{3b^2}{(a+b)\,(a-b)}=$$

$$=\frac{2a^2-2ab-3ab-3b^2-a-b+3b^2}{(a+b)\,(a-b)}=\frac{2a^2-5ab-a-b}{(a+b)\,(a-b)}$$

209. HN: $a^2-2ab+b^2=(a-b)\,(a-b)$

$$\frac{4ab}{a^2-2ab+b^2}-\frac{a+b}{a-b}=\frac{4ab-(a+b)\,(a-b)}{a^2-2ab+b^2}=\frac{4ab-a^2+b^2}{(a-b)^2}$$

210.

$$\begin{array}{rcll} 2x+2y &=& 2\,(x+y) & 3\,(x+y) \\ 3x^2+6xy+3y^2 &=& 3\,(x^2+2xy+y^2)=3\,(x+y)^2 & 2 \\ \hline \text{kgV:} & & 2\cdot(x+y)\,(x+y)\cdot 3 & \end{array}$$

$$\frac{3}{2x+2y}-\frac{x-y}{3x^2+6xy+3y^2}=\frac{3\cdot 3\,(x+y)}{2\,(x+y)\,3\,(x+y)}-\frac{(x-y)\cdot 2}{3\,(x+y)\,(x+y)\cdot 2}=$$

$$=\frac{9x+9y-2x+2y}{6(x+y)\,(x+y)}=\frac{7x+11y}{6(x+y)^2}$$

211. HN: $x^2+3x+2=(x+1)\,(x+2)$

$$\frac{2}{x+1}-\frac{3x}{x^2+3x+2}+\frac{4}{x+2}=\frac{2\,(x+2)}{(x+1)\,(x+2)}-\frac{3x}{(x+1)\,(x+2)}+\frac{4\,(x+1)}{(x+2)\,(x+1)}=$$

$$=\frac{2x+4-3x+4x+4}{(x+1)\,(x+2)}=\frac{3x+8}{(x+1)\,(x+2)}$$

212. HN: $a^2-b^2=-(b^2-a^2)=(a+b)\,(a-b)$

$$\frac{3a}{a-b}+\frac{2b+1}{b^2-a^2}=\frac{3a\,(a+b)+(2b+1)\,(-1)}{(a+b)\,(a-b)}=\frac{3a^2+3ab-2b-1}{(a+b)\,(a-b)}$$

213.

$$\begin{array}{rcll} 2x-10 &=& 2\,(x-5) & (x+7) \\ 2x+14 &=& 2\,(x+7) & (x-5) \\ x^2+2x-35 &=& (x-5)\,(x+7) & 2 \\ \hline \text{kgV:} & & 2\,(x-5)\,(x+7) & \end{array}$$

$$\frac{x+7}{2x-10}-\frac{x-5}{2x+14}+\frac{1}{x^2+2x-35}=\frac{(x+7)\,(x+7)-(x-5)\,(x-5)+2}{2\,(x-5)\,(x+7)}=$$

$$=\frac{x^2+14x+49-x^2+10x-25+2}{2\,(x-5)\,(x+7)}=$$

$$=\frac{24x+26}{2\,(x-5)\,(x+7)}=\frac{12x+13}{(x-5)\,(x+7)}$$

214.

$$\begin{array}{rl} 7x-21=7\,(x-3) & 3x\,(x-3) \\ 21=3\cdot 7 & x\,(x-3)\,(x-3) \\ x^2-6x+9=(x-3)\,(x-3) & 3\cdot 7x \\ 7x=7\cdot x & 3\,(x-3)\,(x-3) \\ \hline \text{kgV: } 3\cdot 7\cdot x\,(x-3)\,(x-3) & \end{array}$$

$$\frac{x+2}{7x-21}-\frac{1}{21}+\frac{x-4}{x^2-6x+9}-\frac{x-1}{7x}=$$

$$=\frac{(x+2)\,3x\,(x-3)-x\,(x-3)\,(x-3)+(x-4)\,21x-(x-1)\,3\,(x-3)\,(x-3)}{3\cdot 7x\cdot(x-3)\,(x-3)}=$$

$$=\frac{3x^3-3x^2-18x-x^3+6x^2-9x+21x^2-84x-3x^3+21x^2-45x+27}{21x\,(x-3)\,(x-3)}=$$

$$=\frac{-x^3+45x^2-156x+27}{21x\,(x-3)\,(x-3)}$$

215.

$a+b$	$(a+b)\,(a-b)$
$a-b$	$(a+b)^2$
$a^2+2ab+b^2=(a+b)^2$	$(a-b)$
$a^2-b^2=(a+b)\,(a-b)$	$(a+b)$
kgV: $(a+b)^2\,(a-b)$	

$$\frac{a}{a+b}-\frac{b}{a-b}+\frac{a}{a^2+2ab+b^2}-\frac{b}{a^2-b^2}=$$

$$=\frac{a\,(a^2-b^2)-b\,(a+b)^2+a\,(a-b)-b\,(a+b)}{(a+b)^2\,(a-b)}=$$

$$=\frac{a^3-ab^2-a^2b-2ab^2-b^3+a^2-ab-ab-b^2}{(a+b)^2\,(a-b)}=$$

$$=\frac{a^3-3ab^2-a^2b-b^3+a^2-2ab-b^2}{(a+b)^2\,(a-b)}$$

216. $\frac{4u}{5x}\cdot 20xy=\frac{4u\cdot 20xy}{5x}=16uy$

217. $\frac{35a}{4x}\cdot\frac{8xy}{7b}=\frac{35a\cdot 8xy}{4x\cdot 7b}=\frac{5a\cdot 2y}{b}=\frac{10ay}{b}$

218. $\frac{21x^2}{5y^2}\cdot\frac{15ay}{7x^3b}=\frac{21x^2\cdot 15ay}{5y^2\cdot 7x^3b}=\frac{3\cdot 3a}{y\cdot xb}=\frac{9a}{bxy}$

219. $\left(-\frac{39uv}{34\ell}\right)\cdot\left(-\frac{51\,\ell^2u}{3v^2}\right)=\frac{39uv\cdot 51\,\ell^2u}{34\,\ell\cdot 3v^2}=\frac{13\cdot 3\,\ell u^2}{2\cdot v}=\frac{39\,\ell u^2}{2v}$

220. $\left(-\frac{80a^2x}{63by^2}\right)\cdot\frac{27by}{16ax}=-\frac{80a^2x\cdot 27by}{63by^2\cdot 16ax}=-\frac{5a\cdot 3}{7y}=-\frac{15a}{7y}$

221. $\frac{a^2-b^2}{15ab}\cdot\frac{a^2}{(a+b)}=\frac{(a+b)\,(a-b)\cdot a^2}{15ab\cdot(a+b)}=\frac{(a-b)\cdot a}{15b}=\frac{a^2-ab}{15b}$

222. $\frac{13p^2qr^3}{15ab^2}\cdot\left(-\frac{25a^2b}{26pq^2}\right)\cdot\left(-\frac{27apq}{35qr^2}\right)=\frac{13p^2\cdot qr^3\cdot 25a^2b\cdot 27apq}{15ab^2\cdot 26pq^2\cdot 35qr^2}=\frac{9p^2ra^2}{2\cdot 7qb}=\frac{9a^2p^2r}{14bq}$

223. $\frac{7xy}{12x-15y}\cdot(20x-25y)=\frac{7xy\cdot 5\,(4x-5y)}{3\,(4x-5y)}=\frac{35xy}{3}$

224. $\frac{4a^2+12ab+9b^2}{15x^2y}\cdot\frac{55x^3}{18a+27b}=\frac{(2a+3b)^2\cdot 55x^3}{15x^2y\cdot 9\,(2a+3b)}=\frac{(2a+3b)\cdot 11x}{3y\cdot 9}=\frac{22ax+33bx}{27y}$

225. $\frac{5mn-7n^2}{9a^2+12ab+4b^2}\cdot\frac{12a+8b}{25m^2-35mn}=\frac{n\cdot(5m-7n)\cdot 4\,(3a+2b)}{(3a+2b)^2\cdot 5m\,(5m-7n)}=\frac{4n}{5m\,(3a+2b)}=$

$=\frac{4n}{15am+10bm}$

226. $\frac{9p^2-16q^2}{12pq}\cdot\frac{42p^2q+18pq}{4q+3p}=\frac{(3p-4q)\,(3p+4q)\cdot 6pq\,(7p+3)}{12pq\,(4q+3p)}=\frac{(3p-4q)\,(7p+3)}{2}=$

$=\frac{21p^2+9p-28pq-12q}{2}$

227. $\frac{66ab^2}{(4x-6y)^2}\cdot\frac{9y^2-4x^2}{33a^2b^2}=\frac{2\cdot 33ab^2\cdot(3y+2x)\,(3y-2x)}{4\cdot(2x-3y)^2\cdot 33a^2b^2}=\frac{-(3y+2x)}{4ax-6ay}$

228. $\left(\frac{a-2}{a+2}\right)^2\cdot\frac{a^2-4}{a^4-16}\cdot\frac{a^2+4}{(a-2)^2}\cdot(a+2)=\frac{(a-2)^2\,(a^2-4)\,(a^2+4)\,(a+2)}{(a+2)^2\,(a^2-4)\,(a^2+4)\,(a-2)^2}=\frac{1}{a+2}$

229. $\frac{28ax-21ay+20bx-15by}{8x-6y}\cdot\frac{2xy}{7a+5b}=\frac{7a\,(4x-3y)+5b\,(4x-3y)}{2\,(4x-3y)}\cdot\frac{2xy}{7a+5b}=$

$=\frac{(4x-3y)\,(7a+5b)\cdot 2xy}{2\,(4x-3y)\,(7a+5b)}=xy$

230. $\frac{2u^2-50y^2}{u^2-v^2}\cdot\frac{2au+ub+2av+bv}{2u+10v}\cdot\frac{84au}{6a+3b}=$

$=\frac{2\,(u^2-25v^2)}{u^2-v^2}\cdot\frac{u\,(2a+b)+v\,(2a+b)}{2\,(u+5v)}\cdot\frac{84au}{3\,(2a+b)}=$

$=\frac{2\,(u+5v)\,(u-5v)\,(2a+b)\,(u+v)\cdot 84au}{(u+v)\,(u-v)\,2\,(u+5v)\,3\,(2a+b)}=\frac{28au(u-5v)}{u-v}$

231. $\frac{x^2}{2a}:\frac{2x^2}{5a}=\frac{x^2\cdot 5a}{2a\cdot 2x^2}=\frac{5}{4}=1{,}25$

232. $\frac{2a^2}{5b^2x}:2x=\frac{2a^2}{5b^2x\cdot 2x}=\frac{a^2}{5b^2x^2}$

233. $4x : \frac{2y}{3x} = \frac{4x \cdot 3x}{2y} = \frac{6x^2}{y}$

234. $\frac{13a^2b^2}{10c} : \frac{39a^2c^2}{5b^2} = \frac{13a^2b^2 \cdot 5b^2}{10c \cdot 39a^2c^2} = \frac{b^4}{6c^3}$

235. $\left(-\frac{x^2-4}{5y}\right) : \left(-\frac{x+2}{4y}\right) = \frac{(x^2-4) \cdot 4y}{5y \cdot (x+2)} = \frac{(x-2)(x+2) \cdot 4y}{5y \cdot (x+2)} = \frac{(x-2) \cdot 4}{5} = \frac{4x-8}{5}$

236. $\frac{9a^2-49b^2}{6x+3y} : \frac{15a-35b}{4x^2-y^2} = \frac{(3a+7b)(3a-7b)(2x+y)(2x-y)}{3(2x+y)5(3a-7b)} =$

$= \frac{(3a+7b)(2x-y)}{15} = \frac{6ax-3ay+14bx-7by}{15}$

237. $\frac{15cx+6x-10c-4}{9x^2-4} : \frac{5c+2}{3x+2} = \frac{3x(5c+2)-2(5c+2)}{(3x+2)(3x-2)} \cdot \frac{3x+2}{5c+2} =$

$= \frac{(5c+2)(3x-2)(3x+2)}{(3x+2)(3x-2)(5c+2)} = 1$

238. $\frac{49a^2+42ab+9b^2}{-3ab} : \frac{49a^2-9b^2}{27b^2} = \frac{(7a+3b)^2 \cdot 27b^2}{-3ab(7a+3b)(7a-3b)} =$

$= \frac{(7a+3b) \cdot 9b}{-a(7a-3b)} = -\frac{63ab+27b^2}{7a^2-3ab}$

239. $\left(\frac{3x}{5b} : \frac{3b}{5x}\right) : \frac{10b}{7x} = \frac{3x \cdot 5x \cdot 7x}{5b \cdot 3b \cdot 10b} = \frac{7x^3}{10b^3}$

240. $\frac{\frac{b}{a}-b}{\frac{ab}{a-b}} = \frac{(b-ab) \cdot (a-b)}{a \cdot ab} = \frac{b(1-a)(a-b)}{a^2b} = \frac{a-b-a^2+ab}{a^2}$

241. $\frac{9a^2-3a}{2b-a} : \frac{3a-1}{a-2b} = \frac{3a(3a-1)(a-2b)}{(2b-a)(3a-1)} = -3a$

242. $\left(\frac{3}{3x-5y} - \frac{5}{3x+5y}\right) : \left(\frac{y}{3a} - \frac{x}{20a}\right) = \frac{9x+15y-15x+25y}{(3x-5y)(3x+5y)} : \frac{20y-3x}{60a} =$

$= \frac{(40y-6x) \cdot 60a}{(3x-5y)(3x+5y)(20y-3x)} =$

$= \frac{120a}{(3x-5y)(3x+5y)}$

243. $\left(\frac{x}{y}-\frac{y}{x}\right):\left(\frac{1}{y}-\frac{1}{x}\right)=\frac{(x^2-y^2)}{xy}:\left(\frac{x-y}{xy}\right)=\frac{(x+y)(x-y)\,xy}{xy\cdot(x-y)}=x+y$

244. $\frac{a-b}{\frac{1}{b}-\frac{1}{a}}:\frac{a-b}{ab}=\frac{a-b}{\frac{a-b}{ab}}:\frac{a-b}{ab}=\frac{(a-b)\cdot ab\cdot ab}{(a-b)(a-b)}=\frac{a^2b^2}{a-b}$

245. $\left(\frac{3}{4x+6y}-\frac{2}{6x-9y}\right):\frac{39-10x}{4x^2-9y^2}=\frac{3\cdot 3\,(2x-3y)-2\cdot 2\,(2x+3y)}{2\,(2x+3y)\,3\,(2x-3y)}:\frac{39y-10x}{(2x-3y)(2x+3y)}=$

$=\frac{-(39y-10x)(2x-3y)(2x+3y)}{6\,(2x+3y)(2x-3y)(39y-10x)}=-\frac{1}{6}$

246. $3+x=2$; $G=\mathbb{Q}=D$, $L=\{-1\}$; $G=\mathbb{N}=D$, $L=\{\ \}$

247. $7-x=12-2x$; $G=\mathbb{Q}=D$, $L=\{5\}$; $G=\mathbb{N}=D$, $L=\{5\}$

248. $\frac{8}{x}=2$; $D=\mathbb{Q}\setminus\{0\}$, $L=\{4\}$; $D=\mathbb{N}$, $L=\{4\}$

249. $\frac{3}{2-x}=\frac{9}{4x-1}$; $D=\mathbb{Q}\setminus\left\{2;\frac{1}{4}\right\}$, $L=\{1\}$; $D=\mathbb{N}\setminus\{2\}$, $L=\{1\}$

250. $\frac{3x-4}{4x-3}=1$; $D=\mathbb{Q}\setminus\left\{\frac{3}{4}\right\}$, $L=\{-1\}$; $D=\mathbb{N}$, $L=\{\ \}$

251. $5x+7=3x+25$; $2x=18$; $x=9$; $L=\{9\}$

252. $2x-17=17-3x$; $5x=34$; $x=6{,}8$; $L=\{6{,}8\}$

253. $2x-9\,(3x+1)=3\,(x-7)+5\,(x+2)$; $2x-27x-9=3x-21+5x+10$;
$2=33x$; $x=\frac{2}{33}$; $L=\left\{\frac{2}{33}\right\}$

254. $3\,(5x-2)+7\,(4-x)=4\,(5+x)-11\,(2x-7)+4x$;
$15x-6+28-7x=20+4x-22x+77+4x$; $22x=75$; $x=\frac{75}{22}$; $L=\left\{\frac{75}{22}\right\}$

255. $13\,(2x-6)-5\,(3+x)=4\,(23-4x)+2\,(x-7)+7\,(x-13)$;
$26x-78-15-5x=92-16x+2x-14+7x-91$; $28x=80$; $x=\frac{20}{7}$;
$L=\left\{\frac{20}{7}\right\}$

256. $1{,}5\,(x-4)-\frac{1}{2}(7-8x)=\frac{3}{4}(16x-7)-8\,(12x+0{,}5)+74{,}5x;$

$1{,}5x-6-3{,}5+4x=12x-5{,}25-96x-4+74{,}5x;\ 15x=0{,}25; x=\frac{1}{60};$

$L=\left\{\frac{1}{60}\right\}$

257. $(x-7)^2-15\,(x+7)=(x-2)\,(x+2)-5\,(3+4x)+8x;$

$x^2-14x+49-15x-105=x^2-4-15-20x+8x;$

$-37=17x;\ x=-\frac{37}{17};\ L=\left\{-\frac{37}{17}\right\}$

258. $3x\,(x-5)+2\,(3-2x)^2=2x\,(9+2x)+(5-3x)\,(2-5x)-8x^2;$

$3x^2-15x+18-24x+8x^2=18x+4x^2+10-31x+15x^2-8x^2;$

$8=26x;\ x=\frac{4}{13};\ L=\left\{\frac{4}{13}\right\}$

259. $(x-5)\,(5-x)-4x\,(2-x)=(7x-2)\,(x+5)-2x\,(2x+3);$

$-x^2+10x-25-8x+4x^2=7x^2+33x-10-4x^2-6x;\ -25x=15;$

$x=-0{,}6;\ L=\{-0{,}6\}$

260. $5x\,(x-2)^2+\frac{1}{5}(4x-2)\,(8-5x)+5x=2\,(6x+4)\,(7-2x)-x\,(7-5x^2);$

$5x\,(x^2-4x+4)+\frac{1}{5}(42x-20x^2-16)+5x=68x-24x^2+56-7x+5x^3;$

$5x^3-20x^2+20x+8{,}4x-4x^2-3{,}2+5x=61x-24x^2+56+5x^3;$

$-59{,}2=27{,}6x;\ x=-\frac{148}{69};\ L=\left\{-\frac{148}{69}\right\}$

261. $\frac{5}{4x}=-\frac{7}{x}-33;\ |\cdot 4x;\quad D=\mathbb{Q}\setminus\{0\};\ \frac{5\cdot 4x}{4x}=\frac{-7\cdot 4x}{x}-33\cdot 4x;$

$5=-28-132x;\ 33=-132x;\ x=-0{,}25;$

262. $\frac{3}{2-x}=\frac{2}{3-x};\ |\cdot(2-x)\,(3-x);\quad D=\mathbb{Q}\setminus\{2;3\};$

$\frac{3\cdot(2-x)\,(3-x)}{(2-x)}=\frac{2\cdot(2-x)\,(3-x)}{(3-x)};\ 3\,(3-x)=2\,(2-x);$

$9-3x=4-2x;\ 5=x;\ L=\{5\}$

263. $\frac{1}{2-3x}+\frac{2}{3+x}=\frac{3}{x+3};\ |\cdot(2-3x)\,(x+3);\quad D=\mathbb{Q}\setminus\left\{\frac{2}{3};-3\right\}$

$\frac{(2-3x)(x+3)}{(2-3x)}+\frac{2(2-3x)(x+3)}{(3+x)}=\frac{3(2-3x)(x+3)}{(x+3)}$;
$(x+3)+2(2-3x)=3(2-3x)$; $x+3+4-6x=6-9x$;
$4x=-1$; $x=-0{,}25$; $L=\{-0{,}25\}$

264. $\frac{7}{4-2x}=\frac{5}{2-x}+3$; $|\cdot 2(2-x)$; $D=\mathbb{Q}\setminus\{2\}$;
$\frac{7\cdot 2(2-x)}{2(2-x)}=\frac{5\cdot 2(2-x)}{(2-x)}+3\cdot 2(2-x)$; $7=5\cdot 2+3(4-2x)$;
$7=10+12-6x$; $6x=15$; $x=2{,}5$; $L=\{2{,}5\}$

265. $\frac{2x}{2+x}+\frac{3}{3-x}=2$; $|\cdot(2+x)(3-x)$; $D=\mathbb{Q}\setminus\{-2;3\}$;
$2x(3-x)+3(2+x)=2(2+x)(3-x)$;
$6x-2x^2+6+3x=12+2x-2x^2$; $x=\frac{6}{7}$; $L=\left\{\frac{6}{7}\right\}$

266. $\frac{7x-4}{6x+4}=\frac{5x-6}{9x+6}$; $|\cdot 2\cdot 3(3x+2)$; $D=\mathbb{Q}\setminus\left\{-\frac{2}{3}\right\}$;
$\frac{(7x-4)\cdot 2\cdot 3(3x+2)}{2\cdot(3x+2)}=\frac{(5x-6)\cdot 2\cdot 3(3x+2)}{3\cdot(3x+2)}$;
$21x-12=10x-12$; $11x=0$; $x=0$; $L=\{0\}$

267. $\frac{4}{3+x}-\frac{7}{2+x}=\frac{3}{4+2x}-\frac{5}{6+2x}$; $|\cdot(3+x)(2+x)\cdot 2$; $D=\mathbb{Q}\setminus\{-3;-2\}$
$4\cdot 2(2+x)-7\cdot 2(3+x)=3(3+x)-5(2+x)$;
$16+8x-42-14x=9+3x-10-5x$; $-4x=25$;
$x=-6{,}25$; $L=\{-6{,}25\}$

268. $\frac{3+x}{x-7}=\frac{x^2}{x^2-49}+\frac{9}{x+7}$; $|\cdot(x-7)(x+7)$; $D=\mathbb{Q}\setminus\{-7;7\}$;
$(3+x)(x+7)=x^2+9(x-7)$; $10x+21+x^2=x^2+9x-63$;
$x=-84$; $L=\{-84\}$

269. $\frac{x}{10-2x}+\frac{1}{15+3x}=\frac{0{,}5x^2+x}{25-x^2}$; $|\cdot 2\cdot 3(5-x)(5+x)$; $D=\mathbb{Q}\setminus\{-5;5\}$;
$x\cdot 3(5+x)+2(5-x)=(0{,}5x^2+x)\cdot 6$; $15x+3x^2+10-2x=3x^2+6x$;
$7x=-10$; $x=-\frac{10}{7}$; $L=\left\{-\frac{10}{7}\right\}$

270. $\frac{5}{1-x} - \frac{3x}{1+x} = \frac{3x^2}{1-x^2} - \frac{3}{2+2x}$; $|\cdot(1-x)(1+x)\cdot 2$; $D = \mathbb{Q} \setminus \{-1; 1\}$;

$5 \cdot 2(1+x) - 3x \cdot 2(1-x) = 3x^2 \cdot 2 - 3(1-x)$;
$10 + 10x - 6x + 6x^2 = 6x^2 - 3 + 3x$; $x = -13$; $L = \{-13\}$

271. $\frac{4x}{5+x} - \frac{4x}{2-x} = \frac{16x}{10+2x}$; $|\cdot(5+x)(2-x)\cdot 2$; $D = \mathbb{Q} \setminus \{-5; 2\}$;

$4x \cdot 2(2-x) - 4x \cdot 2(5+x) = 16x(2-x)$;
$16x - 8x^2 - 40x - 8x^2 = 32x - 16x^2$; $-56x = 0$; $x = 0$; $L = \{0\}$

272. $\frac{3}{x-5} + \frac{2}{2+x} = \frac{12}{3x+6} + \frac{1}{x}$; $|\cdot(x-5)(2+x)\cdot 3x$; $D = \mathbb{Q} \setminus \{-2; 5; 0\}$;

$3 \cdot 3(x+2)x + 2 \cdot 3(x-5)x = 12(x-5)x + 3(x+2)(x-5)$;
$9x^2 + 18x + 6x^2 - 30x = 12x^2 - 60x + 3x^2 - 9x - 30$;
$57x = -30$; $x = -\frac{10}{19}$; $L = \left\{-\frac{10}{19}\right\}$

273. $\frac{1}{x-3} + \frac{3}{x} = \frac{6}{2x} + \frac{1}{2x-6}$; $|\cdot(x-3)\cdot 2x$; $D = \mathbb{Q} \setminus \{3; 0\}$;

$2x + 3 \cdot 2(x-3) = 6(x-3) + x$; $2x + 6x - 18 = 6x - 18 + x$;
$x = 0$; $L = \{\ \}$

274. $\frac{1}{3+2x} - \frac{x}{9+12x+4x^2} = \frac{3{,}5}{21+14x}$; $|\cdot(3+2x)(3+2x)\cdot 7$; $D = \mathbb{Q} \setminus \{-1{,}5\}$;

$7(3+2x) - x \cdot 7 = 3{,}5(3+2x)$; $21 + 14x - 7x = 10{,}5 + 7x$;
$10{,}5 = 0$ (f); $L = \{\ \}$

275. $\frac{2}{x+3} + \frac{1}{3-x} = \frac{-4x}{18-2x^2} - \frac{1}{x}$; $|\cdot(x+3)(3-x)\cdot 2x$; $D = \mathbb{Q} \setminus \{-3; 0; 3\}$;

$2 \cdot 2(3-x)x + 2(3+x)x = -4 \cdot x^2 - (18 - 2x^2)$;
$12x - 4x^2 + 6x + 2x^2 = -4x^2 - 18 + 2x^2$; $18x = -18$;
$x = -1$; $L = \{-1\}$

276. $3 + 2x \leq -7 - 3x$; $5x \leq -10$; $x \leq -2$; $L_1 =]-\infty; -2]$; $L_2 = \{\ \}$

277. $4 + 7x > 3x - 16$; $4x > -20$; $x > -5$; $L_1 =]-5; \infty[$; $L_2 = \mathbb{N}$

278. $13x-5 \leq 10x+23;\ 3x \leq 28;\ x \leq \frac{28}{3};\ x \leq 9\frac{1}{3};\ L_1 = \left]-\infty; 9\frac{1}{3}\right];$
$L_2 = \{1, 2, 3, 4, 5, 6, 7, 8, 9\}$

279. $25x-12 < 20x+28;\ 5x < 40;\ x < 8;\ L_1 =]-\infty; 8[;$
$L_2 = \{1, 2, 3, 4, 5, 6, 7\}$

280. $3x+5 < 5x-7;\ -2x < -12;\ x > 6;\ L_1 =]6; \infty[;$
$L_2 = \{x \in \mathbb{N} \mid x > 6\} = \{7, 8, 9, \ldots\}$

281. $x-3 < 2x+5;\ -x < 8;\ x > -8;\ L_1 =]-8; \infty[;\ L_2 = \mathbb{N}$

282. $2x - \frac{1}{5} < 4x+3;\ -3\frac{1}{5} < 2x;\ -1{,}6 < x;\ L_1 =]-1{,}6; \infty[;\ L_2 = \mathbb{N}$

283. $2x+2{,}5 \geq 6x-1{,}5;\ 4 \geq 4x;\ 1 \geq x;\ L_1 =]-\infty; 1];\ L_2 = \{1\}$

284. $\frac{1}{2}x - 7 \leq -2x-8;\ 2{,}5x \leq -1;\ x \leq -0{,}4;\ L_1 =]-\infty; -0{,}4];\ L_2 = \{\ \}$

285. $-1{,}5\,(x-3)+x \geq 2x-\frac{3}{8};\ -1{,}5x+4{,}5+x \geq 2x-\frac{3}{8};\ -2{,}5x \geq -0{,}375-4{,}5;$
$-2{,}5x \geq -4{,}875;\ x \leq 1{,}95;\ L_1 =]-\infty; 1{,}95];\ L_2 = \{1\}$

286. $\frac{x+2}{x} > 0;\quad D = \mathbb{Q} \setminus \{0\}$

Fall 1: $x > 0 \wedge \frac{x+2}{x} > 0;\ x > 0 \wedge x > -2;\quad L_1 =]0; \infty[$

Fall 2: $x < 0 \wedge \frac{x+2}{x} < 0;\ x < 0 \wedge x < -2;\quad L_2 =]-\infty; -2[$

$L = L_1 \cup L_2 = \mathbb{Q} \setminus [-2; 0]$

Der Wert des Bruches ist größer Null, wenn entweder Zähler und Nenner beide kleiner Null sind oder beide größer Null sind. Diese Überlegung liefert die gleiche Fallunterscheidung.

287. $\frac{3-x}{x} > 0;\quad D = \mathbb{Q} \setminus \{0\}$

Fall 1: $x > 0 \wedge 3-x > 0;\ x > 0 \wedge 3 > x;\quad L_1 =]0; 3[$

Fall 2: $x < 0 \wedge 3-x < 0;\ x < 0 \wedge 3 < x;\quad L_2 = \{\ \}$

$L = L_1 \cup L_2 =]0; 3[$

288. $\frac{x-5}{2x} \leq 0$; $D = \mathbb{Q} \setminus \{0\}$

Fall 1: $2x > 0 \wedge x-5 \leq 0$; $x > 0 \wedge x \leq 5$; $L_1 =]0;5]$
Fall 2: $2x < 0 \wedge x-5 > 0$; $x < 0 \wedge x > 5$; $L_2 = \{\ \}$
$L =]0;5]$

289. $\frac{1-2x}{3x} \geq 0$; $D = \mathbb{Q} \setminus \{0\}$

Fall 1: $3x > 0 \wedge 1-2x \geq 0$; $x > 0 \wedge x \leq 0{,}5$; $L_1 =]0;0{,}5]$
Fall 2: $3x < 0 \wedge 1-2x < 0$; $x < 0 \wedge x > 0{,}5$; $L_2 = \{\ \}$
$L =]0;0{,}5]$

290. $\frac{3x-3}{x-1} > 0$; $D = \mathbb{Q} \setminus \{1\}$

Fall 1: $x-1 > 0 \wedge 3x-3 > 0$; $x > 1 \wedge x > 1$; $L_1 =]1;\infty[$
Fall 2: $x-1 < 0 \wedge 3x-3 < 0$; $x < 1 \wedge x < 1$; $L_2 =]-\infty;1[$
$L = \mathbb{Q} \setminus \{1\}$

andere Möglichkeit: $\frac{3x-3}{x-1} = \frac{3(x-1)}{x-1} = 3 > 0$ für alle $x \in D$

291. $\frac{x-1}{x+2} \leq 0$; $D = \mathbb{Q} \setminus \{-2\}$

Fall 1: $x+2 > 0 \wedge x-1 \leq 0$; $x > -2 \wedge x \leq 1$; $L_1 =]-2;1]$
Fall 2: $x+2 < 0 \wedge x-1 > 0$; $x < -2 \wedge x > 1$; $L_2 = \{\ \}$
$L =]-2;1]$

292. $\frac{2x+5}{x-4} \geq 0$; $D = \mathbb{Q} \setminus \{4\}$

Fall 1: $x-4 > 0 \wedge 2x+5 \geq 0$; $x > 4 \wedge x \geq -2{,}5$; $L_1 =]4;\infty[$
Fall 2: $x-4 < 0 \wedge 2x+5 \leq 0$; $x < 4 \wedge x \leq -2{,}5$; $L_2 =]-\infty;-2{,}5]$

$L = \mathbb{Q} \setminus]-2{,}5;4]$

293. $\frac{2x-7}{2x+1} < 0$; $D = \mathbb{Q} \setminus \{-0{,}5\}$

Fall 1: $2x+1 > 0 \wedge 2x-7 < 0$; $x > -0{,}5 \wedge x < 3{,}5$; $L_1 =]-0{,}5;3{,}5[$
Fall 2: $2x+1 < 0 \wedge 2x-7 > 0$; $x < -0{,}5 \wedge x > 3{,}5$; $L_2 = \{\ \}$
$L =]-0{,}5;3{,}5[$

294. $\frac{5-3x}{5x+2} > 0$; $D = \mathbb{Q} \setminus \{-0{,}4\}$

Fall 1: $5x+2>0 \wedge 5-3x>0$; $x>-0{,}4 \wedge \frac{5}{3}>x$; $L_1 =]-0{,}4; \frac{5}{3}[$

Fall 2: $5x+2<0 \wedge 5-3x<0$; $x<-0{,}4 \wedge \frac{5}{3}<x$; $L_2 = \{\ \}$

$L =]-0{,}4; \frac{5}{3}[$

295. $\frac{4x+5}{3-x} < 2$; $D = \mathbb{Q} \setminus \{3\}$

Fall 1: $3-x>0 \wedge 4x+5<2(3-x)$; $3>x \wedge x<\frac{1}{6}$; $L_1 =]-\infty; \frac{1}{6}[$

Fall 2: $3-x<0 \wedge 4x+5>2(3-x)$; $3<x \wedge x>\frac{1}{6}$; $L_2 =]3; \infty[$

$L = \mathbb{Q} \setminus [\frac{1}{6}; 3]$

296. $\frac{5+x}{2x+5} > 3$; $D = \mathbb{Q} \setminus \{-2{,}5\}$

Fall 1: $2x+5>0 \wedge 5+x>3(2x+5)$; $x>-2{,}5 \wedge x<-2$; $L_1 =]-2{,}5; -2[$

Fall 2: $2x+5<0 \wedge 5+x<3(2x+5)$; $x<-2{,}5 \wedge x>-2$; $L_2 = \{\ \}$

$L =]-2{,}5; -2[$

297. $\frac{x-7}{1-x} \leq 5$; $D = \mathbb{Q} \setminus \{1\}$

Fall 1: $1-x>0 \wedge x-7 \leq 5(1-x)$; $x<1 \wedge x \leq 2$; $L_1 =]-\infty; 1[$

Fall 2: $1-x<0 \wedge x-7 \geq 5(1-x)$; $x>1 \wedge x \geq 2$; $L_2 = [2; \infty[$

$L = \mathbb{Q} \setminus [1; 2[$

298. $\frac{2x-7}{3x-5} \geq 1$; $D = \mathbb{Q} \setminus \left\{\frac{5}{3}\right\}$

Fall 1: $3x-5>0 \wedge 2x-7 \geq 3x-5$; $x>\frac{5}{3} \wedge x \leq -2$; $L_1 = \{\ \}$

Fall 2: $3x-5<0 \wedge 2x-7 \leq 3x-5$; $x<\frac{5}{3} \wedge x \geq -2$; $L_2 = [-2; \frac{5}{3}[$

$L = [-2; \frac{5}{3}[$

299. $\frac{2}{x} - \frac{1}{1+x} < 0$; $D = \mathbb{Q} \setminus \{0; -1\}$

Fall 1: $x(1+x) > 0$

Fall 1a: $x>0 \wedge 1+x>0 \wedge 2(1+x)-x<0$

$x>0 \wedge x>-1 \wedge x<-2$ $\quad L_{1a} = \{\ \}$

Fall 1b: $x<0 \wedge 1+x<0 \wedge 2(1+x)-x<0$

$x<0 \wedge x<-1 \wedge x<-2$ $\qquad L_{1b} =]-\infty;-2[$

Fall 2: $x(1+x)<0$

Fall 2a: $x<0 \wedge 1+x>0 \wedge 2(1+x)-x>0$

$x<0 \wedge x>-1 \wedge x>-2$ $\qquad L_{2a} =]-1;0[$

Fall 2b: $x>0 \wedge 1+x<0 \wedge 2(1+x)-x>0$

$x>0 \wedge x<-1 \wedge x>-2$ $\qquad L_{2b} = \{\ \}$

$L = L_{1a} \cup L_{1b} \cup L_{2a} \cup L_{2b} =]-\infty;-2[\ \cup \ ]-1;0[$

300. $\frac{2}{x+2}+\frac{3}{x-3}>0$; $D = \mathbb{Q} \setminus \{-2;3\}$

Fall 1: $(x+2)(x-3)>0$

Fall 1a: $x+2>0 \wedge x-3>0 \wedge 2(x-3)+3(x+2)>0$

$x>-2 \wedge x>3 \wedge x>0$ $\qquad L_{1a} =]3;\infty[$

Fall 1b: $x+2<0 \wedge x-3<0 \wedge 2(x-3)+3(x+2)>0$

$x<-2 \wedge x<3 \wedge x>0$ $\qquad L_{1b} = \{\ \}$

Fall 2: $(x+2)(x-3)<0$

Fall 2a: $x+2>0 \wedge x-3<0 \wedge 2(x-3)+3(x+2)<0$

$x>-2 \wedge x<3 \wedge x<0$ $\qquad L_{2a} =]-2;0[$

Fall 2b: $x+2<0 \wedge x-3>0 \wedge 2(x-3)+3(x+2)<0$

$x<-2 \wedge x>3 \wedge x<0$ $\qquad L_{2b} = \{\ \}$

$L =]-2;0[\ \cup \ ]3;\infty[$

301. $\frac{1}{x+1}-\frac{5}{2x+6} \geq 0$; $D = \mathbb{Q} \setminus \{-3;-1\}$

Fall 1: $(x+1)(2x+6)>0$

Fall 1a: $x+1>0 \wedge 2x+6>0 \wedge 2x+6-5(x+1) \geq 0$

$x>-1 \wedge x>-3 \wedge x \leq \frac{1}{3}$ $\qquad L_{1a} =]-1;\frac{1}{3}]$

Fall 1b: $x+1<0 \wedge 2x+6<0 \wedge x \leq \frac{1}{3}$ $\qquad L_{1b} =]-\infty;-3[$

Fall 2: $(x+1)(2x+6)<0$

Fall 2a: $x+1<0 \wedge 2x+6>0 \wedge x \geq \frac{1}{3}$

$x<-1 \wedge x>-3 \wedge x \geq \frac{1}{3}$ $\qquad L_{2a} = \{\ \}$

Fall 2b: $x+1>0 \wedge 2x+6<0 \wedge x \geq \frac{1}{3}$

$x>-1 \wedge x<-3 \wedge x \geq \frac{1}{3}$ $\qquad L_{2b} = \{\ \}$

$L =]-\infty;-3[\ \cup\ ]-1;\frac{1}{3}]$

302. $\frac{-2}{3x+5}+\frac{4}{2x-7}>0$; $D = \mathbb{Q} \setminus \left\{-\frac{5}{3};3,5\right\}$

Fall 1: $(3x+5)(2x-7)>0$

Fall 1a: $3x+5>0 \wedge 2x-7>0 \wedge -2(2x-7)+4(3x+5)>0$

$x>-\frac{5}{3} \ \wedge\ x>3,5 \ \wedge\ x>-4,25$ $\qquad L_{1a} =]3,5;\infty[$

Fall 1b: $3x+5<0 \wedge 2x-7<0 \wedge x>-4,25$

$x<-\frac{5}{3} \ \wedge\ x<3,5 \ \wedge\ x>-4,25$ $\qquad L_{1b} =]-4,25;-\frac{5}{3}[$

Fall 2: $(3x+5)(2x-7)<0$

Fall 2a: $3x+5>0 \wedge 2x-7<0 \wedge -2(2x-7)+4(3x+5)<0$

$x>-\frac{5}{3} \ \wedge\ x<3,5 \ \wedge\ x<-4,25$ $\qquad L_{2a} = \{\ \}$

Fall 2b: $3x+5<0 \wedge 2x-7>0 \wedge x<-4,25$

$x<-\frac{5}{3} \ \wedge\ x>3,5 \ \wedge\ x<-4,25$ $\qquad L_{2b} = \{\ \}$

$L =]-4,25;-\frac{5}{3}[\ \cup\ ]3,5;\infty[$

303. $\frac{2x}{x-5}-\frac{2x}{x+3}<0$; $D = \mathbb{Q} \setminus \{-3;5\}$

Fall 1: $(x-5)(x+3)>0$

Fall 1a: $x-5>0 \wedge x+3>0 \wedge 2x(x+3)-2x(x-5)<0$

$x>5 \ \wedge\ x>-3 \ \wedge\ x<0$ $\qquad L_{1a} = \{\ \}$

Fall 1b: $x-5<0 \wedge x+3<0 \wedge x<0$

$x<5 \ \wedge\ x<-3 \ \wedge\ x<0$ $\qquad L_{1b} =]-\infty;-3[$

Fall 2: $(x-5)(x+3)<0$

Fall 2a: $x-5>0 \wedge x+3<0 \wedge 2x^2+6x-2x^2+10x>0$

$x>5 \ \wedge\ x<-3 \ \wedge\ x>0$ $\qquad L_{2a} = \{\ \}$

Fall 2b: $x-5<0 \wedge x+3>0 \wedge x>0$

$x<5 \ \wedge\ x>-3 \ \wedge\ x>0$ $\qquad L_{2b} =]0;5[$

$L =]-\infty;-3[\ \cup\ ]0;5[$

304. $\frac{x}{x-5}+\frac{2x}{x+1}\geq 3$; $D=\mathbb{Q}\setminus\{-1;5\}$

Fall 1: $(x-5)(x+1)>0$

Fall 1a: $x-5>0 \wedge x+1>0 \wedge x(x+1)+2x(x-5)\geq 3(x+1)(x-5)$

$x>5 \wedge x>-1 \wedge x\geq -5$ $\qquad L_{1a}=]5;\infty[$

Fall 1b: $x-5<0 \wedge x+1<0 \wedge x\geq -5$

$x<5 \wedge x<-1 \wedge x\geq -5$ $\qquad L_{1b}=]-5;-1[$

Fall 2: $(x-5)(x+1)<0$

Fall 2a: $x-5>0 \wedge x+1<0 \wedge x\leq -5$

$x>5 \wedge x<-1 \wedge x\leq -5$ $\qquad L_{2a}=\{\ \}$

Fall 2b: $x-5<0 \wedge x+1>0 \wedge x\leq -5$

$x<5 \wedge x>-1 \wedge x\leq -5$ $\qquad L_{2b}=\{\ \}$

$L=]-5;-1[\ \cup\ ]5;\infty[$

305. $\frac{x}{x+1}+\frac{2x}{2x+2}>\frac{2x+1}{x-2}$; $D=\mathbb{Q}\setminus\{-1;2\}$

Fall 1: $(x+1)(x-2)>0$

Fall 1a: $x+1>0 \wedge x-2>0 \wedge x\cdot(x-2)+x(x-2)>$

$>(2x+1)(x+1); x>-1 \wedge x>2 \wedge x<-\frac{1}{7}$ $\qquad L_{1a}=\{\ \}$

Fall 1b: $x+1<0 \wedge x-2<0 \wedge x<-\frac{1}{7}$

$x<-1 \wedge x<2 \wedge x<-\frac{1}{7}$ $\qquad L_{1b}=]-\infty;-1[$

Fall 2: $(x+1)(x-2)<0$

Fall 2a: $x+1>0 \wedge x-2<0 \wedge x>-\frac{1}{7}$

$x>-1 \wedge x<2 \wedge x>-\frac{1}{7}$ $\qquad L_{2a}=]-\frac{1}{7};2[$

Fall 2b: $x+1<0 \wedge x-2>0 \wedge x>-\frac{1}{7}$

$x<-1 \wedge x>2 \wedge x>-\frac{1}{7}$ $\qquad L_{2b}=\{\ \}$

$L=]-\infty;-1[\ \cup\ ]-\frac{1}{7};2[$

306. $|-13{,}5|=13{,}5$

307. $|x-3|=x-3$ für $x\geq 3$, $-(x-3)=-x+3$ für $x<3$

308. $|x+4| = x+4$ für $x \geq -4$, $-(x+4) = -x-4$ für $x < -4$

309. $|6-x| = 6-x$ für $x \leq 6$, $-(6-x) = -6+x$ für $x > 6$

310. $|(-2) \cdot 4| = 8$

311. $|-x^2| = x^2$ ($x^2 \geq 0$ für alle $x \in \mathbb{Q}$)

312. $\left|\frac{-3}{5}\right| = \frac{3}{5}$

313. $\left|\frac{-5}{x}\right| = \frac{-5}{x}$ für $x < 0$, $\frac{5}{x}$ für $x > 0$

314. $|5x| = 5x$ für $x \geq 0$, $-5x$ für $x < 0$

315. $|-3x| = -3x$ für $x \leq 0$, $3x$ für $x > 0$

316. $\left|\frac{3+x}{5}\right| = \frac{3+x}{5}$ für $x \geq -3$, $-\frac{3+x}{5}$ für $x < -3$

317. $\left|\frac{1+x}{2-x}\right| = \frac{1+x}{2-x}$ für $\frac{1+x}{2-x} \geq 0$, d. h. $(1+x \geq 0 \ \wedge \ 2-x > 0)$
oder $(1+x \leq 0 \ \wedge \ 2-x < 0)$,
d. h. $(x \geq -1 \ \wedge \ 2 > x)$
oder $(x \leq -1 \ \wedge \ 2 < x)$,
d. h. $-1 \leq x < 2$

Also: $$\left|\frac{1+x}{2-x}\right| = \begin{cases} \frac{1+x}{2-x} & \text{für} \quad -1 \leq x < 2 \\ -\left(\frac{1+x}{2-x}\right) & \text{für} \quad x < -1 \text{ oder } x > 2 \end{cases}$$

318. $|x| = 5$; $L = \{-5; 5\}$

319. $|x-1| = 5$;
Fall 1: $x-1 \geq 0$; $x \geq 1$; $D_1 = [1; \infty[$
$|x-1| = x-1 = 5$; $x = 6$; $L_1 = \{6\}$
Fall 2: $x < 1$; $D_2 =]-\infty; 1[$
$|x-1| = -(x-1) = -x+1$; $-x+1 = 5$;
$x = -4$; $L_2 = \{-4\}$
$L = \{-4; 6\}$

320. $|x-1|+1=5$; Fall 1: $D_1=[1;\infty[$; $x-1+1=5$; $x=5$; $L_1=\{5\}$

Fall 2: $D_2=]-\infty;1[$; $-(x-1)+1=5$; $-x+1+1=5$;

$x=-3$; $L_2=\{-3\}$

$L=\{-3;5\}$

321. $|4x+1|=3$; Fall 1: $4x+1\geq 0$; $x\geq -\frac{1}{4}$; $D_1=\left[-\frac{1}{4};\infty\right[$

$4x+1=3$; $x=\frac{1}{2}$; $L_1=\left\{\frac{1}{2}\right\}$

Fall 2: $D_2=\left]-\infty;-\frac{1}{4}\right[$

$-(4x+1)=3$; $x=-1$; $L_2=\{-1\}$

$L=\left\{-1;\frac{1}{2}\right\}$

322. $|4-5x|=7$; Fall 1: $4-5x\geq 0$; $x\leq\frac{4}{5}$; $D_1=\left]-\infty;\frac{4}{5}\right]$

$4-5x=7$; $x=-0{,}6$; $L_1=\{-0{,}6\}$

Fall 2: $D_2=\left]\frac{4}{5};\infty\right[$

$-(4-5x)=7$; $x=\frac{11}{5}$; $L_2=\{2{,}2\}$

$L=\{-0{,}6;2{,}2\}$

323. $\frac{|x+5|}{2-x}=4$; Fall 1: $x+5\geq 0 \wedge x\neq 2$; $D_1=[-5;\infty[\setminus\{2\}$

$\frac{x+5}{2-x}=4$; $x+5=8-4x$; $x=\frac{3}{5}$ $L_1=\{0{,}6\}$

Fall 2: $x+5<0$; $x<-5$; $D_2=]-\infty;-5[$

$\frac{-(x+5)}{2-x}=4$; $-x-5=8-4x$; $x=\frac{13}{3}$ $L_2=\{\ \}$

$L=\{0{,}6\}$

324. $\frac{4x-5}{|5-x|}=-1$; Fall 1: $5-x>0$; $D_1=]-\infty;5[$

$\frac{4x-5}{5-x}=-1$; $4x-5=-5+x$; $x=0$ $L_1=\{0\}$

Fall 2: $D_2=]5;\infty[$

$\frac{4x-5}{-(5-x)}=-1$; $x=2$ $L_2=\{\ \}$

$L=\{0\}$

325. $\frac{|2x-3|}{x-1,5}=0;$

Fall 1: $2x-3\geq 0 \wedge x\neq 1,5;\quad D_1=]1,5;\infty[$

$\frac{2x-3}{x-1,5}=0;\ x=1,5\quad L_1=\{\ \}$

Fall 2: $D_2=]-\infty;1,5[$

$\frac{-(2x-3)}{x-1,5}=0;\ x=1,5\quad L_2=\{\ \}$

$L=\{\ \}$

oder $\frac{\pm(2x-3)}{x-1,5}=\pm\frac{2(x-1,5)}{(x-1,5)}=0;\ \pm 2=0;$

$L=\{\ \}$

326. $\left|\frac{x-1}{x-2}\right|=2;$

Fall 1: $x-1\geq 0 \wedge x-2>0;\ x>2;\quad D_1=]2;\infty[$

$x-1=2(x-2);\ x=3\quad L_1=\{3\}$

Fall 2: $x-1\leq 0 \wedge x-2<0;\ x\leq 1 \wedge x<2;$

$D_2=]-\infty;1]$

$x-1=2(x-2);\ x=3\quad L_2=\{\ \}$

Fall 3: $x-1>0 \wedge x-2<0;\ x>1 \wedge x<2;$

$D_3=]1;2[$

$x-1=-2(x-2);\ x=\frac{5}{3}\quad L_3=\left\{\frac{5}{3}\right\}$

Fall 4: $x-1<0 \wedge x-2>0;\ x<1 \wedge x>2;$

$D_4=\{\ \}$

$L=\left\{3;\frac{5}{3}\right\}$

327. $\frac{|20-2x|}{|4+x|}=3;$

Fall 1: $20-2x\geq 0 \wedge 4+x>0;\ x\leq 10 \wedge x>-4;$

$D_1=]-4;10]$

$20-2x=3(4+x);\ x=1,6;\quad L_1=\{1,6\}$

Fall 2: $20-2x<0 \wedge 4+x<0;\ x>10 \wedge x<-4;$

$D_2=\{\ \}$

Fall 3: $20-2x>0 \wedge 4+x<0;\quad D_3=]-\infty;-4[$

$20-2x=-3(4+x);\ x=-32;\quad L_3=\{-32\}$

Fall 4: $20-2x<0 \wedge 4+x>0;\quad D_4=]10;\infty[$

$-(20-2x)=3(4+x);\ x=-32;\quad L_4=\{\ \}$

$L=\{1,6;-32\}$

328. $|x+3|+2=|x-7|$; Fall 1: $x+3 \geq 0 \wedge x-7 \geq 0$; $D_1 = [7; \infty[$
$x+3+2=x-7$; $5=-7$; $L_1 = \{\ \}$
Fall 2: $x+3 \geq 0 \wedge x-7 < 0$; $D_2 = [-3; 7[$
$x+3+2=-(x-7)$; $x=1$; $L_2 = \{1\}$
Fall 3: $x+3 < 0 \wedge x-7 < 0$; $D_3 =]-\infty; -3[$
$-(x+3)+2=-(x-7)$; $L_3 = \{\ \}$
Fall 4: $D_4 = \{\ \}$
$L = \{1\}$

329. $|x+2|-4=|x-3|$; Fall 1: $x+2 \geq 0 \wedge x-3 \geq 0$; $D_1 = [3; \infty[$
$x+2-4=x-3$; $L_1 = \{\ \}$
Fall 2: $x+2 \geq 0 \wedge x-3 < 0$; $D_2 = [-2; 3[$
$x+2-4=-(x-3)$; $x=2{,}5$; $L_2 = \{2{,}5\}$
Fall 3: $x+2 < 0 \wedge x-3 < 0$; $D_3 =]-\infty; -2[$
$-(x+2)-4=-(x-3)$; $L_3 = \{\ \}$
Fall 4: $D_4 = \{\ \}$
$L = \{2{,}5\}$

330. $|x|+|x-1|=7$; Fall 1: $x \geq 0 \wedge x-1 \geq 0$; $D_1 = [1; \infty[$
$x+x-1=7$; $L_1 = \{4\}$
Fall 2: $x \geq 0 \wedge x-1 < 0$; $D_2 = [0; 1[$
$x-(x-1)=7$; $L_2 = \{\ \}$
Fall 3: $x < 0 \wedge x-1 < 0$; $D_3 =]-\infty; 0[$
$-x-(x-1)=7$; $x=-3$; $L_3 = \{-3\}$
Fall 4: $D_4 = \{\ \}$
$L = \{4; -3\}$

331. $3|x|+|4x-2|=5$; Fall 1: $x \geq 0 \wedge 4x-2 \geq 0$; $D_1 = \left[\frac{1}{2}; \infty\right[$
$3x+4x-2=5$; $x=1$ $L_1 = \{1\}$
Fall 2: $x \geq 0 \wedge 4x-2 < 0$; $D_2 = [0; 0{,}5[$
$3x-(4x-2)=5$; $x=-3$ $L_2 = \{\ \}$
Fall 3: $x < 0 \wedge 4x-2 < 0$; $D_3 =]-\infty; 0[$
$-3x-(4x-2)=5$; $x=-\frac{3}{7}$ $L_3 = \left\{-\frac{3}{7}\right\}$
Fall 4: $D_4 = \{\ \}$
$L = \left\{-\frac{3}{7}; 1\right\}$

332. $|x+5|+|x-4|=-3$; Fall 1: $x+5 \geq 0 \wedge x-4 \geq 0$; $D_1 = [4; \infty[$
$x+5+x-4=-3$; $x=-2$ $L_1 = \{\ \}$
Fall 2: $x+5 \geq 0 \wedge x-4 < 0$; $D_2 = [-5; 4[$
$x+5-(x-4)=-3$; $L_2 = \{\ \}$
Fall 3: $x+5 < 0 \wedge x-4 < 0$; $D_3 =]-\infty; -5[$
$-(x+5)-(x-4)=-3$; $L_3 = \{\ \}$
Fall 4: $D_4 = \{\ \}$
$L = \{\ \}$

333. $|x| \geq 2$; $L = \mathbb{Q} \setminus]-2; 2[$

334. $|x| \leq 1$; $L = [-1; 1]$

335. $|x-4| < 2$; Fall 1: $x-4 \geq 0$; $D_1 = [4; \infty[$; $x-4 < 2$; $x < 6$;
$L_1 = [4; 6[$
Fall 2: $x-4 < 0$; $D_2 =]-\infty; 4[$; $-(x-4) < 2$; $x > 2$;
$L_2 =]2; 4[$
$L =]2; 6[$

336. $|x+4| < 2$; Fall 1: $D_1 = [-4; \infty[$; $x+4 < 2$; $x < -2$;
$L_1 = [-4; -2[$
Fall 2: $D_2 =]-\infty; -4[$; $-(x+4) < 2$; $x > -6$;
$L_2 =]-6; -4[$
$L =]-6; -2[$

337. $|x-4| \geq 2$; Fall 1: $D_1 = [4; \infty[$; $x-4 \geq 2$; $x \geq 6$; $L_1 = [6; \infty[$
Fall 2: $D_2 =]-\infty; 4[$; $-(x-4) \geq 2$; $x \leq 2$;
$L_2 =]-\infty; 2]$
$L = \mathbb{Q} \setminus]2; 6[$

338. $|2x-7| \leq 2$; Fall 1: $D_1 = [3{,}5; \infty[$; $2x-7 \leq 2$; $x \leq 4{,}5$;
$L_1 = [3{,}5; 4{,}5]$
Fall 2: $D_2 =]-\infty; 3{,}5[$; $-(2x-7) \leq 2$; $x \geq 2{,}5$;
$L_2 = [2{,}5; 3{,}5[$
$L = [2{,}5; 4{,}5]$

339. $|x+2|+1 \leq |x-2|$; Fall 1: $x+2 \geq 0 \wedge x-2 \geq 0$; $D_1 = [2; \infty[$

$x+2+1 \leq x-2$; $L_1 = \{\ \}$

Fall 2: $x+2 \geq 0 \wedge x-2 < 0$; $D_2 = [-2; 2[$

$x+2+1 \leq -(x-2)$; $x \leq -0,5$;

$L_2 = [-2; -0,5]$

Fall 3: $x+2 < 0 \wedge x-2 < 0$; $D_3 =]-\infty; -2[$

$-(x+2)+1 \leq -(x-2)$; $-1 \leq 2$;

$L_3 =]-\infty; -2[$

Fall 4: $D_4 = \{\ \}$

$L =]-\infty; -0,5]$

340. $|2x-5| \leq |x+1|+2$; Fall 1: $2x-5 \geq 0 \wedge x+1 \geq 0$; $D_1 = [2,5; \infty[$

$2x-5 \leq x+1+2$; $x \leq 8$ $L_1 = [2,5; 8]$

Fall 2: $2x-5 > 0 \wedge x+1 \leq 0$; $D_2 = \{\ \}$

Fall 3: $2x-5 < 0 \wedge x+1 \leq 0$; $D_3 =]-\infty; -1]$

$-(2x-5) \leq -(x+1)+2$; $x \geq 4$ $L_3 = \{\ \}$

Fall 4: $2x-5 < 0 \wedge x+1 > 0$; $D_4 =]-1; 2,5[$

$-(2x-5) \leq x+1+2$; $x \geq \frac{2}{3}$ $L_4 = [\frac{2}{3}; 2,5[$

$L = [\frac{2}{3}; 8]$

341. $|x|+1 \geq |x-5|$; Fall 1: $x \geq 0 \wedge x-5 \geq 0$; $D_1 = [5; \infty[$

$x+1 \geq x-5$; $1 \geq -5$; $L_1 = D_1$

Fall 2: $x \geq 0 \wedge x-5 < 0$; $D_2 = [0; 5[$

$x+1 \geq -(x-5)$; $x \geq 2$; $L_2 = [2; 5[$

Fall 3: $x < 0 \wedge x-5 < 0$; $D_3 =]-\infty; 0[$

$-x+1 \geq -(x-5)$; $L_3 = \{\ \}$

Fall 4: $D_4 = \{\ \}$

$L = [2; \infty[$

342. $\frac{|3x-5|}{2x} < 4$; Fall 1: $3x-5 \geq 0 \wedge x > 0$; $D_1 = [\frac{5}{3}; \infty[$

$3x-5 < 8x$; $x > -1$; $L_1 = D_1$

Fall 2: $3x-5 < 0 \wedge x > 0$; $D_2 =]0; \frac{5}{3}[$

$-(3x-5) < 8x$; $x > \frac{5}{11}$; $L_2 =]\frac{5}{11}; \frac{5}{3}[$

Fall 3: $3x - 5 < 0 \wedge x < 0;\quad D_3 =]-\infty; 0[$

$-(3x - 5) > 8x;\ x < \frac{5}{11};\quad L_3 = D_3$

$L = \mathbb{Q} \setminus [0; \frac{5}{11}]$

343. $\frac{|4x+2|}{x} > 5;$

Fall 1: $4x + 2 \geq 0 \wedge x > 0;\quad D_1 =]0; \infty[$

$4x + 2 > 5x;\ 2 > x;\quad L_1 =]0; 2[$

Fall 2: $4x + 2 \geq 0 \wedge x < 0;\quad D_2 = [-\frac{1}{2}; 0[$

$4x + 2 < 5x;\quad L_2 = \{\ \}$

Fall 3: $4x + 2 < 0 \wedge x < 0;\quad D_3 =]-\infty; -\frac{1}{2}[$

$-(4x + 2) < 5x;\ x > -\frac{2}{9}\quad L_3 = \{\ \}$

$L =]0; 2[$

344. $\frac{|x-4|}{0{,}5x} < 6;$

Fall 1: $x - 4 \geq 0 \wedge x > 0;\quad D_1 = [4; \infty[$

$x - 4 < 3x;\ x > -2;\quad L_1 = [4; \infty[$

Fall 2: $x - 4 < 0 \wedge x > 0;\quad D_2 =]0; 4[$

$-(x - 4) < 3x;\ x > 1;\quad L_2 =]1; 4[$

Fall 3: $x - 4 < 0 \wedge x < 0;\quad D_3 =]-\infty; 0[$

$-(x - 4) > 3x;\ x < 1;\quad L_3 = D_3$

$L - \mathbb{Q} \setminus [0; 1]$

345. $\frac{|2x+7|}{2x} \leq 0;$

Fall 1: $2x + 7 \geq 0 \wedge x > 0;\quad D_1 =]0; \infty[$

$2x + 7 \leq 0;\quad L_1 = \{\ \}$

Fall 2: $2x + 7 \geq 0 \wedge x < 0;\quad D_2 = [-3{,}5; 0[$

$2x + 7 \geq 0;\ x \geq -3{,}5;\quad L_2 = D_2$

Fall 3: $2x + 7 < 0 \wedge x < 0;\quad D_3 =]-\infty; -3{,}5[$

$-(2x + 7) \geq 0;\quad L_3 = D_3$

$L =]-\infty; 0[$

oder $|2x + 7| \geq 0$ für alle $x \in \mathbb{Q}$; d. h. $\frac{|2x+7|}{2x} < 0$

für $x < 0$, d. h. $L =]-\infty; 0[$

346. $\sqrt{81} = 9$

347. $\sqrt{0,81} = 0,9$

348. $\sqrt{144} = 12$

349. $\sqrt{1,44} = 1,2$

350. $\sqrt{-144}$ nicht definiert

351. $\sqrt{5} = 2,2361$

352. $\sqrt{64}^2 = 64$

353. $\sqrt{64^2} = 64$

354. $\sqrt{(-64)^2} = 64$

355. $\sqrt{8^2} = 8$

356. $\sqrt{9-12b+4b^2} = \sqrt{(3-2b)^2} = |3-2b|$

357. $\sqrt{a^2-b^2} = \sqrt{(a-b)(a+b)}$

358. $\sqrt{1985}^2 = 1985$

359. $\sqrt{2000}^2 = 2000$

360. $\sqrt{a^2+2ab+b^2} = \sqrt{(a+b)^2} = |a+b|$

361. $2\sqrt{5}+3\sqrt{7}-5\sqrt{7}+\sqrt{5} = 3\sqrt{5}-2\sqrt{7}$

362. $\sqrt{6}-2\sqrt{6}+0,1\sqrt{6} = -0,9\sqrt{6}$

363. $9\sqrt{25} = 45$

364. $\sqrt{63}\cdot\sqrt{7} = \sqrt{9}\sqrt{7}\sqrt{7} = 3\cdot 7$ oder $\sqrt{441} = 21$

365. $\sqrt{3} \cdot \sqrt{3} = 3$

366. $\sqrt{7} \cdot \sqrt{14} \cdot \sqrt{18} = \sqrt{7}\sqrt{7}\sqrt{2 \cdot 18} = 7 \cdot 6$ oder $\sqrt{1764} = 42$

367. $\sqrt{28} = \sqrt{4}\sqrt{7} = 2\sqrt{7}$

368. $\sqrt{108} = \sqrt{4} \cdot \sqrt{27} = \sqrt{4}\sqrt{9}\sqrt{3} = 6\sqrt{3}$ oder $\sqrt{36}\sqrt{3} = 6\sqrt{3}$

369. $2\sqrt{2} + \sqrt{18} - \sqrt{50} + \sqrt{8} = 2\sqrt{2} + 3\sqrt{2} - 5\sqrt{2} + 2\sqrt{2} = 2\sqrt{2}$

370. $\sqrt{20} + \sqrt{50} - 4\sqrt{5} - 7\sqrt{2} + \sqrt{45} = 2\sqrt{5} + 5\sqrt{2} - 4\sqrt{5} - 7\sqrt{2} + 3\sqrt{5} =$
$= \sqrt{5} - 2\sqrt{2}$

371. $\frac{\sqrt{44}}{\sqrt{11}} = \frac{\sqrt{4 \cdot 11}}{\sqrt{11}} = \sqrt{\frac{4 \cdot 11}{11}} = \sqrt{4} = 2$

372. $\frac{\sqrt{54}}{\sqrt{6}} = \sqrt{\frac{6 \cdot 9}{6}} = 3$

373. $\sqrt{3x} \cdot \sqrt{\frac{3x}{25}} = \sqrt{\frac{3x \cdot 3x}{25}} = \frac{3x}{5}$

374. $\frac{3\sqrt{2} \cdot 12\sqrt{18}}{\sqrt{144}} = \frac{36 \cdot \sqrt{36}}{\sqrt{36 \cdot 4}} = 36\sqrt{\frac{36}{36 \cdot 4}} = \frac{36}{2} = 18$

375. $\frac{\sqrt{5x} \cdot \sqrt{xy^2}}{\sqrt{125x^2}} = \sqrt{\frac{5x^2y^2}{125x^2}} = \frac{y}{5}$

376. $\sqrt{\frac{a^2}{b}} : \sqrt{b} = \frac{a}{\sqrt{b} \cdot \sqrt{b}} = \frac{a}{b}$

377. $\sqrt{\frac{x}{y}} : \sqrt{\frac{x^2}{y}} = \sqrt{\frac{x \cdot y}{y \cdot x^2}} = \sqrt{\frac{1}{x}} = \frac{1}{\sqrt{x}}$

378. $\sqrt{2^4} = 2^2 = 4$

379. $\sqrt{7^{10}} = 7^5 = 16807$

380. $\sqrt{a^2b^4} = ab^2$

381. $\sqrt{100xy^2} = 10y\sqrt{x}$

382. $\sqrt{25x^{10}y^6} = 5x^5y^3$

383. $\sqrt{10x^4} \cdot \sqrt{20y^6} = \sqrt{200}\,x^2y^3 = \sqrt{100 \cdot 2}\,x^2y^3 = 10\sqrt{2}\,x^2y^3$

384. $\sqrt{27} + 5\sqrt{3} = 3\sqrt{3} + 5\sqrt{3} = 8\sqrt{3}$

385. $\sqrt{8} + 12\sqrt{2} + \sqrt{50} - 6\sqrt{2} = 2\sqrt{2} + 12\sqrt{2} + 5\sqrt{2} - 6\sqrt{2} = 13\sqrt{2}$

Bei den Aufgaben sollen a, b, x, y jeweils positiv sein.

386. $x^2 = 81;\quad L = \{-9; 9\}$

387. $x^2 - 36 = 0;\quad L = \{-6; 6\}$

388. $x^2 + 36 = 0;\quad L = \{\ \}$

389. $x^2 = 1;\quad L = \{-1; 1\}$

390. $x^2 = 5;\quad L = \{-\sqrt{5}; \sqrt{5}\}$

391. $x^2 + 144 = 0;\quad L = \{\ \}$

392. $x^2 + 1 = 0;\quad L = \{\ \}$

393. $x^2 = 7;\quad L = \{-\sqrt{7}; \sqrt{7}\}$

394. $x^2 - 18 = 0;\quad L = \{-3\sqrt{2}; 3\sqrt{2}\}$

395. $x^2 = 200;\quad L = \{-10\sqrt{2}; 10\sqrt{2}\}$

396. $x^2 = \frac{25}{4};\quad L = \left\{-\frac{5}{2}; \frac{5}{2}\right\}$

397. $x^2 = \frac{81}{16}$; $L = \left\{-\frac{9}{4}; \frac{9}{4}\right\}$

398. $x^2 = 1{,}44$; $L = \{-1{,}2; 1{,}2\}$

399. $5x^2 = 20 \mid :5$; $x^2 = 4$; $x_{1,2} = \pm 2$; $L = \{-2; 2\}$

400. $3x^2 = 147 \mid :3$; $x^2 = 49$; $x_{1,2} = \pm 7$; $L = \{-7; 7\}$

401. $x^2 - 6x + 8 = 0$; $D = (-6)^2 - 4 \cdot 1 \cdot 8 = 4$;

$x_{1,2} = \frac{6 \pm \sqrt{4}}{2} = \frac{6 \pm 2}{2}$; $x_1 = 2$, $x_2 = 4$; $L = \{2; 4\}$

402. $3x^2 + 9x - 120 = 0 \mid :3$; $x^2 + 3x - 40 = 0$; $D = 3^2 - 4 \cdot 1 \cdot (-40) = 169$;

$x_{1,2} = \frac{-3 \pm \sqrt{169}}{2} = \frac{-3 \pm 13}{2}$; $x_1 = -8$, $x_2 = 5$; $L = \{-8; 5\}$

403. $x^2 - 10x + 22 = 0$; $D = (-10)^2 - 4 \cdot 1 \cdot 22 = 12$;

$x_{1,2} = \frac{10 \pm \sqrt{12}}{2} = \frac{10 \pm 2\sqrt{3}}{2} = 5 \pm \sqrt{3}$; $L = \{5 - \sqrt{3}; 5 + \sqrt{3}\}$

404. $0{,}5x^2 + 0{,}5x - 9 = 0 \mid \cdot 2$; $x^2 + x - 18 = 0$; $D = 1^2 - 4 \cdot 1 \cdot (-18) = 73$;

$x_{1,2} = \frac{-1 \pm \sqrt{73}}{2}$; $L = \left\{\frac{-1 - \sqrt{73}}{2}; \frac{-1 + \sqrt{73}}{2}\right\}$

405. $-2x^2 - 2x + 88 = 0 \mid :(-2)$; $x^2 + x - 44 = 0$; $D = 1^2 - 4 \cdot 1 \cdot (-44) = 177$;

$x_{1,2} = \frac{-1 \pm \sqrt{177}}{2}$; $L = \left\{\frac{-1 - \sqrt{177}}{2}; \frac{-1 + \sqrt{177}}{2}\right\}$

406. $x^2 - 6x + 7 = 0$; $D = (-6)^2 - 4 \cdot 1 \cdot 7 = 8$;

$x_{1,2} = \frac{6 \pm \sqrt{8}}{2} = \frac{6 \pm 2\sqrt{2}}{2} = 3 \pm \sqrt{2}$; $L = \{3 - \sqrt{2}; 3 + \sqrt{2}\}$

407. $6x^2 + 3x - 3 = 0$; $D = 3^2 - 4 \cdot 6 \cdot (-3) = 81$;

$x_{1,2} = \frac{-3 \pm \sqrt{81}}{12} = \frac{-3 \pm 9}{12}$; $x_1 = -1$; $x_2 = +0{,}5$; $L = \{-1; 0{,}5\}$

408. $4x^2-12x+9=0;\ D=(-12)^2-4\cdot4\cdot9=0;$

$x_{1,2}=\frac{12\pm0}{8}=1{,}5;\quad L=\{1{,}5\}$

409 $x^2-7x=0;\ x\cdot(x-7)=0;\ x_1=0;\ x_2=7;\quad L=\{0;7\}$

410. $8x^2+5x=0;\ x\cdot(8x+5)=0;\ x_1=0;\ x_2=-\frac{5}{8};\quad L=\left\{0;-\frac{5}{8}\right\}$

411. $2x^2+7x=0;\ x\cdot(2x+7)=0;\ x_1=0;\ x_2=-3{,}5;\quad L=\{0;-3{,}5\}$

412. $4x^2-3x+20=0;\ D=(-3)^2-4\cdot4\cdot20=-311<0\quad L=\{\ \}$

413. $x+\frac{1}{x}+2=0\ \ |\cdot x;\ x^2+1+2x=0;\ D=2^2-4\cdot1\cdot1=0;$

$x_{1,2}=\frac{-2\pm0}{2}=-1;\quad L=\{-1\}$

414. $x-\frac{24}{x}+10=0\ \ |\cdot x;\ x^2-24+10x=0;\ D=10^2-4\cdot1\cdot(-24)=196;$

$x_{1,2}=\frac{-10\pm\sqrt{196}}{2}=\frac{-10\pm14}{2}=-5\pm7;\ x_1=-12;\ x_2=2;\quad L=\{-12;2\}$

415. $\frac{x}{x-1}-\frac{2}{x+1}=\frac{1}{x^2-1}\ \ |\cdot HN;\ HN=(x-1)(x+1)$

$\frac{x(x-1)(x+1)}{x-1}-\frac{2(x-1)(x+1)}{x+1}=\frac{(x-1)(x+1)}{x^2-1};\ x\cdot(x+1)-2(x-1)=1;$

$x^2+x-2x+2=1;\ x^2-x+1=0;\ D=(-1)^2-4\cdot1\cdot1=-3<0;\quad L=\{\ \}$

416. $x^2-16x+55=0;\ (x-5)(x-11)=0;\ x_1=5;\ x_2=11;\quad L=\{5;11\}$

417. $x^2-5x+4=0;\ (x-1)(x-4)=0;\quad L=\{1;4\}$

418. $x^2-18x+72=0;\ (x-6)(x-12)=0;\quad L=\{6;12\}$

419. $x^2+3x-10=0;\ (x+5)(x-2)=0;\quad L=\{-5;2\}$

420. $x^2+4x-21=0;\ (x+7)(x-3)=0;\quad L=\{-7;3\}$

421. $x^2 - x - 72 = 0$; $(x+8)(x-9) = 0$; $L = \{-8; 9\}$

422. $x^2 + 14x + 13 = 0$; $(x+13)(x+1) = 0$; $L = \{-13; -1\}$

423. $x^2 + 17x + 42 = 0$; $(x+14)(x+3) = 0$; $L = \{-14; -3\}$

424. $x^2 + 13x + 42 = 0$; $(x+7)(x+6) = 0$; $L = \{-7; -6\}$

425. $x^2 - 18x + 81 = 0$; $(x-9)(x-9) = 0$; $L = \{9\}$

426. $x^2 - 16 = 0$; $(x-4)(x+4) = 0$; $L = \{-4; 4\}$

427. $3x^2 + 6x - 45 = 0 \mid :3$; $x^2 + 2x - 15 = 0$; $(x+5)(x-3) = 0$; $L = \{-5; 3\}$

428. $4x^2 - 42x - 120 = 0$; $D = (-42)^2 - 4 \cdot 4 \cdot (-120) = 3684$;

$x_{1,2} = \frac{42 \pm \sqrt{3684}}{8}$; $L = \left\{\frac{1}{8}(42 - \sqrt{3684}; \frac{1}{8}(42 + \sqrt{3684}\right\}$

429. $2x^2 - 13x + 20 = 0$; $D = (-13)^2 - 4 \cdot 2 \cdot 20 = 9$;

$x_{1,2} = \frac{13 \pm \sqrt{9}}{4} = \frac{13 \pm 3}{4}$; $x_1 = 2{,}5$; $x_2 = 4$; $L = \{2{,}5; 4\}$

430. $x^2 + x + 1 = 0$; $D = 1^2 - 4 \cdot 1 \cdot 1 = -3 < 0$; $L = \{\ \}$

431. $2^6 = 64$

432. $4^4 = 256$

433. $1^3 = 1$

434. $2^{-3} = \frac{1}{8}$

435. $3^{-2} = \frac{1}{9}$

436. $5^{-2} = \frac{1}{25}$

437. $6^{-3} = \frac{1}{216}$

438. $1^{-5} = 1$

439. $2^{-1} = \frac{1}{2}$

440. $1^0 = 1$

441. $1000^0 = 1$

442. $\left(\frac{1}{10}\right)^{-1} = 10$

443. $0{,}1^0 = 1$

444. $3^2 \cdot 3^3 = 3^5 = 243$

445. $3^8 = 6561$

446. $4^2 \cdot 4^{-3} = 4^{-1} = \frac{1}{4}$

447. $5^2 \cdot 5^2 = 5^4 = 625$

448. $x^4 \cdot x^3 = x^7$

449. $x^m \cdot x^n = x^{m+n}$

450. $x^5 \cdot x^{-4} = x$

451. $3^7 \cdot 3^{-7} = 3^0 = 1$

452. $7^{-4} \cdot 7^3 = 7^{-1} = \frac{1}{7}$

453. $\frac{3^5}{3^4} = 3$

454. $\frac{5^4}{5^5} = \frac{1}{5}$

455. $\frac{8^2}{2^5} = \frac{(2^3)^2}{2^5} = \frac{2^6}{2^5} = 2$

456. $\frac{x^5}{x^3} = x^2$

457. $\frac{x^7}{x^{-2}} = x^9$

458. $\frac{6^2}{6^{-2}} = 6^4 = 1296$

459. $2^4 \cdot \left(\frac{1}{2}\right)^4 = 2^4 \cdot 2^{-4} = 2^0 = 1$ oder $\left(2 \cdot \frac{1}{2}\right)^4 = 1^4 = 1$

460. $4^2 \cdot 3^2 = (4 \cdot 3)^2 = 144$

461. $4^5 \cdot \left(\frac{1}{2}\right)^5 = \left(4 \cdot \frac{1}{2}\right)^5 = 2^5 = 32$

462. $3^3 \cdot \left(\frac{1}{9}\right)^3 = \left(\frac{3}{9}\right)^3 = \frac{1}{27}$

463. $22^5 \cdot \left(\frac{1}{11}\right)^5 = \left(\frac{22}{11}\right)^5 = 32$

464. $\frac{4^6}{2^6} = \left(\frac{4}{2}\right)^6 = 2^6 = 64$

465. $\frac{15^4}{5^4} = \left(\frac{15}{5}\right)^4 = 3^4 = 81$

466. $\frac{0{,}5^{10}}{2^{10}} = \left(\frac{1}{4}\right)^{10} = \frac{1}{1048576}$

467. $\frac{1^{-1}}{2^{-1}} = 2$

468. $\frac{x^6}{2^6} = \left(\frac{x}{2}\right)^6$

469. $3^2 : 3^2 = 1$

470. $3^2 : \left(\frac{1}{3}\right)^2 = \left(3 : \frac{1}{3}\right)^2 = 9^2 = 81$

471. $4^3 : 4^{-3} = 4^6 = 4096$

472. $(3^2)^4 = 3^8 = 6561$

473. $(3^4)^2 = 3^8$

474. $(0{,}99^4)^0 = 1$

475. $(0{,}99^0)^4 = 1$

476. $\left(\frac{1}{3}\right)^{-4} \cdot \left(\frac{1}{3}\right)^0 = \left(\frac{1}{3}\right)^{-4} = 3^4 = 81$

477. $\left(\frac{1}{2}\right)^2 \cdot 8^4 = 2^{-2} \cdot 2^{12} = 2^{10} = 1024$

478. $(-2)^3 \cdot 2^3 = -2^3 \cdot 2^3 = -2^6 = -64$

479. $\left((-1)^3\right)^2 = (-1)^2 = 1$

480. $(3^3)^2 = 3^6 = 729$

481. $(5^{-3})^4 = 5^{-12} = \frac{1}{244\,140\,625}$

482. $(3^4)^{-2} \cdot (9^2)^3 = 3^{-8} \cdot 9^6 = 3^{-8} \cdot 3^{12} = 3^4 = 81$

483. $(x^3)^2 = x^6$

484. $(x^{-3})^2 = x^{-6} = \frac{1}{x^6}$

485. $(x^{-4})^2 \cdot \left(\frac{1}{x^2}\right)^4 \cdot (x^7)^{-1} \cdot (x^5)^3 = x^{-8} \cdot x^{-8} \cdot x^{-7} \cdot x^{15} = x^{-8}$

486. $(-2)^8 \cdot 2^{-8} \cdot (-2)^4 \cdot \left(\frac{1}{2^2}\right)^5 \cdot (-2)^5 = 2^8 \cdot 2^{-8} \cdot 2^4 \cdot 2^{-10} \cdot (-2^5) = -2^{-1} = -\frac{1}{2}$

487. $(4^2)^{-2} \cdot \left(-\frac{1}{2}\right)^{-5} \cdot (-8)^3 \cdot (16^{-2})^2 \cdot \left(-\frac{1}{2}\right)^4 \cdot (9^0)^8 =$

$= 2^{-8} \cdot (-2^5) \cdot (-2^9) \cdot 2^{-16} \cdot 2^{-4} \cdot 1 = 2^{-14} = \frac{1}{16\,384}$

488. $(7^{\frac{1}{2}})^2 = 7$

489. $4^{\frac{1}{2}} = 2$

490. $216^{\frac{1}{3}} = (6^3)^{\frac{1}{3}} = 6$

491. $\sqrt[4]{625} = \sqrt[4]{5^4} = 5$

492. $\sqrt[3]{343} = \sqrt[3]{7^3} = 7$

493. $54^{\frac{1}{3}} = (3^3 \cdot 2)^{\frac{1}{3}} = 3 \cdot 2^{\frac{1}{3}}$

494. $216^{-\frac{1}{3}} = (6^3)^{-\frac{1}{3}} = \frac{1}{6}$

495. $81^{-\frac{1}{4}} = (3^4)^{-\frac{1}{4}} = \frac{1}{3}$

496. $(-8)^{\frac{1}{3}}$ nicht definiert

497. $8^{\frac{2}{3}} = (2^3)^{\frac{2}{3}} = 4$

498. $16^{\frac{5}{4}} = (2^4)^{\frac{5}{4}} = 2^5 = 32$

499. $625^{\frac{1}{8}} = (5^4)^{\frac{1}{8}} = \sqrt{5}$

500. $\sqrt[5]{\sqrt{343}} = \sqrt[5]{\sqrt{7^3}} = \left((7^3)^{\frac{1}{2}}\right)^{\frac{1}{5}} = 7^{\frac{3}{10}}$

501. $\sqrt[3]{\sqrt{125}} = \sqrt[3]{5^{\frac{3}{2}}} = 5^{\frac{3}{6}} = \sqrt{5}$

502. $32^{0,2} = (2^5)^{\frac{1}{5}} = 2$

503. $\left(\frac{27}{8}\right)^{\frac{2}{3}} = \left(\left(\frac{3}{2}\right)^3\right)^{\frac{2}{3}} = \frac{9}{4}$

504. $\left(\left(\frac{5}{8}\right)^{\frac{3}{4}}\right)^2 = \left(\frac{5}{8}\right)^{\frac{3}{2}} = \frac{5}{8}\cdot\left(\frac{5}{8}\right)^{\frac{1}{2}} = \frac{5}{8}\sqrt{\frac{5}{8}} = \frac{5}{16}\sqrt{\frac{5}{2}}$

505. $7^{\frac{1}{2}} \cdot 5^{\frac{1}{3}} = \sqrt{7} \cdot \sqrt[3]{5}$

506. $27^{\frac{5}{3}} \cdot 128^{\frac{5}{7}} = 3^5 \cdot 2^5 = 6^5 = 7776$

507. $\left(\sqrt[4]{7}\right)^8 = \left(7^{\frac{1}{4}}\right)^8 = 49$

508. $(-4)^{-\frac{5}{2}}$ nicht definiert

509. $\left(\frac{1}{2}\right)^{-\frac{1}{4}} \cdot 8^{\frac{2}{3}} \cdot 32^{\frac{3}{5}} = 2^{\frac{1}{4}} \cdot 2^2 \cdot 2^3 = 2^{\frac{21}{4}}$

510. $\left(\frac{2}{25}\right)^{\frac{3}{4}} \cdot \left(\frac{8}{25}\right)^{\frac{3}{4}} = \left(\frac{16}{625}\right)^{\frac{3}{4}} = \left(\frac{2}{5}\right)^3 = \frac{8}{125}$

511. $\sqrt[3]{4} \cdot 2^{\frac{1}{5}} = 2^{\frac{2}{3}} \cdot 2^{\frac{1}{5}} = 2^{\frac{13}{15}}$

512. $\sqrt[4]{(-12)^2} \cdot \sqrt{12} = \sqrt{12} \cdot \sqrt{12} = 12$

513. $36^{-\frac{3}{2}} \cdot 3^{\frac{3}{2}} \cdot 2^{\frac{3}{2}} = 6^{-3} \cdot 6^{\frac{3}{2}} = 6^{-\frac{3}{2}}$

514. $(0,1^4 \cdot 10^7)^{\frac{2}{3}} = (10^{-4} \cdot 10^7)^{\frac{2}{3}} = 10^2 = 100$

515. $2^{\frac{4}{3}} \cdot 8^{\frac{3}{2}} = 2^{\frac{4}{3}} \cdot 2^{\frac{9}{2}} = 2^{\frac{35}{6}}$

516. $(x^{\frac{1}{4}} \cdot x^2)^{\frac{1}{3}} = (x^{\frac{9}{4}})^{\frac{1}{3}} = x^{\frac{3}{4}}$

517. $64^{\frac{1}{5}} \cdot 4^{\frac{2}{5}} = 4^{\frac{3}{5}} \cdot 4^{\frac{2}{5}} = 4^{\frac{5}{5}} = 4$

518. $f: x \mapsto y = \frac{1}{2}x - 1$

$m = \frac{1}{2}$; T(0 | −1); N: $y = 0$; $\frac{1}{2}x - 1 = 0; | \cdot 2$; $x - 2 = 0$; $x = 2$; N(2 | 0)

519. $f: x \mapsto y = \frac{2}{3}x + \frac{3}{2}$

$m = \frac{2}{3}$; T(0 | 1,5)

N: $y = 0$; $\frac{2}{3}x + \frac{3}{2} = 0$; $| \cdot 6$

$4x + 9 = 0$

$4x = -9$

$x = -\frac{9}{4} = -2,25$

N(−2,25 | 0)

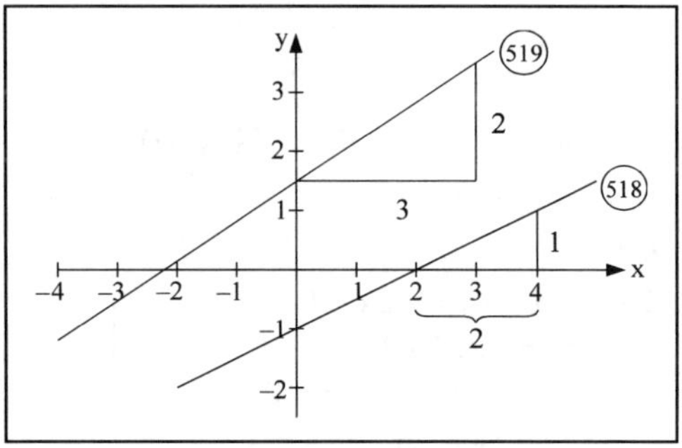

520. $f: x \mapsto y = \frac{1}{3}x + \frac{1}{2}$

$m = \frac{1}{3}$; T(0 | 0,5); N: $y = 0$; $\frac{1}{3}x + \frac{1}{2} = 0; | \cdot 6$; $2x + 3 = 0$; $x = -1,5$;
N(−1,5 | 0)

521. $f: x \mapsto y = \frac{3}{4}x - 1,5$

$m = \frac{3}{4}$; T(0 | −1,5)

N: $y = 0$; $\frac{3}{4}x - 1,5 = 0$; $| \cdot 4$

$3x - 6 = 0$; $x = 2$

N(2 | 0)

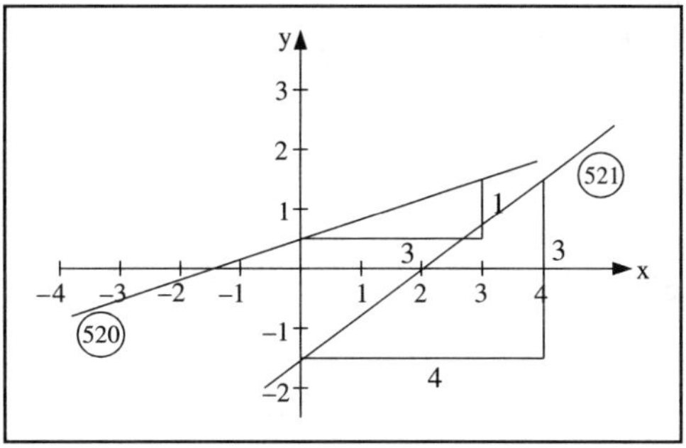

522. $f: x \mapsto y = -\frac{1}{4}x + 1, x \in \mathbb{R}$

$m = -\frac{1}{4}$; T(0 | 1); N: $y = 0$; $-\frac{1}{4}x + 1 = 0; | \cdot (-4)$, $x - 4 = 0$; $x = 4$; N(4 | 0)

523. f: $x \mapsto y = -\frac{2}{3}x + 3$

$m = -\frac{2}{3}$; T(0 | 3)

N: $y = 0; -\frac{2}{3}x + 3 = 0; | \cdot (-3)$

$2x - 9 = 0$

$2x = 9$

$x = \frac{9}{2} = 4{,}5$

N(4,5 | 0)

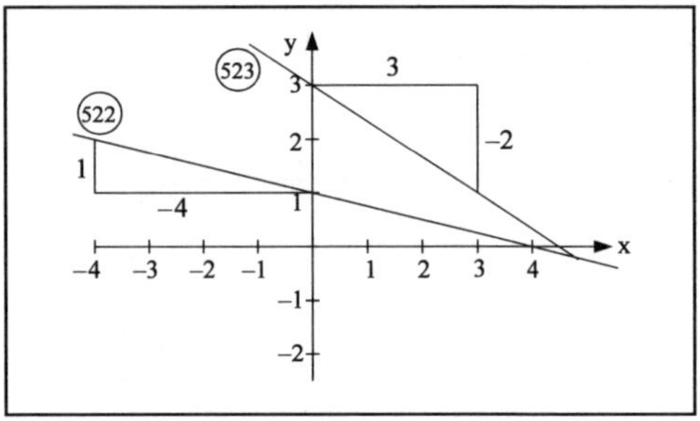

524. f: $x \mapsto y = -\frac{3}{2}x + 3$

$m = -\frac{3}{2}$; T(0|3); N: y = 0; $-\frac{3}{2}x + 3 = 0$ | ·2; $-3x + 6 = 0$; $x = 2$; N(2|0)

525. f: $x \mapsto y = -2x + 1$

$m = -2$; T(0 | 1)

N: $y = 0; -2x + 1 = 0;$

$-2x = -1$

$x = \frac{1}{2}$

N(0,5 | 0)

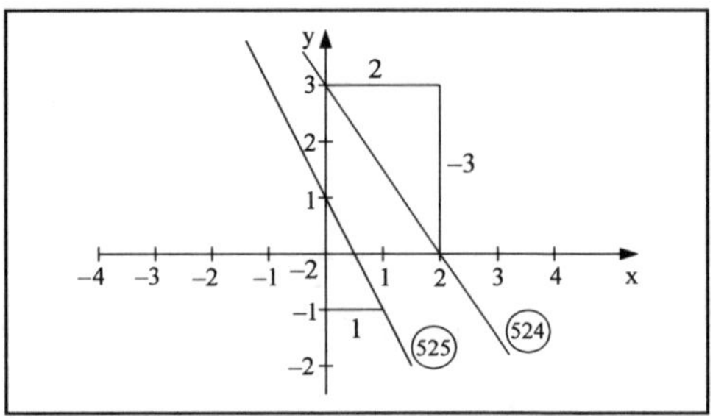

526. f: $x \mapsto y = \frac{4}{3}x + \frac{5}{3}, x \in \mathbb{R}$

$m = \frac{4}{3}$; T$(0 | \frac{5}{3})$; N: y = 0; $\frac{4}{3}x + \frac{5}{3} = 0$; | ·3; $4x + 5 = 0$; $4x = -5$; $x = -\frac{5}{4}$; N(−1,25 | 0)

527. f: $x \mapsto y = \frac{3}{5}x - \frac{2}{5}$

$m = \frac{3}{5}$; T$(0 | -\frac{2}{5})$

N: $y = 0; \frac{3}{5}x - \frac{2}{5} = 0;$ | ·5

$3x - 2 = 0$

$x = \frac{2}{3}$

N$(\frac{2}{3} | 0)$

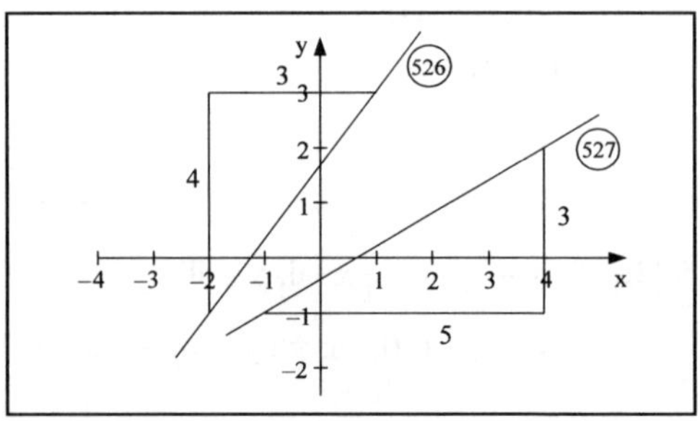

528. P(−1 | 1), Q(2 | −1)

$m = \frac{\Delta y}{\Delta x} = \frac{-1-1}{2-(-1)} = \frac{-2}{3}$; Ansatz: $y = -\frac{2}{3}x + t$; P einsetzen: $1 = -\frac{2}{3} \cdot (-1) + t$;

$t = \frac{1}{3}$; $g: y = -\frac{2}{3}x + \frac{1}{3}$

529. P(−3 | 1), $m = \frac{2}{3}$

Ansatz: $y = \frac{2}{3}x + t$; P einsetzen: $1 = \frac{2}{3} \cdot (-3) + t$; $t = 3$; $g: y = \frac{2}{3}x + 3$

530. P(−4 | −1), Q(−2 | 3)

$m = \frac{\Delta y}{\Delta x} = \frac{3-(-1)}{-2-(-4)} = \frac{4}{2}$; Ansatz: $y = 2x + t$; P einsetzen: $-1 = 2 \cdot (-4) + t$;

$t = 7$; $g: y = 2x + 7$

531. P(1 | 2), $m = -1$

Ansatz: $y = -x + t$; P einsetzen: $2 = -1 + t$; $t = 3$; $g: y = -x + 3$

532. P(−4 | 3), Q(−2 | 0,5)

$m = \frac{\Delta y}{\Delta x} = \frac{0{,}5-3}{-2-(-4)} = \frac{-2{,}5}{2}$; Ansatz: $y = -1{,}25x + t$;

P einsetzen: $3 = -1{,}25 \cdot (-4) + t$; $t = -2$; $g: y = -1{,}25x - 2$

533. P(−1 | −1,5), $m = \frac{4}{3}$

Ansatz: $y = \frac{4}{3}x + t$; P einsetzen: $-1{,}5 = \frac{4}{3} \cdot (-1) + t$; $t = -\frac{1}{6}$;

$g: y = \frac{4}{3}x - \frac{1}{6}$

534. P(−3 | −1), Q(−1 | 2)

$m = \frac{\Delta y}{\Delta x} = \frac{2-(-1)}{-1-(-3)} = \frac{3}{2}$; Ansatz: $y = \frac{3}{2}x + t$; P einsetzen: $-1 = \frac{3}{2} \cdot (-3) + t$;

$t = 3{,}5$; $g: y = 1{,}5x + 3{,}5$

535. P(0,5 | −1), $m = \frac{5}{3}$

Ansatz: $y = \frac{5}{3}x + t$; P einsetzen: $-1 = \frac{5}{3} \cdot (0{,}5) + t$; $t = -\frac{11}{6}$; $g: y = \frac{5}{3}x - \frac{11}{6}$

536. Ungleichung: $\frac{1}{2}x - 1 \leq 0$

zugehörige Geradengleichung: $y = \frac{1}{2}x - 1$

$m = \frac{1}{2}$; $T(0 \mid -1)$; $N(2 \mid 0)$; Zeichnung siehe 14.1 a L =]–∞; 2]

537. Ungleichung: $\frac{2}{3}x + \frac{3}{2} > 0$

zugehörige Geradengleichung: $y = \frac{2}{3}x + \frac{3}{2}$

$m = \frac{2}{3}$; $T(0 \mid 1{,}5)$; $N(-2{,}25 \mid 0)$; Zeichnung siehe 14.1 b L =]–2,25; ∞[

538. Ungleichung: $\frac{1}{3}x + \frac{1}{2} \geq 0$

zugehörige Geradengleichung: $y = \frac{1}{3}x + \frac{1}{2}$

$m = \frac{1}{3}$; $T(0 \mid 0{,}5)$; $N(-1{,}5 \mid 0)$; Zeichnung siehe 14.1 c L = [–1,5; ∞[

539. Ungleichung: $\frac{3}{4}x - \frac{3}{2} < 0$

zugehörige Geradengleichung: $y = \frac{3}{4}x - 1{,}5$

$m = \frac{3}{4}$; $T(0 \mid -1{,}5)$; $N(2 \mid 0)$; Zeichnung siehe 14.1 d L =]–∞; 2[

540. Ungleichung: $-\frac{1}{4}x + 1 \leq 0$

zugehörige Geradengleichung: $y = -\frac{1}{4}x + 1$

$m = -\frac{1}{4}$; $T(0 \mid 1)$; $N(4 \mid 0)$; Zeichnung siehe 14.1 e L = [4; ∞[

541. Ungleichung: $-\frac{2}{3}x + 3 > 0$

zugehörige Geradengleichung: $y = -\frac{2}{3}x + 3$

$m = -\frac{2}{3}$; $T(0 \mid 3)$; $N(4{,}5 \mid 0)$; Zeichnung siehe 14.1 f L =]–∞; 4,5[

542. Ungleichung: $-\frac{3}{2}x + 3 < 0$

zugehörige Geradengleichung: $y = -\frac{3}{2}x + 3$

$m = -\frac{3}{2}$; $T(0 \mid 3)$; $N(2 \mid 0)$; Zeichnung siehe 14.1 g L =]2; ∞[

543. Ungleichung: $-2x + 1 \geq 0$
zugehörige Geradengleichung: $y = -2x + 1$
$m = -2$; $T(0 \mid 1)$; $N(0{,}5 \mid 0)$; Zeichnung siehe 14.1 h L =]–∞; 0,5]

544. Ungleichung: $2x+1<\frac{2}{3}x-\frac{2}{3}; \mid -\frac{2}{3}x+\frac{2}{3}$

$\frac{4}{3}x+\frac{5}{3}<0$

zugehörige Geradengleichung: $y=\frac{4}{3}x+\frac{5}{3}$

$m=\frac{4}{3}$; $T(0\mid\frac{5}{3})$; $N(-1{,}25\mid 0)$; Zeichnung siehe 14.1 i $L =]-\infty; -1{,}25[$

545. Ungleichung: $x-1>\frac{2}{5}x-\frac{3}{5}; \mid -\frac{2}{5}x+\frac{3}{5}$, $\frac{3}{5}x-\frac{2}{5}>0$

zugehörige Geradengleichung: $y=\frac{3}{5}x-\frac{2}{5}$

$m=\frac{3}{5}$; $T(0\mid-\frac{2}{5})$; $N(\frac{2}{3}\mid 0)$; Zeichnung siehe 14.1 j $L = \left]\frac{2}{3}; \infty\right[$

546. Ungleichung: $\frac{x+2}{x}>0$; $D=\mathbb{R}\setminus\{0\}$

Zähler: $z(x)=x+2$
$m_z=1, N_z(-2\mid 0)$
Nenner: $n(x)=x$
$m_n=1, N_n(0\mid 0)$
$L =]-\infty; -2[\cup]0; \infty[=$
$= \mathbb{R}\setminus[-2; 0]$

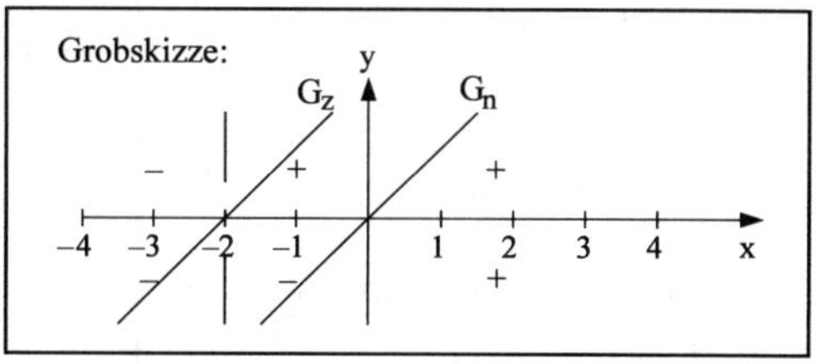

547. Ungleichung: $\frac{3-x}{x}>0$; $D=\mathbb{R}\setminus\{0\}$

Zähler: $z(x)=3-x$
$m_z=-1, N_z(3\mid 0)$
Nenner: $n(x)=x$
$m_n=1, N_n(0\mid 0)$
$L =]0; 3[$

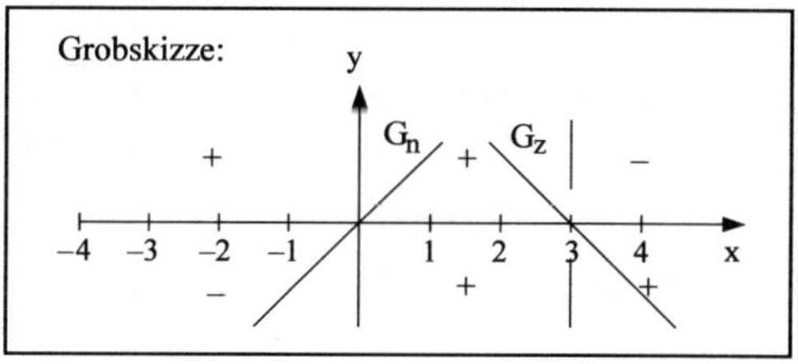

548. Ungleichung: $\frac{x-4}{2x}\le 0$; $D=\mathbb{R}\setminus\{0\}$

Zähler: $z(x)=x-4$
$m_z=1, N_z(4\mid 0)$
Nenner: $n(x)=2x$
$m_n=2, N_n(0\mid 0)$
$L =]0; 4]$

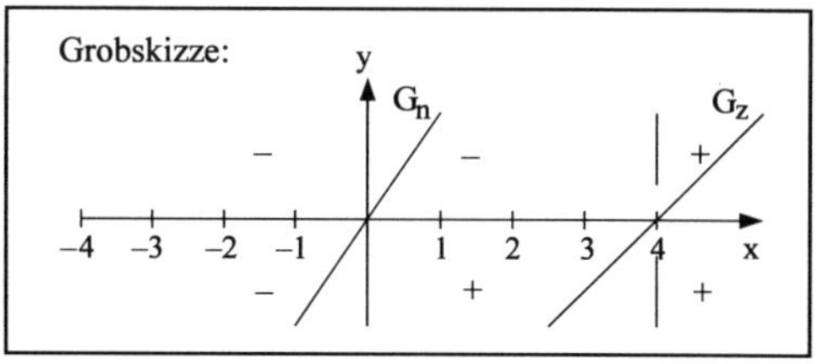

549. Ungleichung: $\frac{2x+5}{x-4} \geq 0$; $D = \mathbb{R} \setminus \{4\}$

Zähler: $z(x) = 2x + 5$
$m_z = 2$,
$N_z(-2{,}5 \mid 0)$
Nenner: $n(x) = x - 4$
$m_n = 1$, $N_n(4 \mid 0)$
$L =]-\infty; -2{,}5] \cup]4; \infty[=$
$= \mathbb{R} \setminus]-2{,}5; 4]$

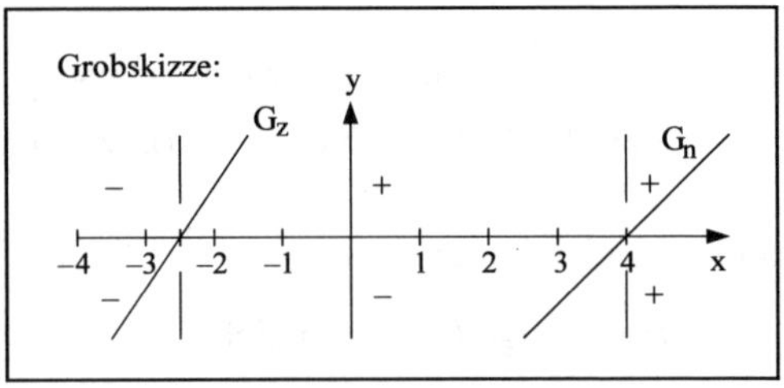

550. Ungleichung: $\frac{2x-7}{2x+1} < 0$; $D = \mathbb{R} \setminus \{-0{,}5\}$

Zähler: $z(x) = 2x - 7$
$m_z = 2$,
$N_z(3{,}5 \mid 0)$
Nenner: $n(x) = 2x + 1$
$m_n = 2$,
$N_n(-0{,}5 \mid 0)$
$L =]-0{,}5; 3{,}5[$

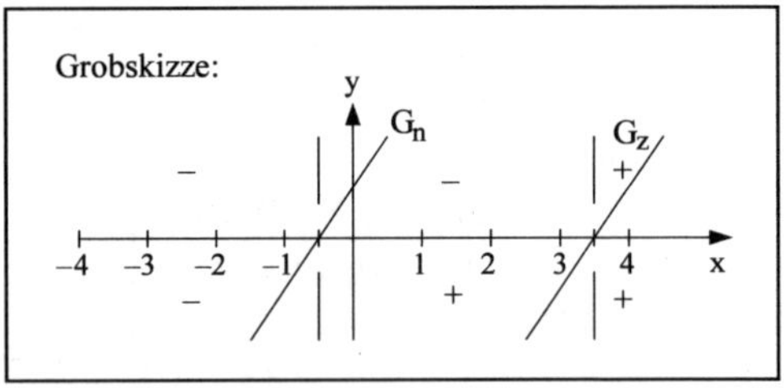

551. Ungleichung: $\frac{5-3x}{5x+2} > 0$; $D = \mathbb{R} \setminus \{-0{,}4\}$

Zähler: $z(x) = 5 - 3x$
$m_z = -3$,
$N_z(\frac{5}{3} \mid 0)$
Nenner: $n(x) = 5x + 2$
$m_n = 5$,
$N_n(-0{,}4 \mid 0)$
$L =]-0{,}4; \frac{5}{3}[$

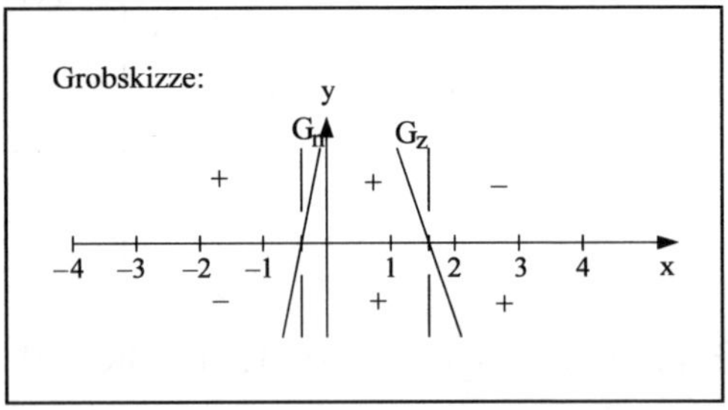

552. Ungleichung: $\frac{4x+5}{3-x} < 2$; $D = \mathbb{R} \setminus \{3\}$

Umformung: $\frac{4x+5}{3-x} - 2 < 0$; $\frac{4x+5}{3-x} - \frac{6-2x}{3-x} < 0$; $\frac{6x-1}{3-x} < 0$;

Zähler: $z(x) = 6x - 1$

$m_z = 6$, $N_z(\frac{1}{6} | 0)$

Nenner: $n(x) = 3 - x$

$m_n = -1$, $N_n(3 | 0)$

$L =]-\infty; \frac{1}{6}[\cup]3; \infty[=$

$= \mathbb{R} \setminus [\frac{1}{6}; 3]$

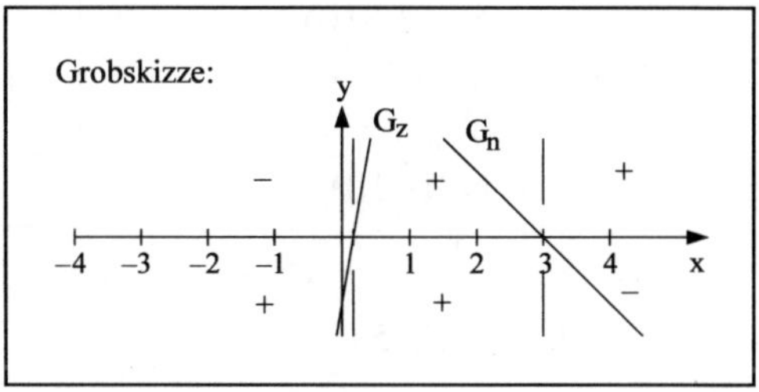

553. Ungleichung: $\frac{x-7}{1-x} \geq 1$; $D = \mathbb{R} \setminus \{1\}$

Umformung: $\frac{x-7}{1-x} - 1 \geq 0$; $\frac{x-7}{1-x} - \frac{1-x}{1-x} \geq 0$; $\frac{2x-8}{1-x} \geq 0$;

Zähler: $z(x) = 2x - 8$

$m_z = 2$, $N_z(4 | 0)$

Nenner: $n(x) = 1 - x$

$m_n = -1$, $N_n(1 | 0)$

$L =]1; 4]$

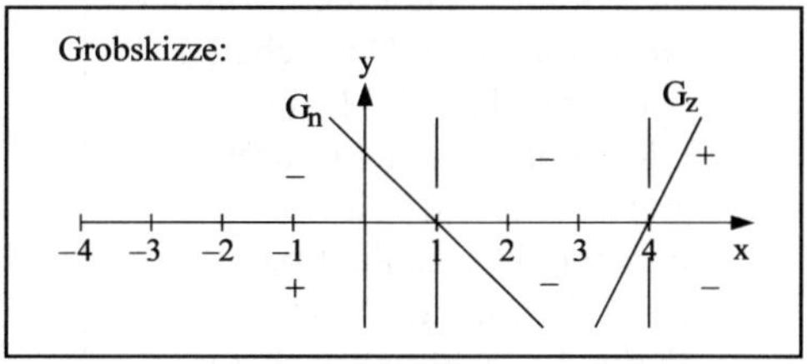

554. Ungleichung: $\frac{6x+3}{-2x+3} > 0$; $D = \mathbb{R} \setminus \{1,5\}$

Zähler: $z(x) = 6x + 3$

$m_z = 6$,

$N_z(-0,5 | 0)$

Nenner: $n(x) = -2x + 3$

$m_n = -2$,

$N_n(1,5 | 0)$

$L =]-0,5; 1,5[$

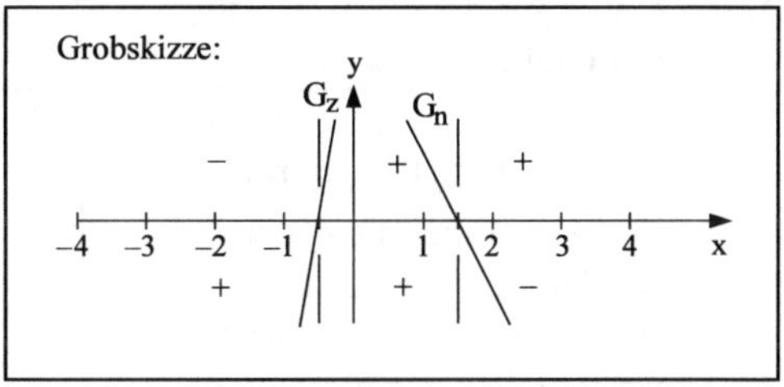

555. Ungleichung: $\frac{4x-10}{-3x+2} < 0$; $D = \mathbb{R} \setminus \left\{\frac{2}{3}\right\}$

Zähler: $z(x) = 4x - 10$
$m_z = 4$,
$N_z(2{,}5 \mid 0)$

Nenner: $n(x) = -3x + 2$
$m_n = -3$,
$N_n(\frac{2}{3} \mid 0)$

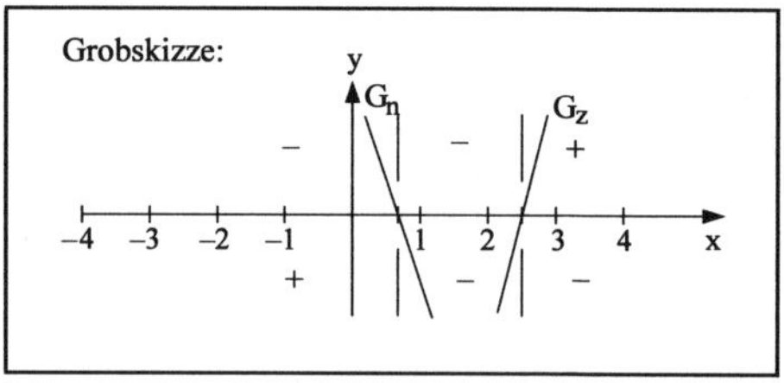

$L =]-\infty; \frac{2}{3}[\cup]2{,}5; \infty[=$
$= \mathbb{R} \setminus [\frac{2}{3}; 2{,}5]$

556. $f: x \mapsto y = x^2 - 1,\ x \in \mathbb{R}$

Wertetabelle:

x	–3	–2	–1	0	1	2	3
y	8	3	0	–1	0	3	8

Der Graph G_f hat die Form der Normalparabel. Der Scheitel der Parabel ist S(0 | –1). Die Parabel entsteht durch Verschieben der Normalparabel um 1 Einheit parallel zur y-Achse nach unten. Die Parabel ist symmetrisch zur y-Achse.

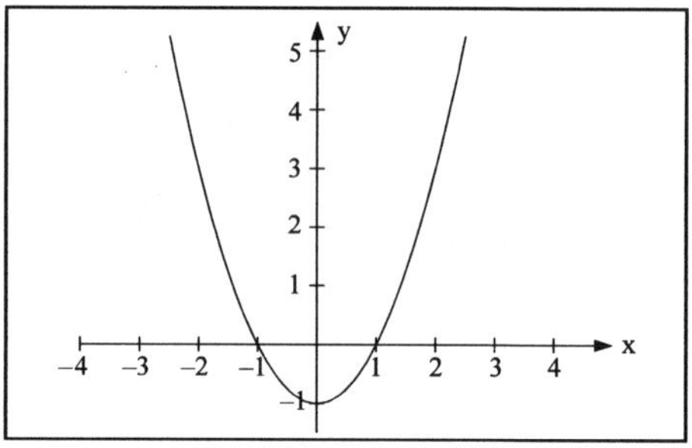

557. $f: x \mapsto y = x^2 + 1{,}5,\ x \in \mathbb{R}$

Wertetabelle:

x	–3	–2	–1	0	1	2	3
y	10,5	5,5	2,5	1,5	2,5	5,5	10,5

Der Graph G_f hat die Form der Normalparabel. Der Scheitel der Parabel ist S(0 | 1,5). Die Parabel entsteht durch Verschieben der Normalparabel um 1,5 Einheiten parallel zur y-Achse nach oben. Die Parabel ist symmetrisch zur y-Achse.

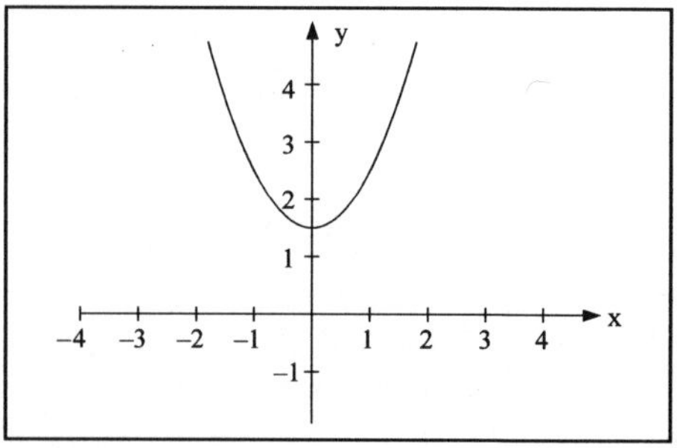

558. f: $x \mapsto y = (x-1)^2, \ x \in \mathbb{R}$

Wertetabelle:

x	–3	–2	–1	0	1	2	3
y	16	9	4	1	0	1	4

Der Graph G_f hat die Form der Normalparabel. Der Scheitel der Parabel ist S(1 | 0).
Die Parabel entsteht durch Verschieben der Normalparabel um 1 Einheit parallel zur x-Achse nach rechts. Die Parabel ist symmetrisch zu g: x = 1.

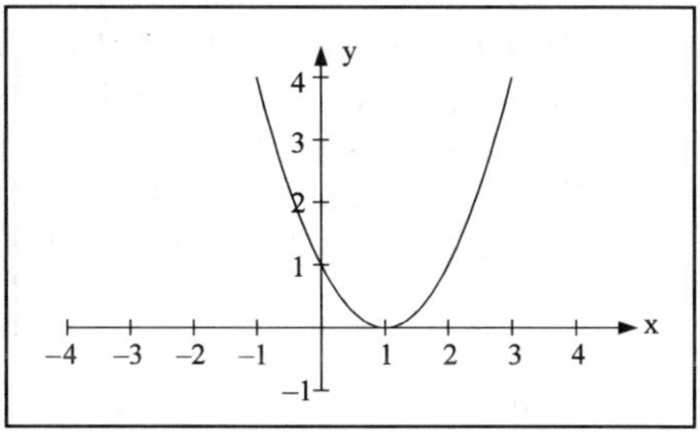

559. f: $x \mapsto y = (x+2{,}5)^2, \ x \in \mathbb{R}$

Wertetabelle:

x	– 4	–3	–2	–1	0	1
y	2,25	0,25	0,25	2,25	6,25	12,25

Der Graph G_f hat die Form der Normalparabel. Der Scheitel der Parabel ist S(–2,5 | 0).
Die Parabel entsteht durch Verschieben der Normalparabel um 2,5 Einheiten parallel zur x-Achse nach links. Die Parabel ist symmetrisch zu g: x = –2,5.

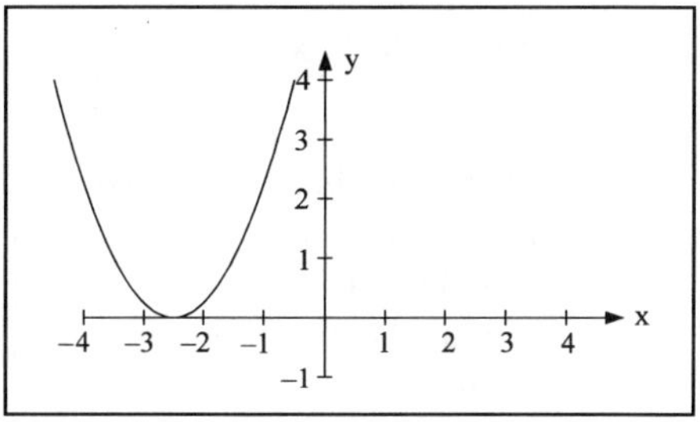

560. f: $x \mapsto y = (x-4)^2, \ x \in \mathbb{R}$

Wertetabelle:

x	–2	–1	0	1	2	3	4	5
y	36	25	16	9	4	1	0	1

Der Graph G_f hat die Form der Normalparabel. Der Scheitel der Parabel ist S(4 | 0).
Die Parabel entsteht durch Verschieben der Normalparabel um 4 Einheiten parallel zur x-Achse nach rechts. Die Parabel ist symmetrisch zu g: x = 4.

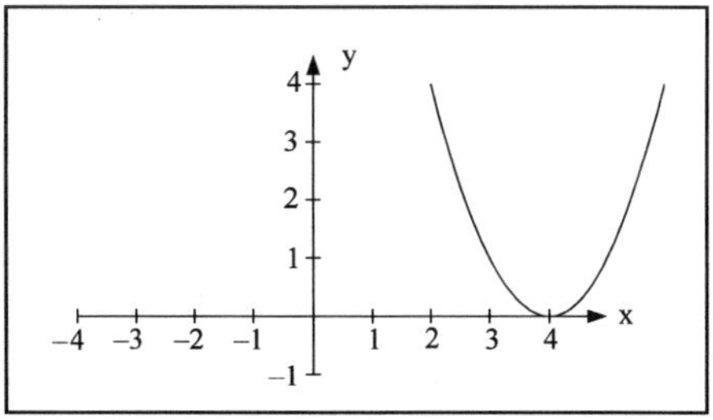

561. f: $x \mapsto y = (x+2)^2 - 1, \; x \in \mathbb{R}$

Wertetabelle:

x	−4	−3	−2	−1	0	1	2
y	3	0	−1	0	3	8	15

Der Graph G_f hat die Form der Normalparabel. Der Scheitel der Parabel ist S(−2 | −1). Die Parabel entsteht durch Verschieben der Normalparabel um 2 Einheiten parallel zur x-Achse nach links und 1 Einheit parallel zur y-Achse nach unten. Die Parabel ist symmetrisch zu g: x = −2.

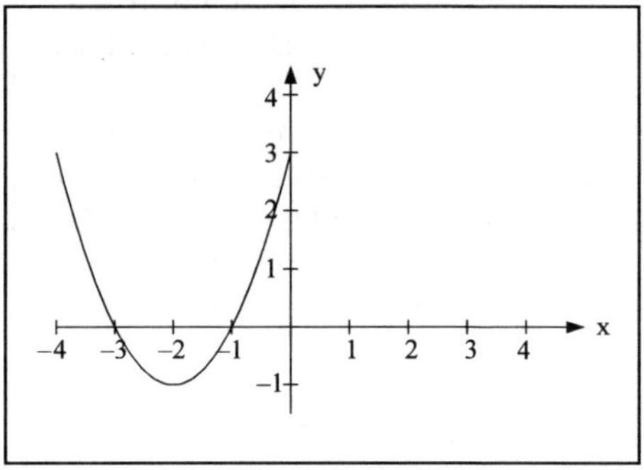

562. f: $x \mapsto y = (x-3)^2 + 2, \; x \in \mathbb{R}$

Wertetabelle:

x	−2	−1	0	1	2	3	4
y	27	18	11	6	3	2	3

Der Graph G_f hat die Form der Normalparabel. Der Scheitel der Parabel ist S(3 | 2). Die Parabel entsteht durch Verschieben der Normalparabel um 3 Einheiten parallel zur x-Achse nach rechts und 2 Einheiten parallel zur y-Achse nach oben. Die Parabel ist symmetrisch zu g: x = 3.

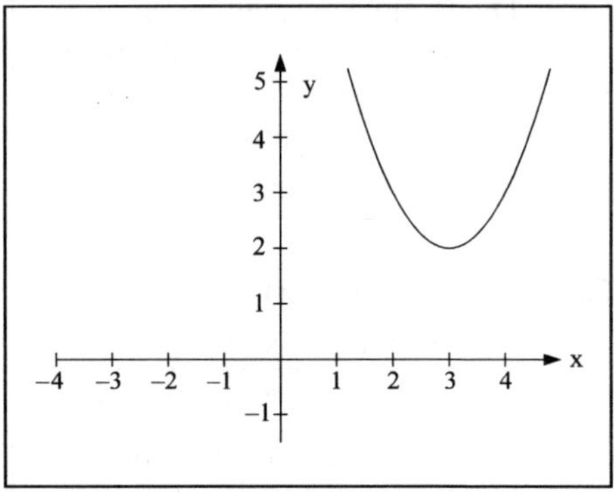

563. $f: x \mapsto y = (x+2{,}5)^2 + 1{,}5, \ x \in \mathbb{R}$

Wertetabelle:

x	−4	−3	−2	−1	0	1
y	3,75	1,75	1,75	3,75	7,75	13,75

Der Graph G_f hat die Form der Normalparabel. Der Scheitel der Parabel ist S(–2,5 | 1,5). Die Parabel entsteht durch Verschieben der Normalparabel um 2,5 Einheiten parallel zur x-Achse nach links und 1,5 Einheiten parallel zur y-Achse nach oben. Die Parabel ist symmetrisch zu g: x = –2,5.

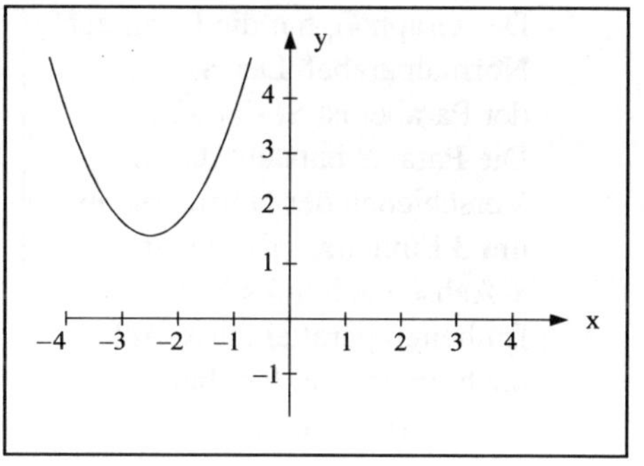

564. $f: x \mapsto y = (x-1{,}5)^2 - 2, \ x \in \mathbb{R}$

Wertetabelle:

x	−2	−1	0	1	2	3
y	10,25	4,25	0,25	−1,75	−1,75	0,25

Der Graph G_f hat die Form der Normalparabel. Der Scheitel der Parabel ist S(1,5 | –2). Die Parabel entsteht durch Verschieben der Normalparabel um 1,5 Einheiten parallel zur x-Achse nach rechts und 2 Einheiten parallel zur y-Achse nach unten. Die Parabel ist symmetrisch zu g: x = 1,5.

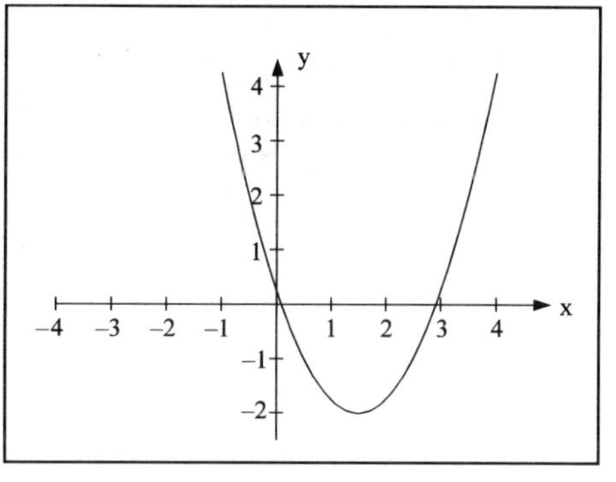

565. f: $x \mapsto y = (x+3)^2 - 2, \; x \in \mathbb{R}$

Wertetabelle:

x	–4	–3	–2	–1	0	1	2
y	–1	–2	–1	2	7	14	23

Der Graph G_f hat die Form der Normalparabel. Der Scheitel der Parabel ist S(–3 | –2). Die Parabel entsteht durch Verschieben der Normalparabel um 3 Einheiten parallel zur x-Achse nach links und 2 Einheiten parallel zur y-Achse nach unten. Die Parabel ist symmetrisch zu g: x = –3.

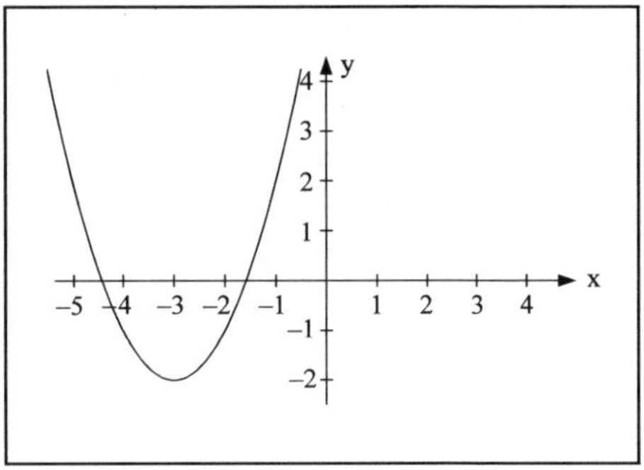

566. f: $x \mapsto y = -x^2 + 1, \; x \in \mathbb{R}$

Wertetabelle:

x	–3	–2	–1	0	1	2	3
y	–8	–3	0	1	0	–3	–8

Scheitel: S(0 | 1)
Symmetrieachse: y-Achse

Öffnung: nach unten
Form: Normalparabel

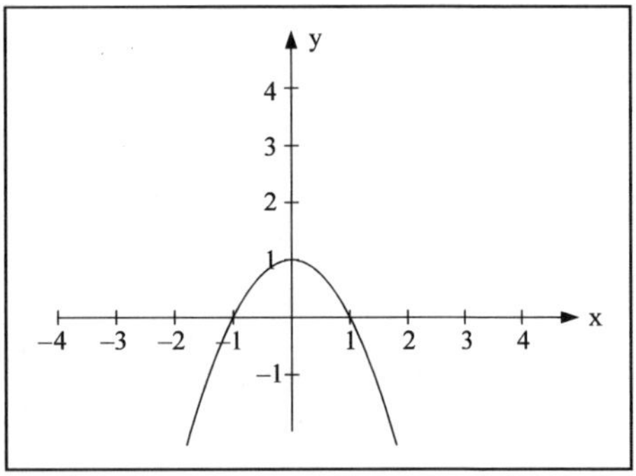

567. f: $x \mapsto y = -x^2 + 4,\ x \in \mathbb{R}$

Wertetabelle:

x	–3	–2	–1	0	1	2	3
y	–5	0	3	4	3	0	–5

Scheitel: S(0 | 4)
Symmetrieachse: y-Achse
Öffnung: nach unten
Form: Normalparabel

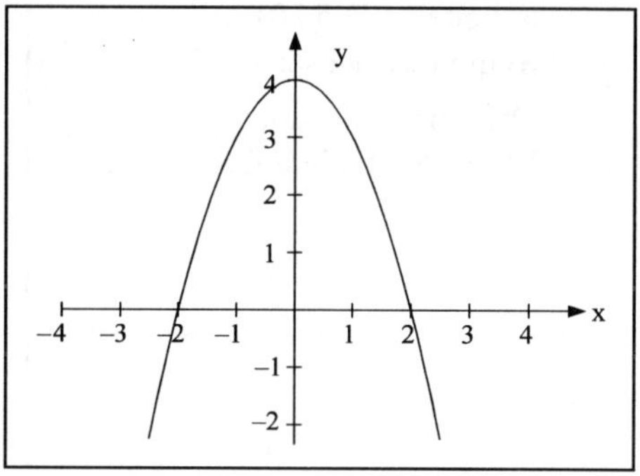

568. f: $x \mapsto y = -(x+2)^2,\ x \in \mathbb{R}$

Wertetabelle:

x	– 4	–3	–2	–1	0	1	2
y	– 4	–1	0	–1	– 4	–9	–16

Scheitel: S(–2 | 0)
Symmetrieachse: x = –2
Öffnung: nach unten
Form: Normalparabel

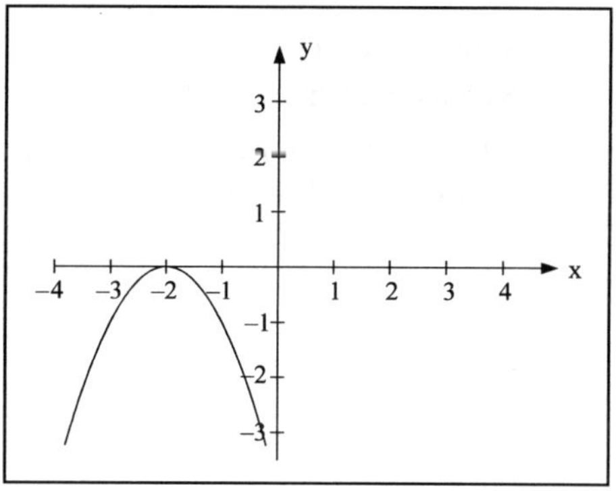

569. f: $x \mapsto y = -(x-2{,}5)^2$, $x \in \mathbb{R}$

Wertetabelle:

x	–1	0	1	2	3	4
y	–12,25	–6,25	–2,25	–0,25	–0,25	–2,25

Scheitel: S(2,5 | 0)
Symmetrieachse: x = 2,5
Öffnung: nach unten
Form: Normalparabel

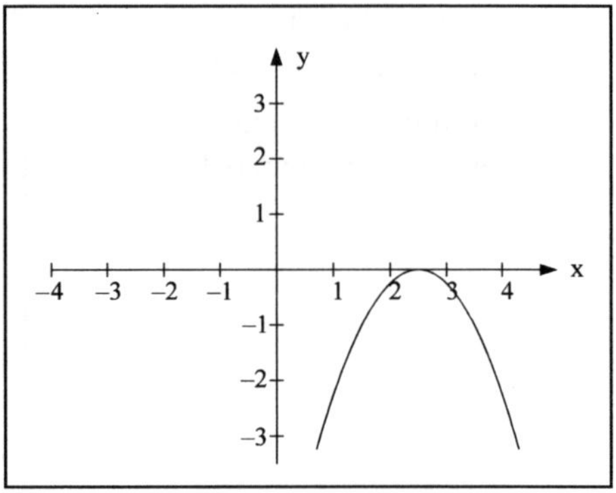

570. f: $x \mapsto y = -(x-2)^2 + 4$, $x \in \mathbb{R}$

Wertetabelle:

x	–2	–1	0	1	2	3	4
y	–12	–5	0	3	4	3	0

Scheitel: S(2 | 4)
Symmetrieachse: x = 2
Öffnung: nach unten
Form: Normalparabel

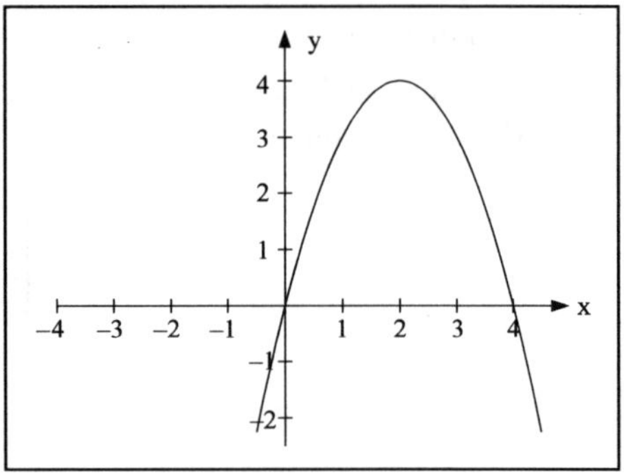

571. f: $x \mapsto y = -(x+1)^2 + 2, \ x \in \mathbb{R}$

Wertetabelle:

x	−4	−3	−2	−1	0	1	2
y	−7	−2	1	2	1	−2	−7

Scheitel: S(−1 | 2)
Symmetrieachse: x = −1
Öffnung: nach unten
Form: Normalparabel

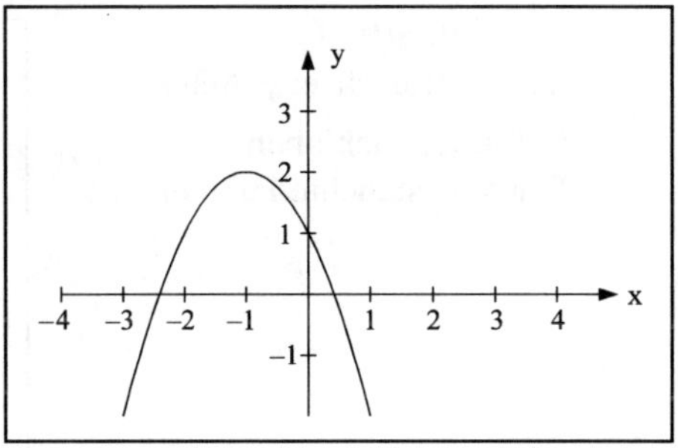

572. f: $x \mapsto y = \frac{1}{2}x^2 - 2, \ x \in \mathbb{R}$

Wertetabelle:

x	−3	−2	−1	0	1	2	3
y	2,5	0	−1,5	−2	−1,5	0	2,5

Scheitel: S(0 | −2)
Symmetrieachse: y-Achse
Öffnung: nach oben
Form: gestauchte Parabel

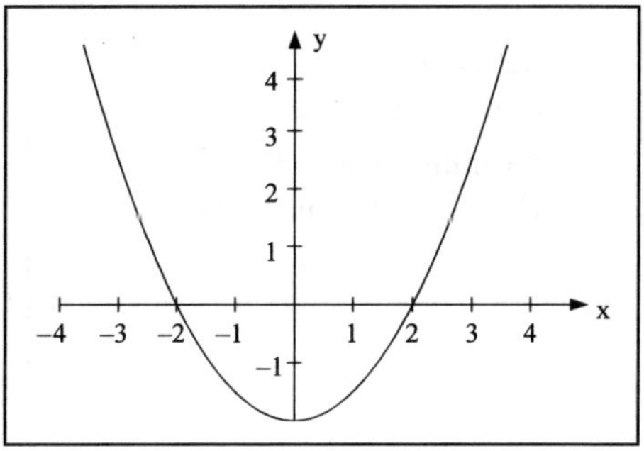

573. $f: x \mapsto y = \frac{1}{4}x^2 + 1,\ x \in \mathbb{R}$

Wertetabelle:

x	–3	–2	–1	0	1	2	3
y	3,25	2	1,25	1	1,25	2	3,25

Scheitel: S(0 | 1)
Symmetrieachse: y-Achse
Öffnung: nach oben
Form: gestauchte Parabel

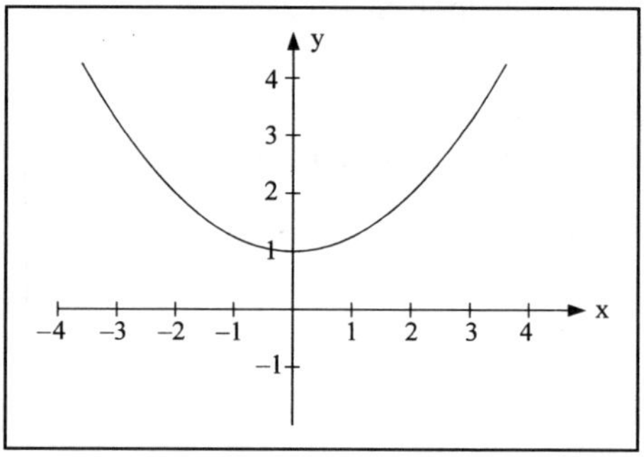

574. $f: x \mapsto y = \frac{1}{2}(x - 2{,}5)^2,\ x \in \mathbb{R}$

Wertetabelle:

x	–1,5	–0,5	0,5	1,5	2,5	3,5	4,5
y	8	4,5	2	0,5	0	0,5	2

Scheitel: S(2,5 | 0)
Symmetrieachse: x = 2,5
Öffnung: nach oben
Form: gestauchte Parabel

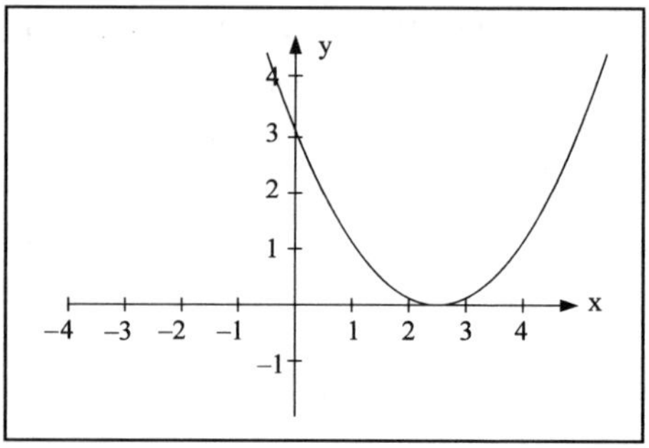

575. f: $x \mapsto y = \frac{1}{2}(x+1{,}5)^2$, $x \in \mathbb{R}$

Wertetabelle:

x	–3,5	–2,5	–1,5	–0,5	0,5	1,5	2,5
y	2	0,5	0	0,5	2	4,5	8

Scheitel: S(–1,5 | 0)
Symmetrieachse: x = –1,5
Öffnung: nach oben
Form: gestauchte Parabel

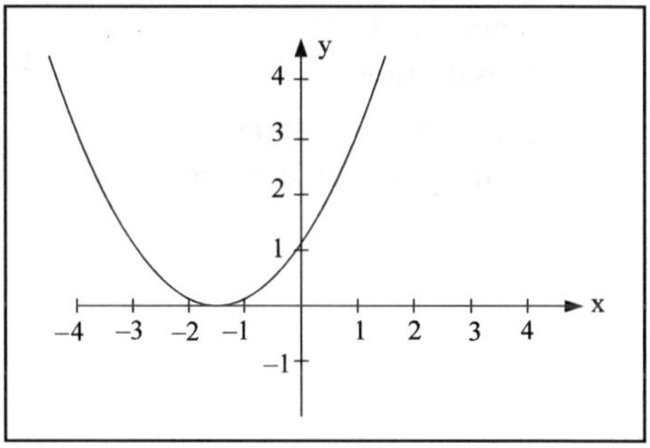

576. f: $x \mapsto y = \frac{1}{2}(x-2)^2 - 2$, $x \in \mathbb{R}$

Wertetabelle:

x	–2	–1	0	1	2	3	4
y	6	2,5	0	–1,5	–2	–1,5	0

Scheitel: S(2 | –2)
Symmetrieachse: x = 2
Öffnung: nach oben
Form: gestauchte Parabel

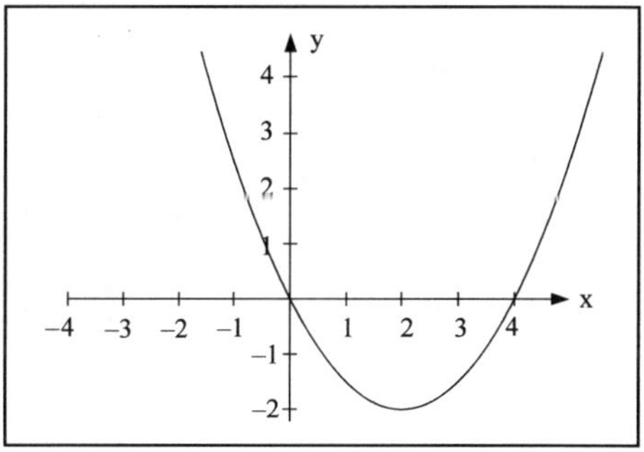

577. $f: x \mapsto y = -\frac{1}{2}(x+2)^2 + 2,\ x \in \mathbb{R}$

Wertetabelle:

x	–4	–3	–2	–1	0	1	2
y	0	1,5	2	1,5	0	–2,5	–6

Scheitel: S(–2 | 2)
Symmetrieachse: x = –2
Öffnung: nach unten
Form: gestauchte Parabel

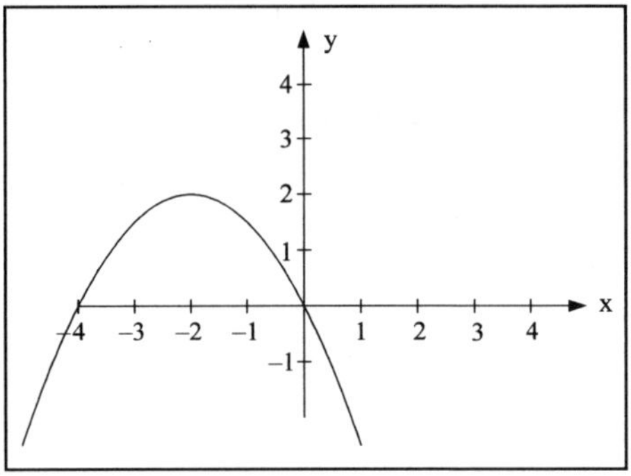

578. $f: x \mapsto y = -\frac{1}{2}(x-1)^2 + 4{,}5,\ x \in \mathbb{R}$

Wertetabelle:

x	–3	–2	–1	0	1	2	3	4
y	–3,5	0	2,5	4	4,5	4	2,5	0

Scheitel: S(1 | 4,5)
Symmetrieachse: x = 1
Öffnung: nach unten
Form: gestauchte Parabel

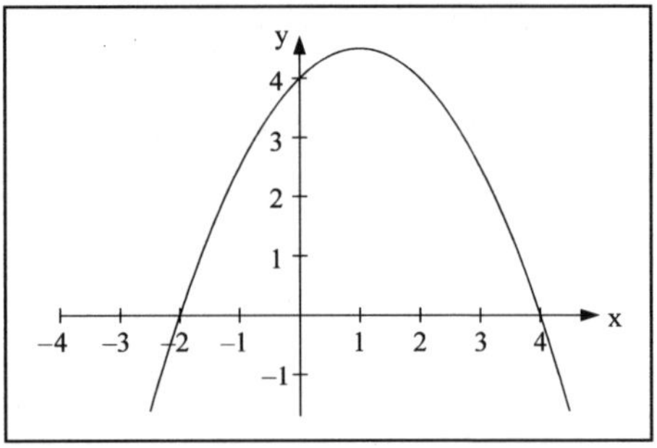

579. $f: x \mapsto y = -\frac{1}{4}(x-1)^2 + 1, \quad x \in \mathbb{R}$

Wertetabelle:

x	–3	–2	–1	0	1	2	3	4
y	–3	–1,25	0	0,75	1	0,75	0	–1,25

Scheitel: S(1 | 1)
Symmetrieachse: x = 1
Öffnung: nach unten
Form: gestauchte Parabel

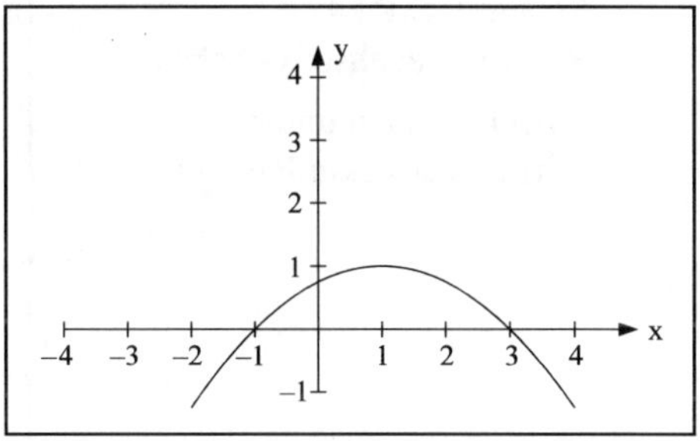

580. $f: x \mapsto y = 2x^2 - 2, \quad x \in \mathbb{R}$

Wertetabelle:

x	–3	–2	–1	0	1	2	3
y	16	6	0	–2	0	6	16

Scheitel: S(0 | –2)
Symmetrieachse: y-Achse
Öffnung: nach oben
Form: gestreckte Parabel

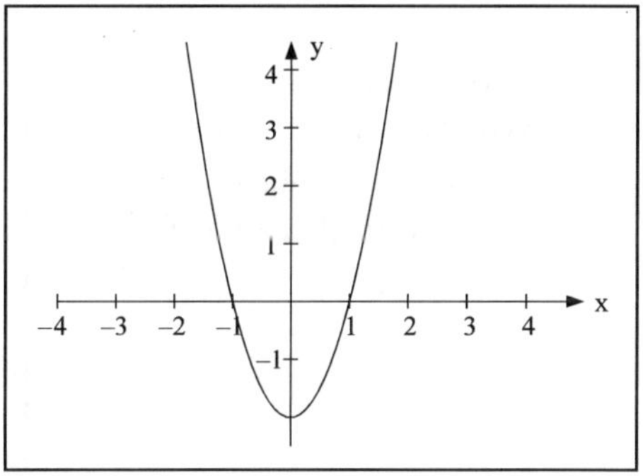

581. f: $x \mapsto y = -2x^2 + 4,\ x \in \mathbb{R}$

Wertetabelle:

x	−3	−2	−1	0	1	2	3
y	−14	− 4	2	4	2	− 4	−14

Scheitel: S(0 | 4)
Symmetrieachse: y-Achse

Öffnung: nach unten
Form: gestreckte Parabel

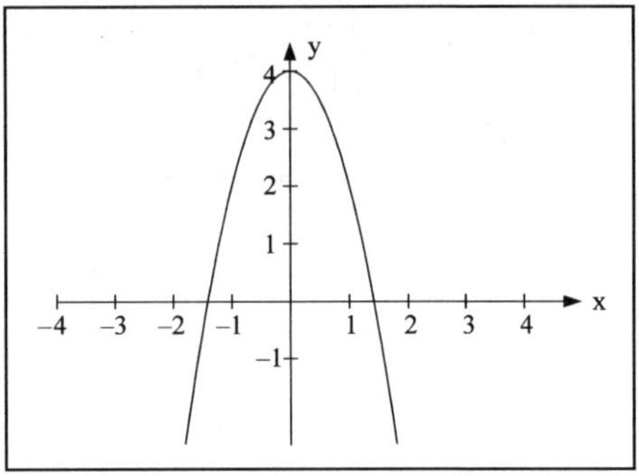

582. f: $x \mapsto y = 2(x + 2)^2,\ x \in \mathbb{R}$

Wertetabelle:

x	− 4	−3	−2	−1	0	1	2
y	8	2	0	2	8	18	32

Scheitel: S(−2 | 0)
Symmetrieachse: x = −2

Öffnung: nach oben
Form: gestreckte Parabel

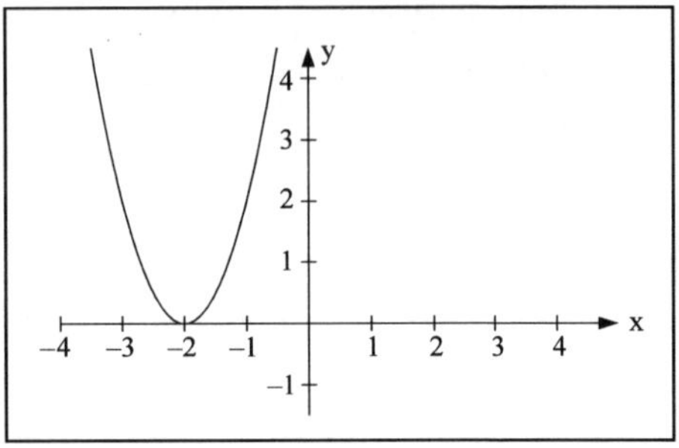

583. $f: x \mapsto y = -2(x-3)^2, \; x \in \mathbb{R}$

Wertetabelle:

x	–2	–1	0	1	2	3	4
y	–50	–32	–18	–8	–2	0	–2

Scheitel: S(3 | 0)
Symmetrieachse: x = 3

Öffnung: nach unten
Form: gestreckte Parabel

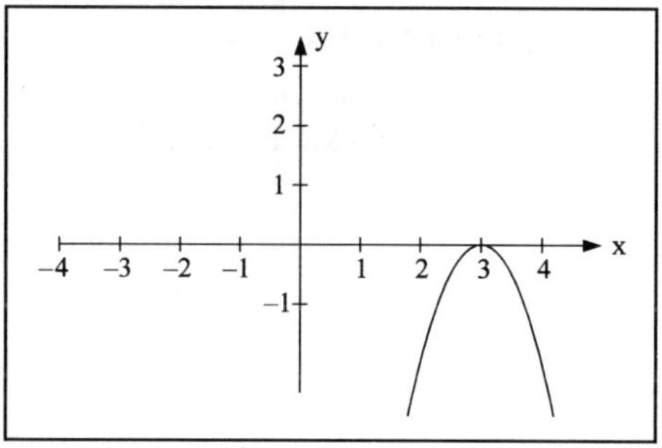

584. $f: x \mapsto y = 2(x-2)^2 - 2, \; x \in \mathbb{R}$

Wertetabelle:

x	–2	–1	0	1	2	3	4
y	30	16	6	0	–2	0	6

Scheitel: S(2 | –2)
Symmetrieachse: x = 2

Öffnung: nach oben
Form: gestreckte Parabel

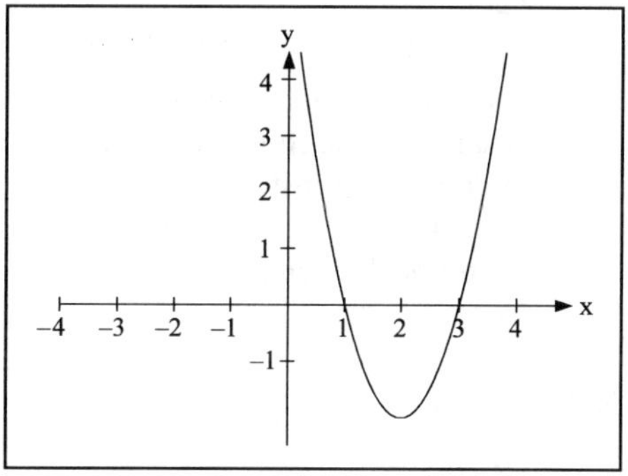

585. $f: x \mapsto y = -2(x+2)^2 + 2,\ x \in \mathbb{R}$

Wertetabelle:

x	−4	−3	−2	−1	0	1	2
y	−6	0	2	0	−6	−16	−30

Scheitel: S(−2 | 2)
Symmetrieachse: x = −2
Öffnung: nach unten
Form: gestreckte Parabel

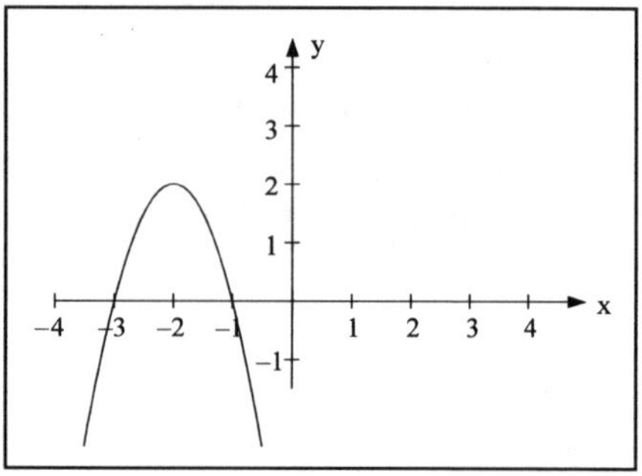

586. $f: x \mapsto y = x^2 - 1,\ x \in \mathbb{R}$

Nullstellen: $x^2 - 1 = 0;\ x^2 = 1;\ x_{1,2} = \pm 1;\ x_1 = -1,\ x_2 = 1$

Scheitel: sofort ablesbar

S(0 | −1)

oder

$x_S = 0{,}5\,(x_1 + x_2) = 0{,}5\,(-1+1) = 0$

Die y-Koordinate y_S des Scheitels erhält man durch Einsetzen von x_S in den Funktionsterm:
$y_S = 0 - 1 = -1;$ S(0 | −1)
Form: nach oben geöffnete Normalparabel

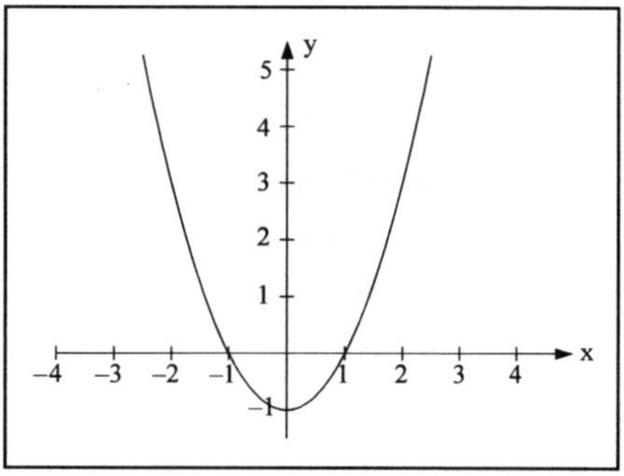

587. $f: x \mapsto y = x^2 + 1{,}5,\ x \in \mathbb{R}$

Nullstellen:
$x^2 + 1{,}5 = 0;\ x^2 = -1{,}5;$
keine Nullstellen
Scheitel: sofort ablesbar

S(0 | 1,5)

Form: nach oben geöffnete Normalparabel

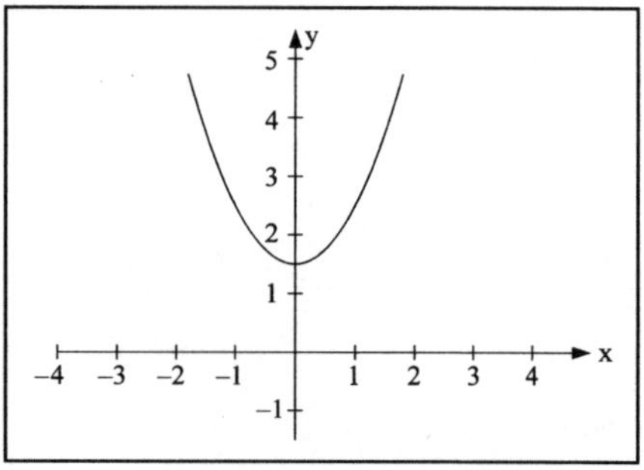

588. $f\colon x \mapsto y = x^2 + 2x + 1,\ x \in \mathbb{R}$
Nullstellen: $x^2 + 2x + 1 = 0; (x+1)^2 = 0; x_{1,2} = -1$; (doppelt)

Bei der Nullstelle ist also ein Berührpunkt der Parabel mit der x-Achse und gleichzeitig der Scheitelpunkt.

Scheitel: s. o. oder ablesbar aus $y = (x+1)^2$: $S(-1 \mid 0)$
Form: nach oben geöffnete Normalparabel

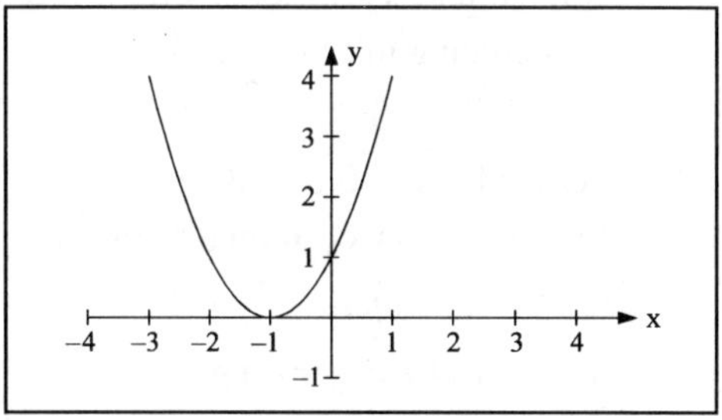

589. $f\colon x \mapsto y = x^2 + 5x + 6{,}25,\ x \in \mathbb{R}$
Nullstellen: $x^2 + 5x + 6{,}25 = 0; (x+2{,}5)^2 = 0; x_{1,2} = -2{,}5$; (doppelt)
Also liegt Berührpunkt vor.
Oder:

Berechnung mit Lösungsformel: Diskriminante
$D = 5^2 - 4 \cdot 1 \cdot 6{,}25 = 0$
$x_{1,2} = 0{,}5 \cdot (-5 \pm 0) = -2{,}5$

Scheitel: ablesbar aus $y = (x+2{,}5)^2$: $S(-2{,}5 \mid 0)$
Form: nach oben geöffnete Normalparabel

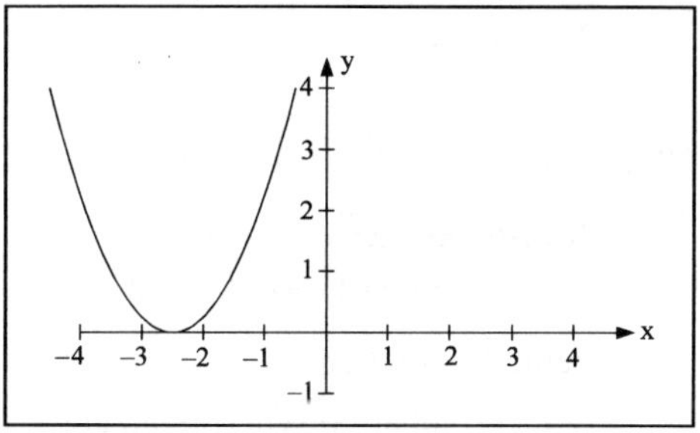

590. $f\colon x \mapsto y = x^2 - 8x + 16,\ x \in \mathbb{R}$
Nullstellen: $x^2 - 8x + 16 = 0; (x-4)^2 = 0; x_{1,2} = 4$; (doppelt)
Also liegt Berührpunkt vor.
Oder:

Berechnung mit Lösungsformel: Diskriminante
$D = (-8)^2 - 4 \cdot 1 \cdot 16 = 0$
$x_{1,2} = 0{,}5 \cdot (8 \pm 0) = 4$

Scheitel: ablesbar aus $y = (x-4)^2$: $S(4 \mid 0)$
Form: nach oben geöffnete Normalparabel

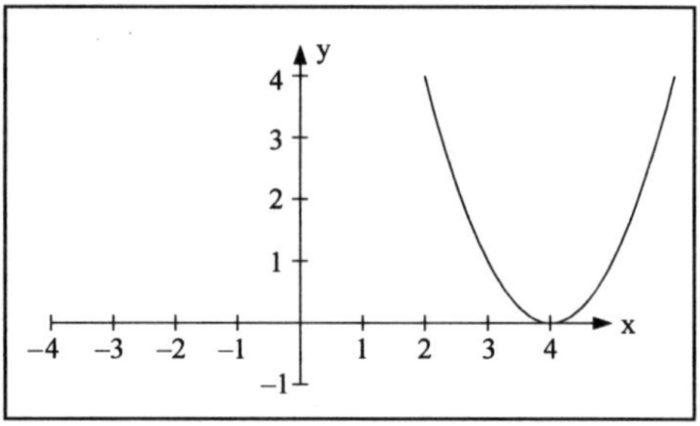

591. $f: x \mapsto y = x^2 + 4x + 3, \ x \in \mathbb{R}$

Nullstellen: $x^2 + 4x + 3 = 0; (x+3)\cdot(x+1) = 0; x_1 = -3, x_2 = -1;$ *oder*
Berechnung mit Lösungsformel:
Diskriminante $D = 4^2 - 4\cdot 1\cdot 3 = 4$; $x_{1,2} = 0{,}5\cdot(-4 \pm \sqrt{4}) = 0{,}5\cdot(-4 \pm 2)$

Scheitel: $x_S = 0{,}5\cdot(-3-1) = -2$
Einsetzen von x_S in Funktionsterm: $y_S = (-2)^2 + 4\cdot(-2) + 3 = -1$

$S(-2 \mid -1)$ *oder*
quadratische Ergänzung:
$y = x^2 + 4x + 3 =$
$= x^2 + 4x + 2^2 - 2^2 + 3 =$
$= (x+2)^2 - 1.$
Also: $S(-2 \mid -1)$
Form: nach oben geöffnete Normalparabel

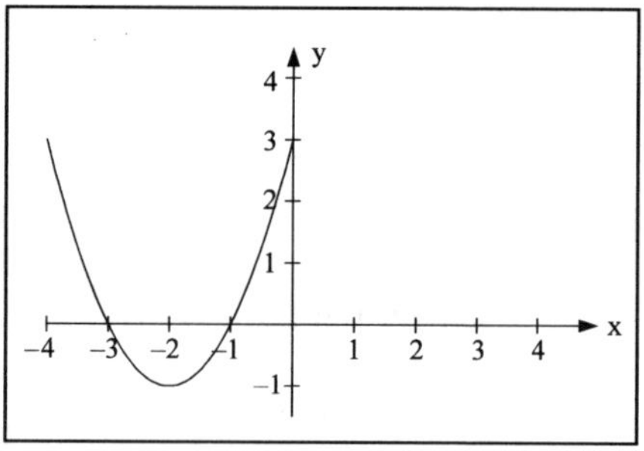

592. $f: x \mapsto y = x^2 - 6x + 11, \ x \in \mathbb{R}$

Nullstellen: $x^2 - 6x + 11 = 0;$
Diskriminante $D = (-6)^2 - 4\cdot 1\cdot 11 = -8 < 0:$

keine Nullstellen
Scheitel: quadratische Ergänzung
$y = x^2 - 6x + 11 =$
$= x^2 - 6x + 3^2 - 3^2 + 11 =$
$= (x-3)^2 + 2$
Also: $S(3 \mid 2)$
Form: nach oben geöffnete Normalparabel

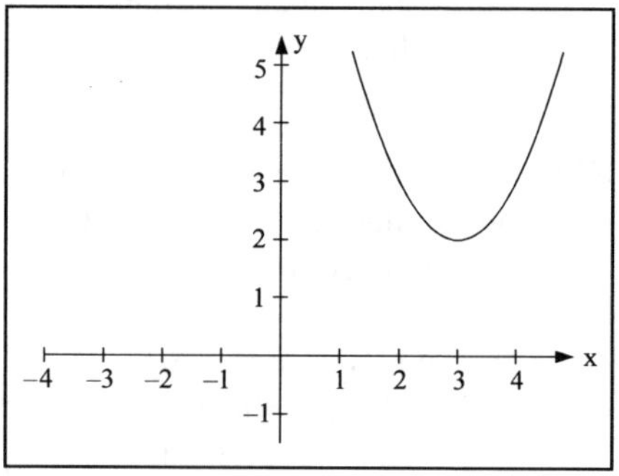

593. f: $x \mapsto y = x^2 + 5x + 7,75,\ x \in \mathbb{R}$

Nullstellen: $x^2 + 5x + 7,75 = 0$;
Diskriminante $D = (5)^2 - 4 \cdot 1 \cdot 7,75 = -6 < 0$:

keine Nullstellen

Scheitel: quadratische Ergänzung

$y = x^2 + 5x + 7,75 =$
$= x^2 + 5x + 2,5^2 - 2,5^2 + 7,75 =$
$= (x + 2,5)^2 + 1,5$

Also: S(–2,5 | 1,5)

Form: nach oben geöffnete Normalparabel

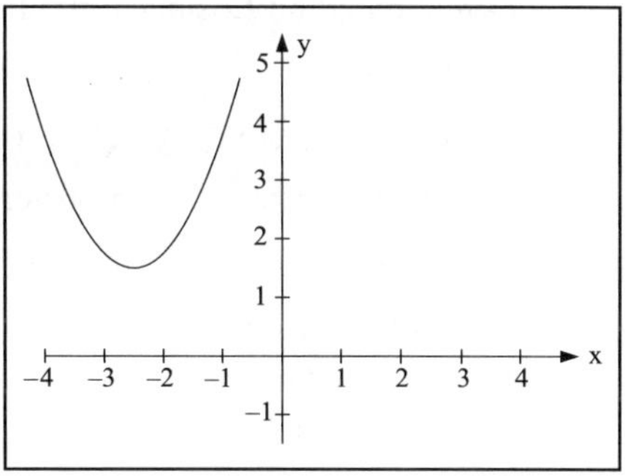

594. f: $x \mapsto y = x^2 - 3x + 0,25,\ x \in \mathbb{R}$

Nullstellen: $x^2 - 3x + 0,25 = 0$;
Diskriminante $D = (-3)^2 - 4 \cdot 1 \cdot 0,25 = 8$
Berechnung mit Lösungsformel: $x_{1,2} = 0,5 \cdot (3 \pm \sqrt{8}) = 0,5 \cdot (3 \pm 2\sqrt{2})$

$x_1 = 1,5 - \sqrt{2},\ x_2 = 1,5 + \sqrt{2}$

Scheitel: $x_S = 0,5 \cdot (1,5 - \sqrt{2} + 1,5 + \sqrt{2}) = 1,5$

Einsetzen von x_S in Funktionsterm:

$y_S = (1,5)^2 - 3 \cdot (1,5) + 0,25 = -2$

S(1,5 | –2) *oder*

quadratische Ergänzung:

$y = x^2 - 3x + 0,25 =$
$= x^2 - 3x + (1,5)^2 - (1,5)^2 + 0,25 =$
$= (x - 1,5)^2 - 2$. Also: S(1,5 | –2)

Form: nach oben geöffnete Normalparabel

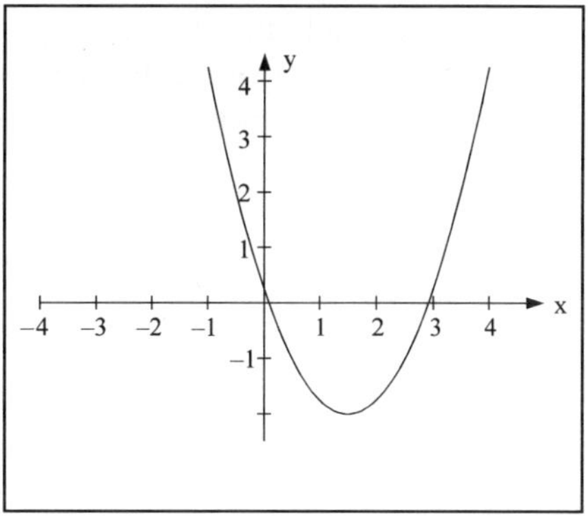

595. f: $x \mapsto y = x^2 + 6x + 7, \; x \in \mathbb{R}$

Nullstellen: $x^2 + 6x + 7 = 0$;
Diskriminante $D = (6)^2 - 4 \cdot 1 \cdot 7 = 8$
Berechnung mit Lösungsformel: $x_{1,2} = 0{,}5 \cdot (-6 \pm \sqrt{8}) = 0{,}5 \cdot (-6 \pm 2\sqrt{2})$
$x_1 = -3 - \sqrt{2}, x_2 = -3 + \sqrt{2}$

Scheitel: $x_S = 0{,}5 \cdot (-3 - \sqrt{2} - 3 + \sqrt{2}) = -3$
Einsetzen von x_S in Funktionsterm: $y_S = (-3)^2 + 6 \cdot (-3) + 7 = -2$

S(–3 | –2) *oder*

quadratische Ergänzung:
$y = x^2 + 6x + 7 =$
$= x^2 + 6x + (3)^2 - (3)^2 + 7 =$
$= (x+3)^2 - 2.$

Also: S(–3 | – 2)
Form: nach oben geöffnete Normalparabel

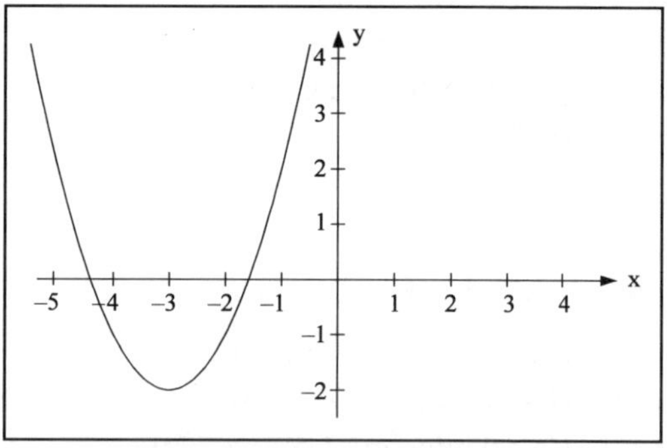

596. f: $x \mapsto y = -x^2 + 1, \; x \in \mathbb{R}$

Nullstellen: $-x^2 + 1 = 0$; $x^2 = 1$; $x_{1,2} = \pm 1$; $x_1 = -1, x_2 = 1$

Scheitel: ablesbar aus Term $y = -x^2 + 1$: S(0 | 1)
Form: nach unten geöffnete Normalparabel
Skizze: siehe Aufgabe 566

597. f: $x \mapsto y = -x^2 + 4, \; x \in \mathbb{R}$

Nullstellen: $-x^2 + 4 = 0$; $x^2 = 4$; $x_{1,2} = \pm 2$; $x_1 = -2, x_2 = 2$

Scheitel: ablesbar aus Term $y = -x^2 + 4$: S(0 | 4)
Form: nach unten geöffnete Normalparabel
Skizze: siehe Aufgabe 567

598. $f: x \mapsto y = -x^2 - 4x - 4, \ x \in \mathbb{R}$

Nullstellen: $-x^2 - 4x - 4 = 0; \ -(x^2 + 4x + 4) = 0;$

$-(x+2)^2 = 0; \ x_{1,2} = -2$ (Berührstelle)

Scheitel: ergibt sich aus Berührstelle S(–2 | 0) *oder* aus Term $y = -(x+2)^2$

Form: nach unten geöffnete Normalparabel

Skizze: siehe Aufgabe 568

599. $f: x \mapsto y = -x^2 + 5x - 6{,}25, \ x \in \mathbb{R}$

Nullstellen: $-x^2 + 5x - 6{,}25 = 0; \ -(x^2 - 5x + 6{,}25) = 0;$

$-(x - 2{,}5)^2 = 0; \ x_{1,2} = 2{,}5$ (Berührstelle)

Scheitel: ergibt sich aus Berührstelle S(2,5 | 0) *oder* aus Term $y = -(x - 2{,}5)^2$

Form: nach unten geöffnete Normalparabel

Skizze: siehe Aufgabe 569

600. $f: x \mapsto y = -x^2 + 4x, \ x \in \mathbb{R}$

Nullstellen: $-x^2 + 4x = 0; \ x \cdot (-x + 4) = 0; \ x_1 = 0, x_2 = 4$

Scheitel: $x_S = 0{,}5 \cdot (0 + 4) = 2;$

Einsetzen in Funktionsterm: $y_S = -2^2 + 4 \cdot 2 = 4$, S(2 | 4)

Form: nach unten geöffnete Normalparabel

Skizze: siehe Aufgabe 570

601. $f: x \mapsto y = -x^2 - 2x + 1, \ x \in \mathbb{R}$

Nullstellen: $-x^2 - 2x + 1 = 0;$ Diskriminante $D = (-2)^2 - 4 \cdot (-1) \cdot 1 = 8$

$x_{1,2} = -0{,}5 \cdot (2 \pm \sqrt{8}) = -0{,}5 \cdot (2 \pm 2\sqrt{2}) = -1 \pm \sqrt{2};$

$x_1 = -1 - \sqrt{2}, x_2 = -1 + \sqrt{2}$

Scheitel: $x_S = 0{,}5 \cdot (-1 - \sqrt{2} - 1 + \sqrt{2}) = -1;$

Einsetzen in Funktionsterm: $y_S = -(-1)^2 - 2 \cdot (-1) + 1 = 2$, S(–1 | 2)

Form: nach unten geöffnete Normalparabel

Skizze: siehe Aufgabe 571

602. $f\colon x \mapsto y = \frac{1}{2}x^2 - 2,\ x \in \mathbb{R}$

Nullstellen: $\frac{1}{2}x^2 - 2 = 0;\ x^2 = 4;\ x_{1,2} = \pm 2;\ x_1 = -2, x_2 = 2$

Scheitel: ablesbar aus Term $y = \frac{1}{2}x^2 - 2$: $S(0 \mid -2)$

Form: nach oben geöffnete gestauchte Parabel
Skizze: siehe Aufgabe 572

603. $f\colon x \mapsto y = \frac{1}{4}x^2 + 1,\ x \in \mathbb{R}$

Nullstellen: $\frac{1}{4}x^2 + 1 = 0;\ x^2 = -4$; keine Nullstellen

Scheitel: ablesbar aus Term $y = \frac{1}{4}x^2 + 1$: $S(0 \mid 1)$

Form: nach oben geöffnete gestauchte Parabel
Skizze: siehe Aufgabe 573

604. $f\colon x \mapsto y = \frac{1}{2}x^2 - 2{,}5x + 3{,}125,\ x \in \mathbb{R}$

Nullstellen: $\frac{1}{2}x^2 - 2{,}5x + 3{,}125 = 0 \mid \cdot 2;\ x^2 - 5x + 6{,}25 = 0;$

Diskriminante $D = (-5)^2 - 4 \cdot 1 \cdot 6{,}25 = 0;$

$x_{1,2} = 0{,}5 \cdot (5 \pm 0) = 2{,}5$ (Berührstelle)

Scheitel: $S(2{,}5 \mid 0)$
Form: nach oben geöffnete gestauchte Parabel
Skizze: siehe Aufgabe 574

605. $f\colon x \mapsto y = \frac{1}{2}x^2 + 1{,}5x + 1{,}125,\ x \in \mathbb{R}$

Nullstellen: $\frac{1}{2}x^2 + 1{,}5x + 1{,}125 = 0 \mid \cdot 2;\ x^2 + 3x + 2{,}25 = 0;$

Diskriminante $D = 3^2 - 4 \cdot 1 \cdot 2{,}25 = 0;$

$x_{1,2} = 0{,}5 \cdot (-3 \pm 0) = -1{,}5$ (Berührstelle)

Scheitel: $S(-1{,}5 \mid 0)$
Form: nach oben geöffnete gestauchte Parabel
Skizze: siehe Aufgabe 575

606. $f: x \mapsto y = \frac{1}{2}x^2 - 2x,\ x \in \mathbb{R}$

Nullstellen: $\frac{1}{2}x^2 - 2x = 0;\ \frac{1}{2}x \cdot (x-4) = 0;\ x_1 = 0,\ x_2 = 4$

Scheitel:
$x_S = 0{,}5 \cdot (0+4) = 2$
Einsetzen von x_S in Funktionsterm:
$y_S = 0{,}5 \cdot 2^2 - 2 \cdot 2 = -2$
S(2 | –2)
Form: nach oben geöffnete gestauchte Parabel

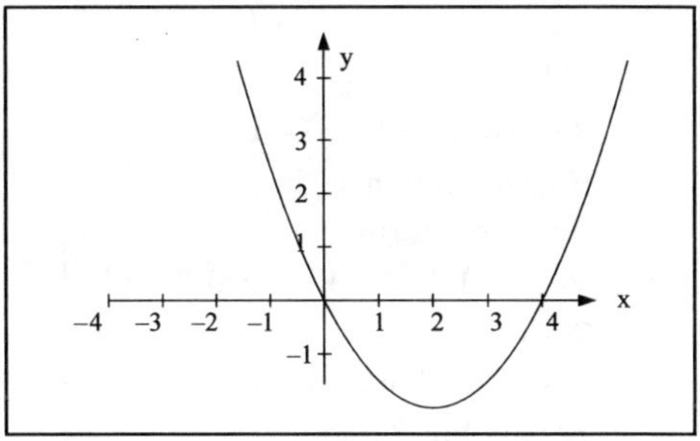

607. $f: x \mapsto y = -\frac{1}{2}x^2 - 2x,\ x \in \mathbb{R}$

Nullstellen: $-\frac{1}{2}x^2 - 2x = 0;\ -\frac{1}{2}x \cdot (x+4) = 0;\ x_1 = 0,\ x_2 = -4$

Scheitel:
$x_S = 0{,}5 \cdot (0-4) = -2$
Einsetzen von x_S in Funktionsterm:
$y_S = -0{,}5 \cdot (-2)^2 - 2 \cdot (-2) = 2$
S(–2 | 2)
Form: nach unten geöffnete gestauchte Parabel

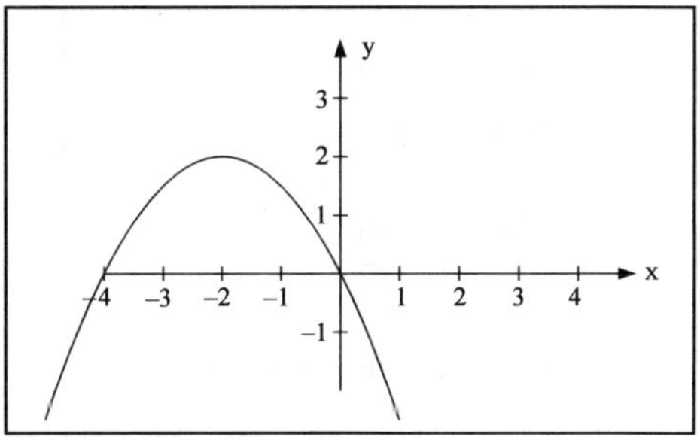

608. $f: x \mapsto y = -\frac{1}{2}x^2 + x + 4,\ x \in \mathbb{R}$

Nullstellen: $-\frac{1}{2}x^2 + x + 4 = 0 \mid \cdot(-2);\ x^2 - 2x - 8 = 0;$
$(x+2) \cdot (x-4) = 0;\ x_1 = -2,\ x_2 = 4$

Scheitel:
$x_S = 0{,}5 \cdot (-2+4) = 1$
Einsetzen von x_S in Funktionsterm:
$y_S = -0{,}5 \cdot 1^2 + 1 + 4 = 4{,}5$
S(1 | 4,5)
Form: nach unten geöffnete gestauchte Parabel

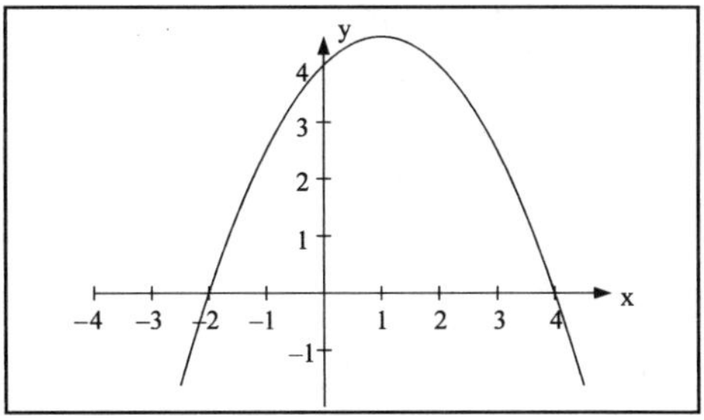

609. $f: x \mapsto y = -\frac{1}{4}x^2 + 0{,}5x + 0{,}75, \ x \in \mathbb{R}$

Nullstellen: $-\frac{1}{4}x^2 + 0{,}5x + 0{,}75 = 0 \mid \cdot(-4); \ x^2 - 2x - 3 = 0;$
$(x+1)\cdot(x-3) = 0; \ x_1 = -1, \ x_2 = 3$

Scheitel:
$x_S = 0{,}5\cdot(-1+3) = 1$
Einsetzen von x_S in Funktionsterm:
$y_S = -0{,}25\cdot 1^2 + 0{,}5 + 0{,}75 = 1$
S(1 | 1)
Form: nach unten geöffnete gestauchte Parabel

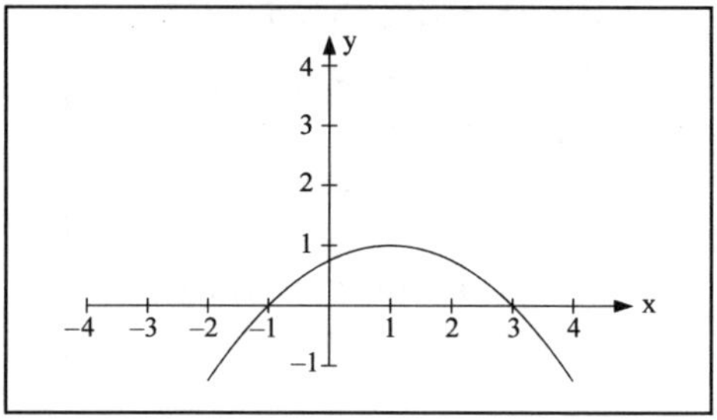

610. $f: x \mapsto y = 2x^2 - 2, \ x \in \mathbb{R}$

Nullstellen: $2x^2 - 2 = 0; \ x^2 = 1; \ x_{1,2} = \pm 1; \ x_1 = -1, \ x_2 = 1$

Scheitel: ablesbar aus Funktionsterm
oder $x_S = 0{,}5\cdot(-1+1) = 0$
Einsetzen von x_S in Funktionsterm:
$y_S = 2\cdot 0 - 2 = -2$
S(0 | –2)
Form: nach oben geöffnete gestreckte Parabel

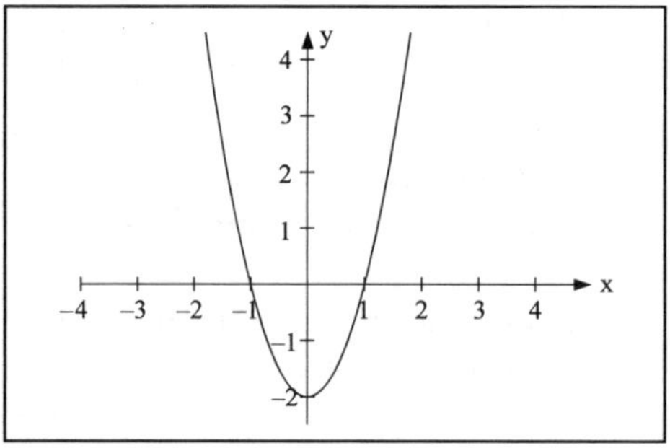

611. $f: x \mapsto y = -2x^2 + 4, \ x \in \mathbb{R}$

Nullstellen: $-2x^2 + 4 = 0; \ x^2 = 2; \ x_{1,2} = \pm\sqrt{2}; \ x_1 = -\sqrt{2}, \ x_2 = \sqrt{2}$

Scheitel: ablesbar aus Funktionsterm
oder $x_S = 0{,}5\cdot(-\sqrt{2} + \sqrt{2}) = 0$
Einsetzen von x_S in Funktionsterm:
$y_S = -2\cdot 0 + 4 = 4$
S(0 | 4)
Form: nach unten geöffnete gestreckte Parabel

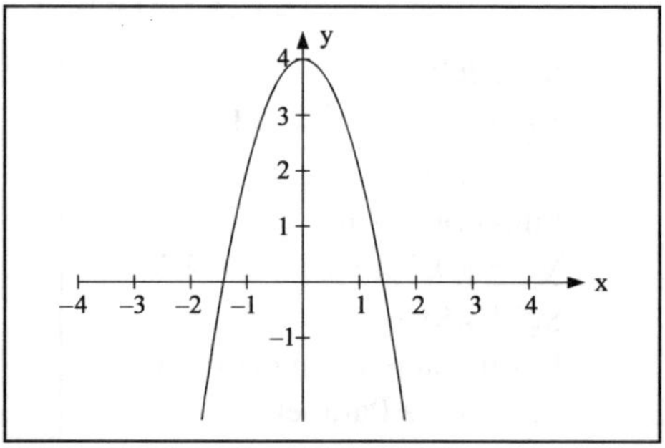

612. f: $x \mapsto y = 2x^2 + 8x + 8, \; x \in \mathbb{R}$

Nullstellen: $2x^2 + 8x + 8 = 0 \mid : 2; \; x^2 + 4x + 4 = 0; \; (x+2)^2 = 0;$

$x_{1,2} = -2$ (Berührstelle)

Scheitel: ergibt sich aus Berührstelle

S(–2 | 0)

Form: nach oben geöffnete gestreckte Parabel

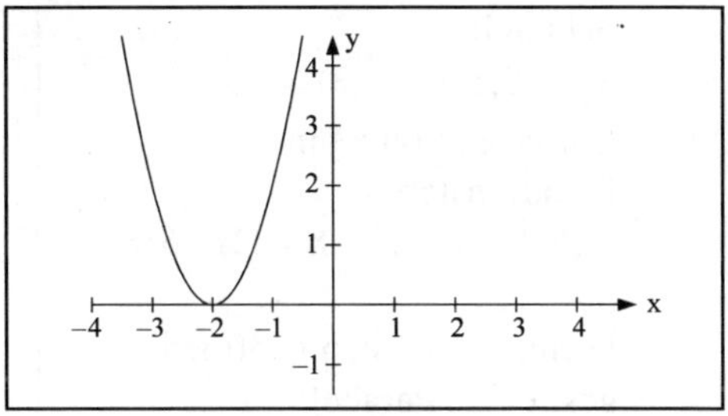

613. f: $x \mapsto y = -2x^2 + 12x - 18, \; x \in \mathbb{R}$

Nullstellen: $-2x^2 + 12x - 18 = 0 \mid : (-2); \; x^2 - 6x + 9 = 0; \; (x-3)^2 = 0;$

$x_{1,2} = 3$ (Berührstelle)

Scheitel: ergibt sich aus Berührstelle

S(3 | 0)

Form: nach unten geöffnete gestreckte Parabel

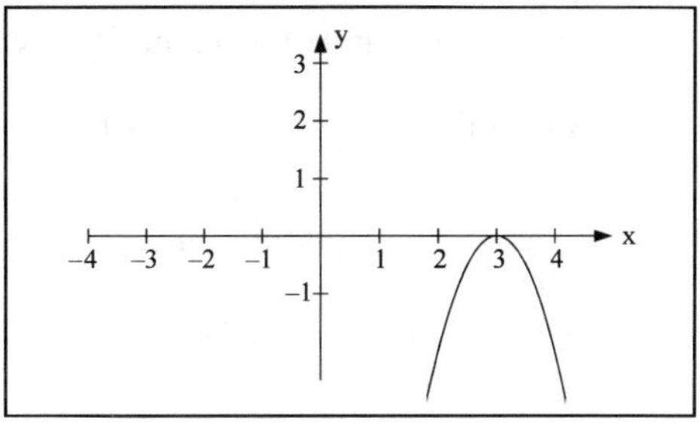

614. f: $x \mapsto y = 2x^2 - 8x + 6, \; x \in \mathbb{R}$

Nullstellen: $2x^2 - 8x + 6 = 0 \mid : 2; \; x^2 - 4x + 3 = 0; \; (x-1) \cdot (x-3) = 0;$

$x_1 = 1, \; x_2 = 3$

Scheitel:

$x_S = 0{,}5 \cdot (1+3) = 2$

Einsetzen von x_S in Funktionsterm:

$y_S = 2 \cdot 2^2 - 8 \cdot 2 + 6 = -2$

S(2 | –2)

Form: nach oben geöffnete gestreckte Parabel

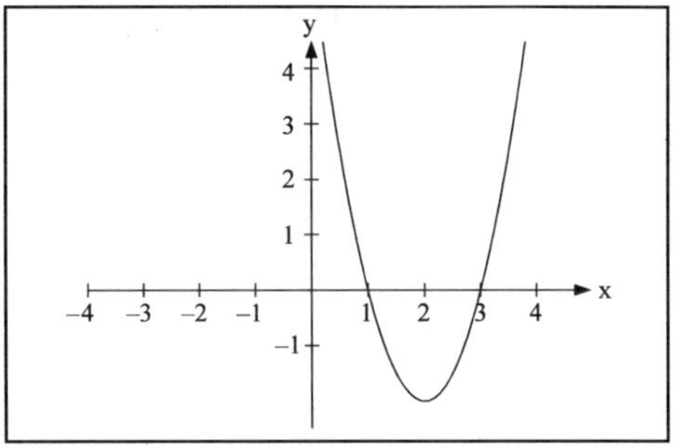

615. f: $x \mapsto y = -2x^2 - 8x - 6,\ x \in \mathbb{R}$
Nullstellen: $-2x^2 - 8x - 6 = 0 \mid :(-2);\ x^2 + 4x + 3 = 0;\ (x+1)\cdot(x+3) = 0;$
$x_1 = -1,\ x_2 = -3$

Scheitel:
$x_S = 0{,}5\cdot(-1-3) = -2$
Einsetzen von x_S in Funktionsterm:
$y_S = -2\cdot(-2)^2 - 8\cdot(-2) - 6 = 2$
S(–2 | 2)
Form: nach unten geöffnete gestreckte Parabel

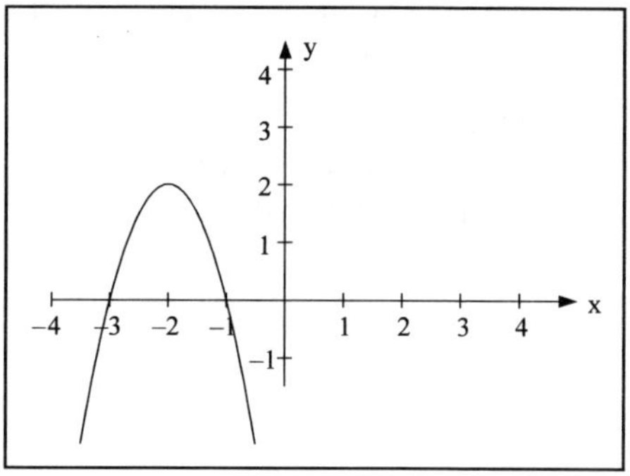

616. $x^2 - 1 > 0$
zugehörige Parabelgleichung: $y = x^2 - 1$

Nullstellen: $x^2 - 1 = 0;\ x^2 = 1$
$x_{1,2} = \pm 1;\ x_1 = -1, x_2 = 1$
Scheitel: aus Funktionsterm
S(0 | –1)
Form: nach oben geöffnete Normalparabel
Aus der Grobskizze entnimmt man den Bereich, in dem die Parabel oberhalb der x-Achse verläuft:
$L =]\infty; -1[\cup]1; \infty[=$
$= \mathbb{R} \setminus [-1; 1].$

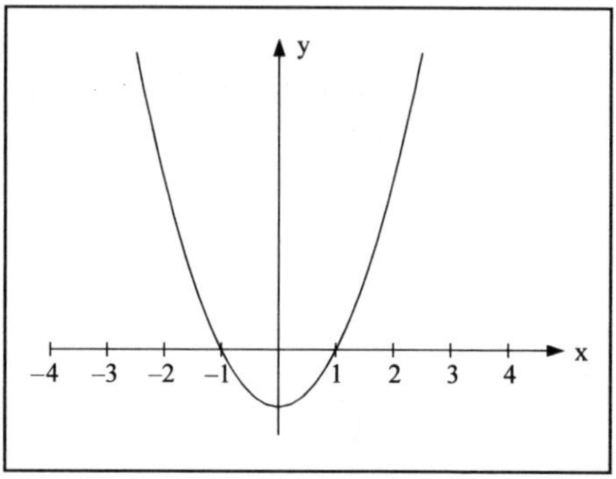

617. $x^2 - x - 6 < 0$
zugehörige Parabelgleichung: $y = x^2 - x - 6$

Nullstellen: $x^2 - x - 6 = 0$;
$(x+2)\cdot(x-3) = 0$;
$x_1 = -2,\ x_2 = 3$
Form: nach oben geöffnete Normalparabel
Aus der Grobskizze entnimmt man den Bereich, in dem die Parabel unterhalb der x-Achse verläuft:
L =]–2; 3[.

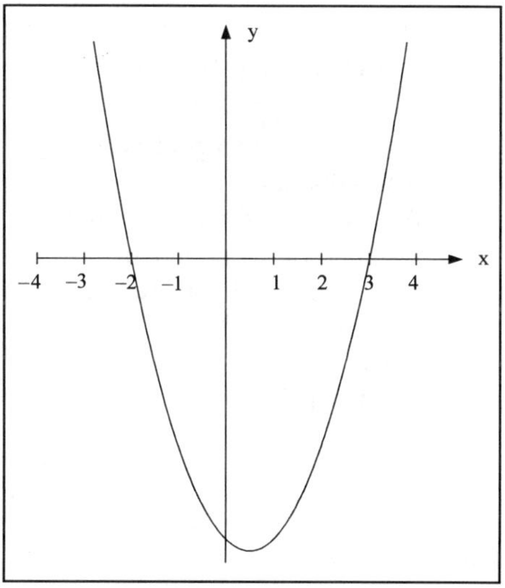

618. $x^2 - 4 \leq 0$
zugehörige Parabelgleichung: $y = x^2 - 4$

Nullstellen: $x^2 - 4 = 0$; $x^2 = 4$
$x_{1,2} = \pm 2$; $x_1 = -2,\ x_2 = 2$
(Scheitel: aus Funktionsterm S(0 | –4))
Form: nach oben geöffnete Normalparabel
Aus der Grobskizze entnimmt man den Bereich, in dem die Parabel unterhalb der x-Achse verläuft:
L = [–2; 2].

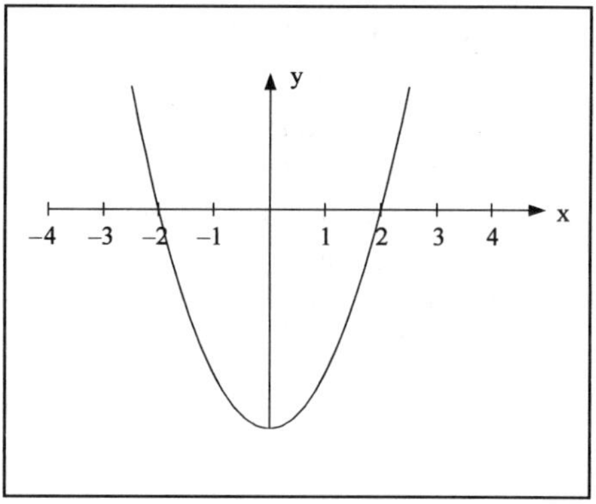

619. $x^2 - 3x - 4 \geq 0$
zugehörige Parabelgleichung: $y = x^2 - 3x - 4$

Nullstellen: $x^2 - 3x - 4 = 0$;
$(x+1) \cdot (x-4) = 0$;
$x_1 = -1, \ x_2 = 4$
Form: nach oben geöffnete Normalparabel
Aus der Grobskizze entnimmt man den Bereich, in dem die Parabel oberhalb oder auf der x-Achse verläuft:
$L =]-\infty; -1] \cup [4; \infty[=$
$= \mathbb{R} \setminus]-1; 4[$.

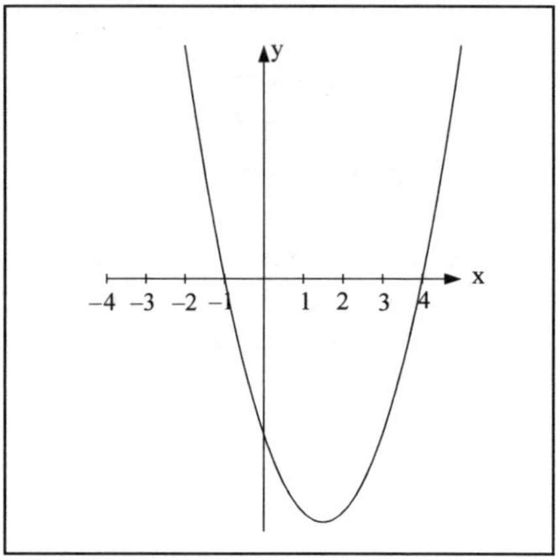

620. $-x^2 - 2x + 3 > 0$
zugehörige Parabelgleichung: $y = -x^2 - 2x + 3$
Nullstellen:
$-x^2 - 2x + 3 = 0 \mid \cdot (-1)$;
$x^2 + 2x - 3 = 0$;
$(x+3) \cdot (x-1) = 0$;
$x_1 = -3, \ x_2 = 1$
Form: nach unten geöffnete Normalparabel
Aus der Grobskizze entnimmt man den Bereich, in dem die Parabel oberhalb der x-Achse verläuft:
$L =]-3; 1[$.

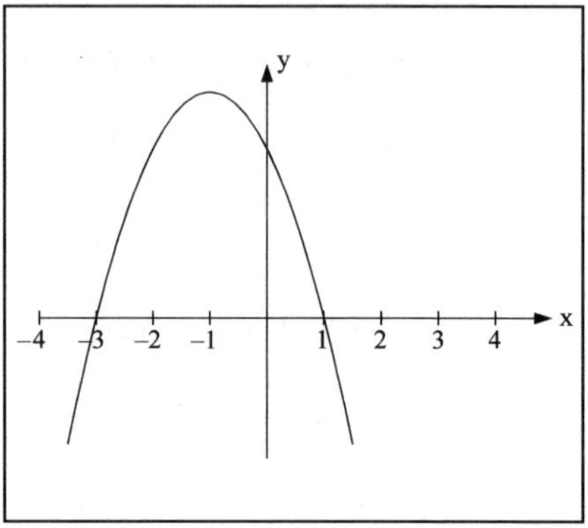

621. $-x^2 + 1{,}5x + 7 < 0$
zugehörige Parabelgleichung: $y = -x^2 + 1{,}5x + 7$

Nullstellen: $-x^2 + 1{,}5x + 7 = 0$
$D = 1{,}5^2 - 4 \cdot (-1) \cdot 7 = 30{,}25$
$x_{1,2} = -0{,}5 \cdot (-1{,}5 \pm \sqrt{30{,}25})$
$x_1 = -2,\ x_2 = 3{,}5$
Form: nach unten geöffnete Normalparabel
Aus der Grobskizze entnimmt man den Bereich, in dem die Parabel unterhalb der x-Achse verläuft:
$L =]-\infty; -2[\cup]3{,}5; \infty[=$
$= \mathbb{R} \setminus [-2; 3{,}5]$.

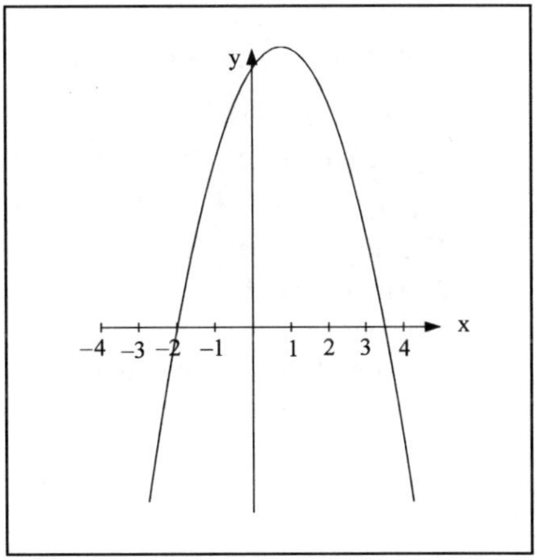

622. $-x^2 + 4x - 1 \geq 0$
zugehörige Parabelgleichung: $y = -x^2 + 4x - 1$

Nullstellen: $-x^2 + 4x - 1 = 0$
$D = 4^2 - 4 \cdot (-1) \cdot (-1) = 12$
$x_{1,2} = -0{,}5 \cdot (-4 \pm \sqrt{12}) = 2 \pm \sqrt{3}$
$x_1 = 2 - \sqrt{3},\ x_2 = 2 + \sqrt{3}$
Form: nach unten geöffnete Normalparabel
Aus der Grobskizze entnimmt man den Bereich, in dem die Parabel oberhalb oder auf der x-Achse verläuft:
$L = [2 - \sqrt{3}; 2 + \sqrt{3}]$.

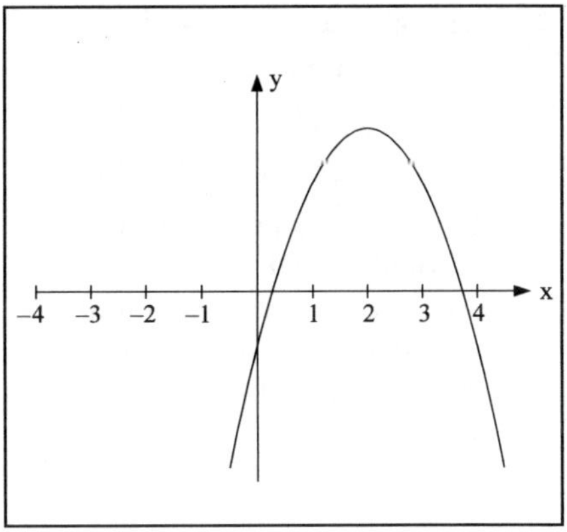

623. $\frac{1}{2}x^2 - x - 4 < 0$

zugehörige Parabelgleichung: $y = \frac{1}{2}x^2 - x - 4$

Nullstellen: $\frac{1}{2}x^2 - x - 4 = 0 \mid \cdot 2;$

$x^2 - 2x - 8 = 0;$

$(x+2)\cdot(x-4) = 0;$

$x_1 = -2,\ x_2 = 4$

Form: nach oben geöffnete Normalparabel

Aus der Grobskizze entnimmt man den Bereich, in dem die Parabel unterhalb der x-Achse verläuft:

L =]–2; 4[.

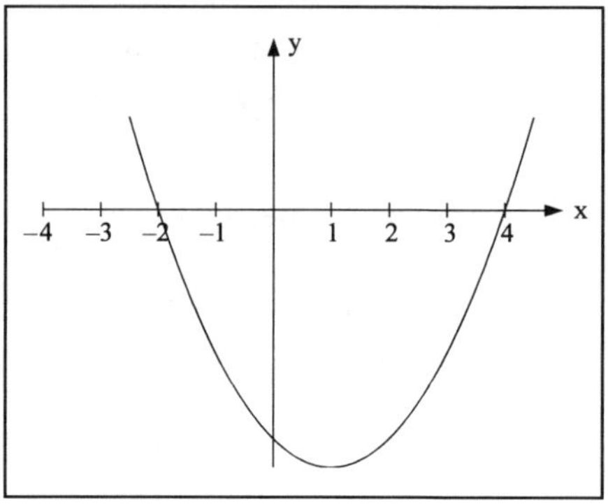

624. $-2x^2 + 8x + 2 \geq 0$

zugehörige Parabelgleichung: $y = -2x^2 + 8x + 2$

Nullstellen: $-2x^2 + 8x + 2 = 0$

$D = 8^2 - 4\cdot(-2)\cdot 2 = 80$

$x_{1,2} = -0{,}25\cdot(-8 \pm \sqrt{80})$

$= 2 \pm \sqrt{5}$

$x_1 = 2 - \sqrt{5},\ x_2 = 2 + \sqrt{5}$

Form: nach unten geöffnete Normalparabel

Aus der Grobskizze entnimmt man den Bereich, in dem die Parabel oberhalb oder auf der x-Achse verläuft:

$L = [2 - \sqrt{5}; 2 + \sqrt{5}]$.

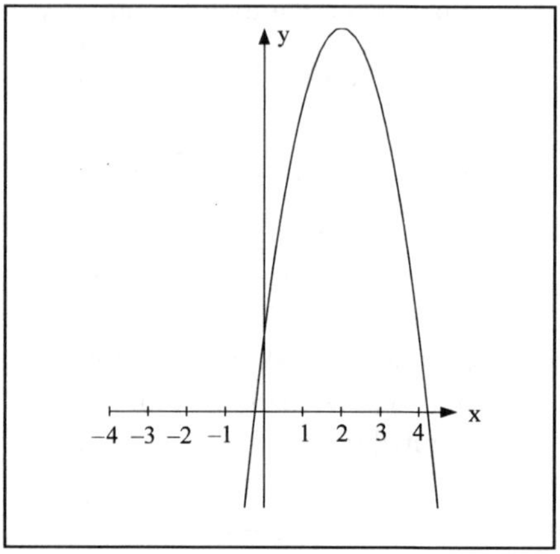

625. $x^2 - 4x + 4 \geq 0$
zugehörige Parabelgleichung: $y = x^2 - 4x + 4$

Nullstellen: $x^2 - 4x + 4 = 0$;
$(x-2)^2 = 0$; $x_{1,2} = 2$
Berührstelle mit der x-Achse
Form: nach oben geöffnete Normalparabel
Die Parabel verläuft also immer oberhalb oder auf der x-Achse:
$L = \mathbb{R}$.

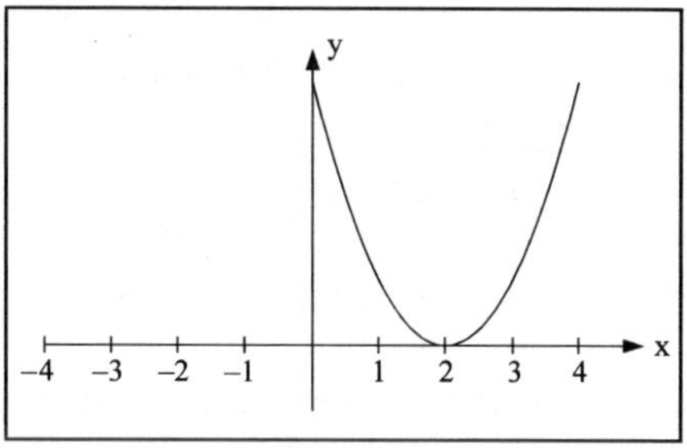

626. $x^2 - 6x + 9 \leq 0$
zugehörige Parabelgleichung: $y = x^2 - 6x + 9$

Nullstellen: $x^2 - 6x + 9 = 0$;
$(x-3)^2 = 0$; $x_{1,2} = 3$
Berührstelle mit der x-Achse
Form: nach oben geöffnete Normalparabel
Die Parabel verläuft also nie unterhalb der x-Achse, nur die Berührstelle ist in L: $L = \{3\}$.

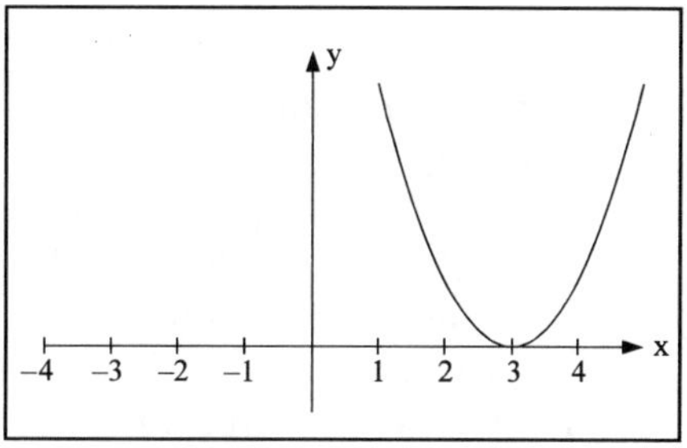

627. $x^2 - 6x + 10 < 0$
zugehörige Parabelgleichung: $y = x^2 - 6x + 10$
Nullstellen: $D = (-6)^2 - 4 \cdot 1 \cdot 10 = -4$

$D < 0$, keine Nullstellen
Scheitel:
$y = x^2 - 6x + 3^2 - 3^2 + 10 =$
$= (x-3)^2 + 1$, $S(3 \mid 1)$
Form: nach oben geöffnete Normalparabel
Die Parabel verläuft ganz oberhalb der x-Achse: $L = \{\ \}$.

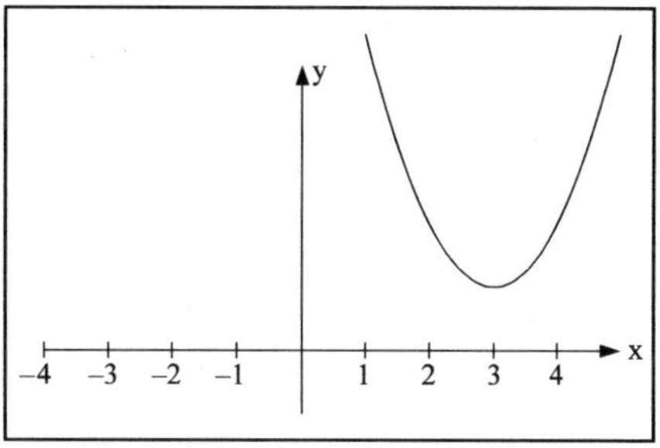

628. $x^2 + 6x + 11 \geq 0$

zugehörige Parabelgleichung: $y = x^2 + 6x + 11$

Nullstellen: $D = 6^2 - 4 \cdot 1 \cdot 11 = -8$

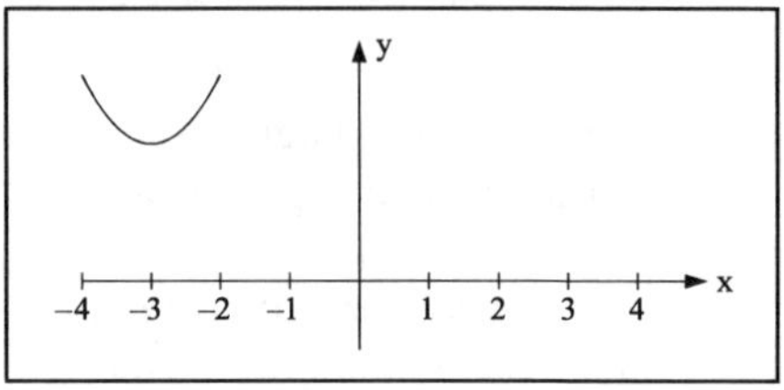

$D < 0$, keine Nullstellen

Scheitel:

$y = x^2 + 6x + 3^2 - 3^2 + 11 =$
$= (x+3)^2 + 2, \; S(-3|2)$

Form: nach oben geöffnete Normalparabel

Die Parabel verläuft ganz oberhalb der x-Achse: $L = \mathbb{R}$.

629. $-x^2 - 2x - 2 \leq 0$

zugehörige Parabelgleichung: $y = -x^2 - 2x - 2$

Nullstellen: $D = (-2)^2 - 4 \cdot (-1) \cdot (-2) = -4$

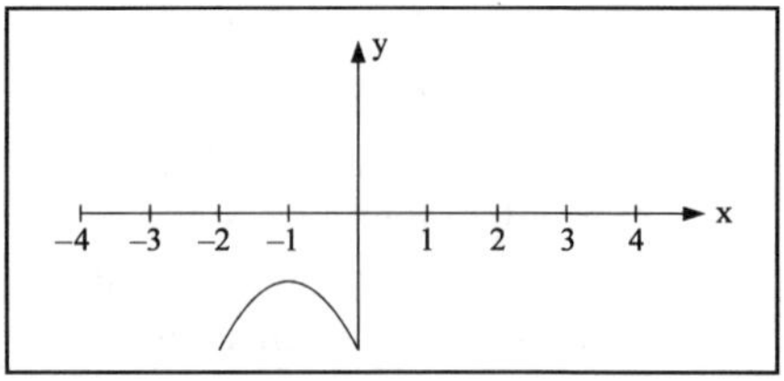

$D < 0$, keine Nullstellen

Scheitel:

$y = -(x^2 + 2x + 1^2 - 1^2 + 2) =$
$= -(x+1)^2 - 1, \; S(-1|-1)$

Form: nach unten geöffnete Normalparabel

Die Parabel verläuft ganz unterhalb der x-Achse: $L = \mathbb{R}$.

630. $x^2 + x - 9 < 2x + 3; \;\; x^2 - x - 12 < 0$

zugehörige Parabelgleichung: $y = x^2 - x - 12$

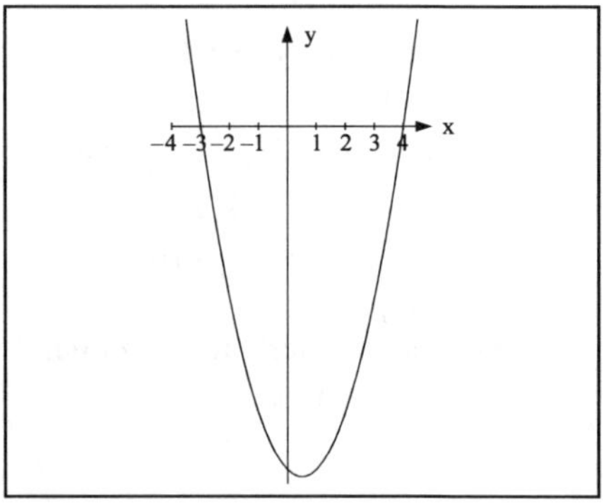

Nullstellen: $x^2 - x - 12 = 0;$

$(x+3) \cdot (x-4) = 0;$

$x_1 = -3, \; x_2 = 4$

Form: nach oben geöffnete Normalparabel

Aus der Grobskizze entnimmt man den Bereich, in dem die Parabel unterhalb der x-Achse verläuft:
$L =]-3; 4[$.

631. $f: x \mapsto y = |x| - 1,\ x \in \mathbb{R},\quad f(x) = \begin{cases} x-1 & \text{für } x \geq 0 \\ -x-1 & \text{für } x < 0 \end{cases}$

Wertetabelle (entbehrlich):

x	– 4	–3	–2	–1	0	1	2	3	4
y	3	2	1	0	–1	0	1	2	3

Für x ≥ 0 stimmt der Graph offenbar mit der Geraden mit der Gleichung y = x – 1 überein, für x < 0 mit der Geraden mit der Gleichung y = –x – 1. Der Graph entsteht durch Verschieben der Betragsfunktion um 1 Einheit parallel zur y-Achse nach unten. Spitze: S(0 | –1).

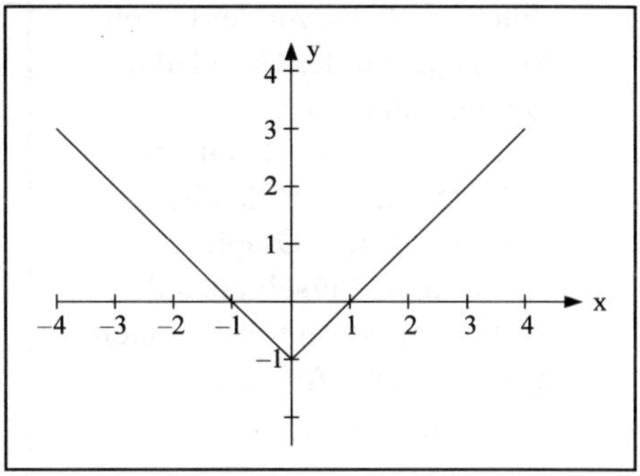

632. $f: x \mapsto y = |x - 1|,\ x \in \mathbb{R},\quad f(x) = \begin{cases} x-1 & \text{für } x \geq 1 \\ -x+1 & \text{für } x < 1 \end{cases}$

Wertetabelle (entbehrlich):

x	– 4	–3	–2	–1	0	1	2	3	4
y	5	4	3	2	1	0	1	2	3

Für x ≥ 1 stimmt der Graph offenbar mit der Geraden mit der Gleichung y = x – 1 überein, für x < 1 mit der Geraden mit der Gleichung y = –x + 1. Der Graph entsteht durch Verschieben der Betragsfunktion um 1 Einheit parallel zur x-Achse nach rechts. Spitze: S(1 | 0).

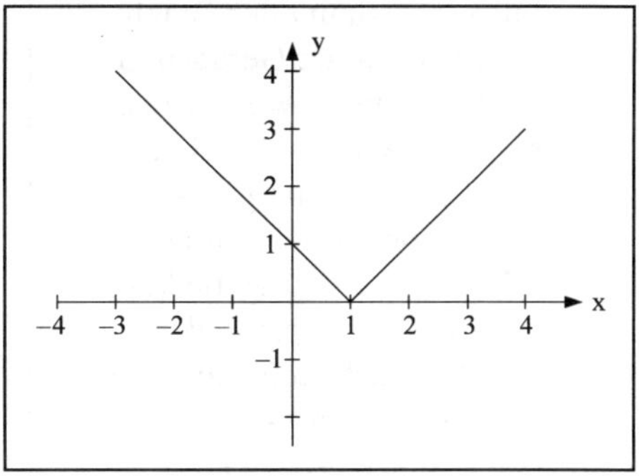

633. $f: x \mapsto y = |x+1|,\ x \in \mathbb{R},\ f(x) = \begin{cases} x+1 & \text{für } x \geq -1 \\ -x-1 & \text{für } x < -1 \end{cases}$

Wertetabelle (entbehrlich):

x	–4	–3	–2	–1	0	1	2	3	4
y	3	2	1	0	1	2	3	4	5

Für $x \geq -1$ stimmt der Graph offenbar mit der Geraden mit der Gleichung $y = x + 1$ überein, für $x < -1$ mit der Geraden mit der Gleichung $y = -x - 1$. Der Graph entsteht durch Verschieben der Betragsfunktion um 1 Einheit parallel zur x-Achse nach links. Spitze: S(–1 | 0).

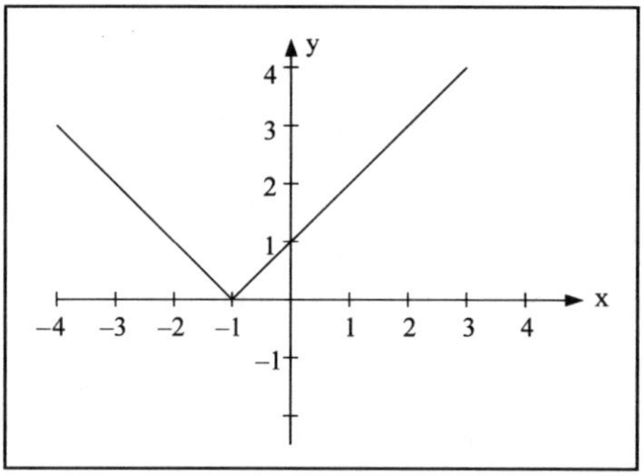

634. $f: x \mapsto y = |x-2|+1,\ x \in \mathbb{R},\ f(x) = \begin{cases} x-1 & \text{für } x \geq 2 \\ -x+3 & \text{für } x < 2 \end{cases}$

Wertetabelle (entbehrlich):

x	–4	–3	–2	–1	0	1	2	3	4
y	7	6	5	4	3	2	1	2	3

Für $x \geq 2$ stimmt der Graph offenbar mit der Geraden mit der Gleichung $y = x - 1$ überein, für $x < 2$ mit der Geraden mit der Gleichung $y = -x + 3$. Der Graph entsteht durch Verschieben der Betragsfunktion um 2 Einheiten parallel zur x-Achse nach rechts und 1 Einheit parallel zur y-Achse nach oben. Spitze: S(2 | 1).

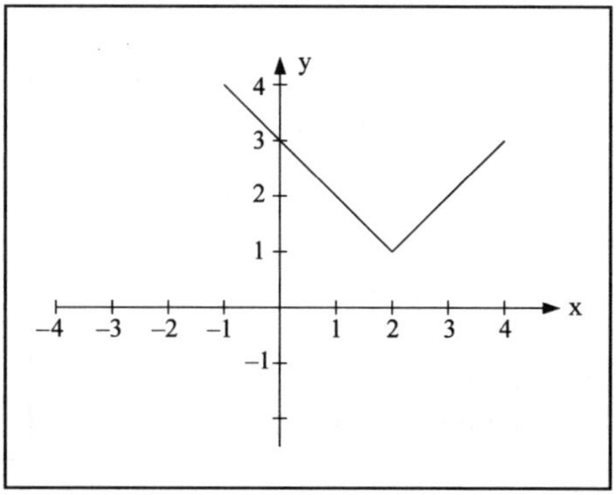

635. $f: x \mapsto y = |x+2| - 1,\ x \in \mathbb{R},\ f(x) = \begin{cases} x+1 & \text{für } x \geq -2 \\ -x-3 & \text{für } x < -2 \end{cases}$

Wertetabelle (entbehrlich):

x	−4	−3	−2	−1	0	1	2	3	4
y	1	0	−1	0	1	2	3	4	5

Für x ≥ −2 stimmt der Graph offenbar mit der Geraden mit der Gleichung y = x + 1 überein, für x < −2 mit der Geraden mit der Gleichung y = −x − 3. Der Graph entsteht durch Verschieben der Betragsfunktion um 2 Einheiten parallel zur x-Achse nach links und 1 Einheit parallel zur y-Achse nach unten. Spitze: S(−2 | −1).

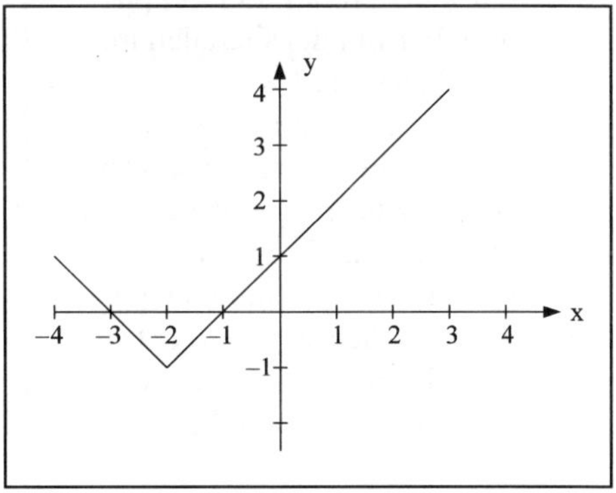

636. $f: x \mapsto y = -|x| + 3,\ x \in \mathbb{R},\ f(x) = \begin{cases} -x+3 & \text{für } x \geq 0 \\ x+3 & \text{für } x < 0 \end{cases}$

Wertetabelle (entbehrlich):

x	−4	−3	−2	−1	0	1	2	3	4
y	−1	0	1	2	3	2	1	0	−1

Für x ≥ 0 stimmt der Graph offenbar mit der Geraden mit der Gleichung y = −x + 3 überein, für x < 0 mit der Geraden mit der Gleichung y = x + 3. Der Graph entsteht durch Verschieben des Funktionsgraphs zu y = − | x | um 3 Einheiten parallel zur y-Achse nach oben. Spitze: S(0 | 3).

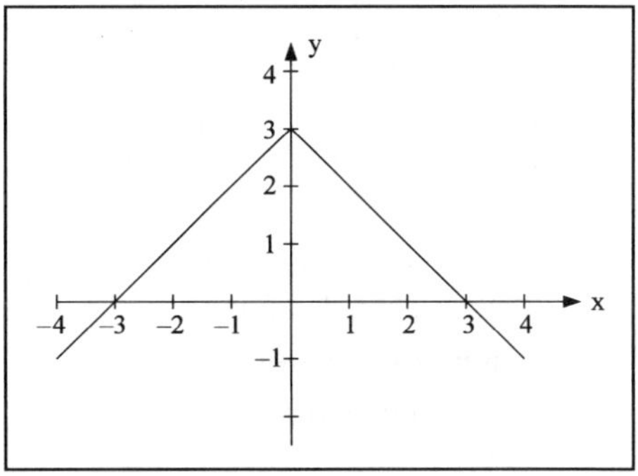

637. $f: x \mapsto y = -|x-2|+2, \quad x \in \mathbb{R}, \quad f(x) = \begin{cases} -x+4 & \text{für} \quad x \geq 2 \\ x & \text{für} \quad x < 2 \end{cases}$

Wertetabelle (entbehrlich):

x	−4	−3	−2	−1	0	1	2	3	4
y	−4	−3	−2	−1	0	1	2	1	0

Für $x \geq 2$ stimmt der Graph offenbar mit der Geraden mit der Gleichung $y = -x + 4$ überein, für $x < 2$ mit der Geraden mit der Gleichung $y = x$. Der Graph entsteht durch Verschieben des Funktionsgraphs zu $y = -|x|$ um 2 Einheiten parallel zur x-Achse nach rechts und um 2 Einheiten parallel zur y-Achse nach oben. Spitze: S(2 | 2).

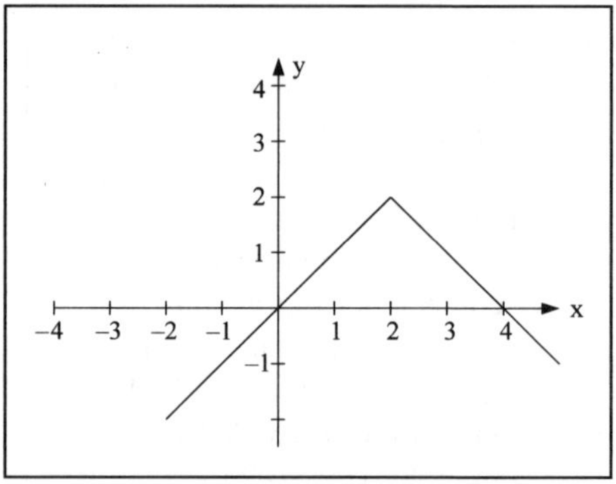

638. $f: x \mapsto y = -\frac{1}{2}|x+2|+1, \quad x \in \mathbb{R}, \quad f(x) = \begin{cases} -0{,}5x & \text{für} \quad x \geq -2 \\ 0{,}5x+2 & \text{für} \quad x < -2 \end{cases}$

Wertetabelle:

x	−4	−3	−2	−1	0	1	2	3
y	0	0,5	1	0,5	0	−0,5	−1	−1,5

Für $x \geq -2$ stimmt der Graph offenbar mit der Geraden mit der Gleichung $y = -0{,}5x$ überein, für $x < -2$ mit der Geraden mit der Gleichung $y = 0{,}5x + 2$.

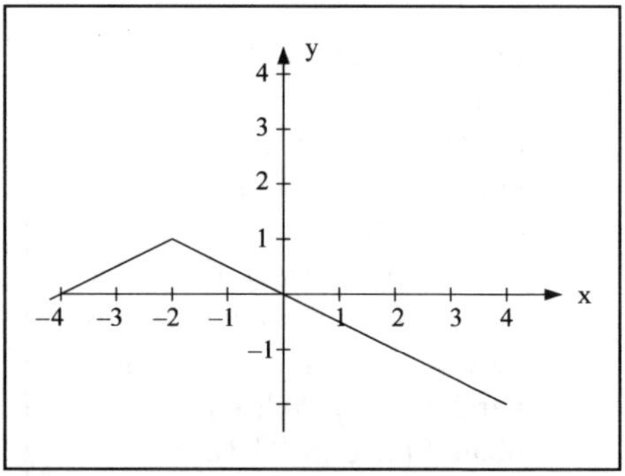

Der Graph entsteht durch Verschieben des Funktionsgraphs zu $y = -\frac{1}{2}|x|$ um 2 Einheiten parallel zur x-Achse nach links und um 1 Einheit parallel zur y-Achse nach oben. Spitze: S(−2 | 1).

639. $f: x \mapsto y = |x^2 - 1|, \; x \in \mathbb{R}$

Parabelgleichung: $y = x^2 - 1$

Nullstellen: $x^2 - 1 = 0; x^2 = 1;$
$x_1 = -1, \; x_2 = 1$

Scheitel: $S(0 \mid -1)$
Form: Normalparabel

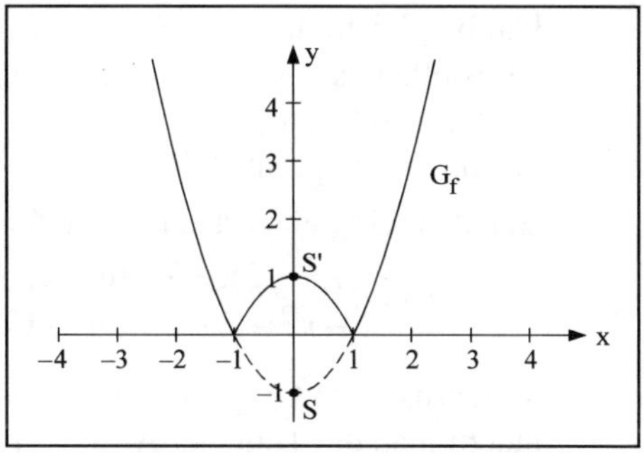

Aus dem Graphen erkennt man die betragsfreie Schreibweise von f(x): In dem Bereich, in dem die Parabel oberhalb der x-Achse verläuft, können die Betragsstriche einfach weggelassen werden, da der Term zwischen den Betragsstrichen dann größer Null ist: $f(x) = x^2 - 1$ für $x \le -1$ oder $x \ge 1$. In dem Bereich, in dem die Parabel unterhalb der x-Achse verläuft, müssen beim Weglassen der Betragsstriche die Vorzeichen geändert werden, da der Term zwischen den Betragsstrichen dort kleiner als Null ist:
$f(x) = -x^2 + 1$ für $-1 < x < 1$. Dazu gehört ein Parabelabschnitt, der nach unten geöffnet ist, mit dem Scheitel $S'(0 \mid 1)$.

640. $f: x \mapsto y = |-x^2 + 1|, \; x \in \mathbb{R}$

Parabelgleichung: $y = -x^2 + 1$

Nullstellen: $x^2 + 1 = 0; x^2 = 1;$
$x_1 = -1, \; x_2 = 1$

Scheitel: $S(0 \mid 1)$
Form: Normalparabel

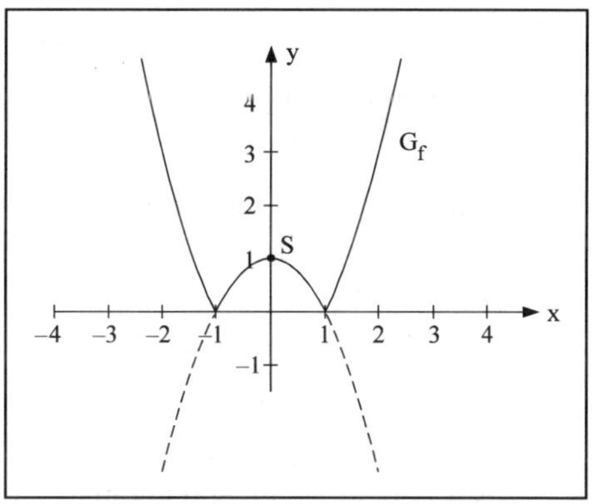

Aus dem Graphen erkennt man die betragsfreie Schreibweise von f(x): In dem Bereich, in dem die Parabel oberhalb der x-Achse verläuft, können die Betragsstriche einfach weggelassen werden, da der Term zwischen den Betragsstrichen dann größer Null ist: $f(x) = -x^2 - 1$ für $-1 \le x \le 1$. In dem Bereich, in dem die Parabel unterhalb der x-Achse verläuft, müssen beim Weglassen der Betragsstriche die Vorzeichen geändert: $f(x) = x^2 - 1$ für $x < -1$ oder $x > 1$.

641. $f: x \mapsto y = |x^2 - 2x - 3|,\ x \in \mathbb{R}$

Parabelgleichung: $y = x^2 - 2x - 3$

Nullstellen: $x^2 - 2x - 3 = 0; (x+1)(x-3) = 0; x_1 = -1, x_2 = 3$

Scheitel: S(1 | –4)

Form: Normalparabel

Aus dem Graphen erkennt man die betragsfreie Schreibweise von f(x):

$$f(x) = \begin{cases} x^2 - 2x - 3 & \text{für } x \leq -1 \text{ oder } x \geq 3 \\ -x^2 + 2x + 3 & \text{für } -1 < x < 3 \end{cases}$$

Man erhält den Graphen von f, indem man die Teile der Ausgangsparabel, die unterhalb der x-Achse liegen, an der x-Achse nach oben spiegelt:

S' (1 | 4).

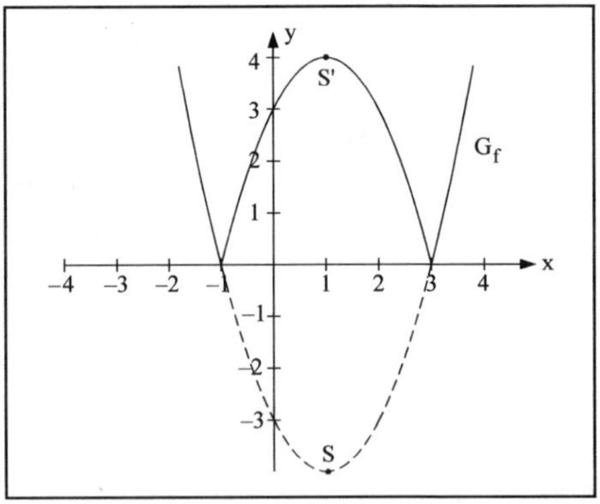

642. $f: x \mapsto y = |x^2 - 4x + 2|,\ x \in \mathbb{R}$

Parabelgleichung:

$y = x^2 - 4x + 2$

Nullstellen: $x^2 - 4x + 2 = 0$;

$D = 16 - 4 \cdot 1 \cdot 2 = 8$;

$x_{1,2} = 0{,}5(4 \pm \sqrt{8})$;

$x_1 = 2 - \sqrt{2}, x_2 = 2 + \sqrt{2}$

Scheitel: S(2 | –2)

Form: Normalparabel

Aus dem Graphen erkennt man die betragsfreie Schreibweise von f(x):

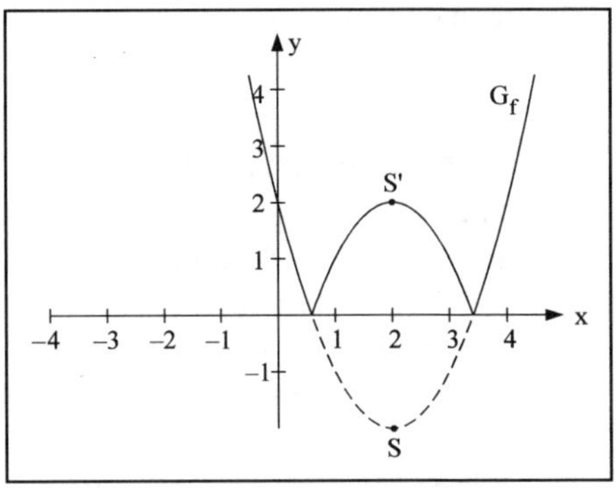

$$f(x) = \begin{cases} x^2 - 4x + 2 & \text{für } x \leq 2 - \sqrt{2} \text{ oder } x \geq 2 + \sqrt{2} \\ -x^2 + 4x - 2 & \text{für } 2 - \sqrt{2} < x < 2 + \sqrt{2} \end{cases}$$

Man erhält den Graphen von f, indem man die Teile der Ausgangsparabel, die unterhalb der x-Achse liegen, an der x-Achse nach oben spiegelt: $S'(2 \mid 2)$.

643. $f: x \mapsto y = |x^2 + 2x + 4|, \ x \in \mathbb{R}$

Parabelgleichung:
$y = x^2 + 2x + 4$
Nullstellen: $x^2 + 2x + 4 = 0$;
$D = 2^2 - 4 \cdot 1 \cdot 4 = -12 < 0$,
keine Nullstellen
Scheitel:
$y = x^2 + 2x + 1^2 - 1^2 + 4 =$
$= (x+1)^2 + 3$; $S(-1 \mid 3)$
Form: Normalparabel

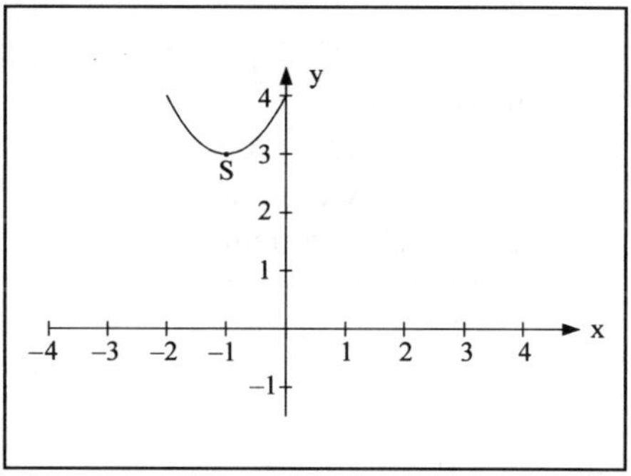

Die Parabel verläuft also ganz oberhalb der x-Achse, die y-Werte sind also immer größer als Null. Die Betragsstriche können weggelassen werden:

$$f(x) = x^2 + 2x + 4, x \in \mathbb{R}.$$

644. $f: x \mapsto y = |x^2 - 6x + 8|, \ x \in \mathbb{R}$

Parabelgleichung:
$y = x^2 - 6x + 8$
Nullstellen: $x^2 - 6x + 8 = 0$;
$(x-2)(x-4) = 0$;
$x_1 = 2, \ x_2 = 4$
Scheitel: $S(3 \mid -1)$
Form: Normalparabel
Aus dem Graphen erkennt man die betragsfreie Schreibweise von f(x):

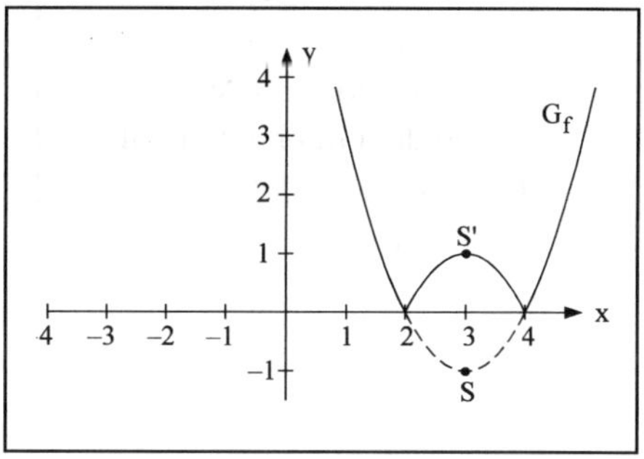

$$f(x) = \begin{cases} x^2 - 6x + 8 & \text{für } x \le 2 \text{ oder } x \ge 4 \\ -x^2 + 6x - 8 & \text{für } 2 < x < 4 \end{cases}$$

Man erhält den Graph von f, indem man die Teile der Ausgangsparabel, die unterhalb der x-Achse liegen, an der x-Achse nach oben spiegelt: $S'(3 \mid 1)$.

645. $|x| - 1 > 0$

zugehörige Funktionsgleichung: $y = |x| - 1 = \begin{cases} x - 1 & \text{für } x \geq 0 \\ -x - 1 & \text{für } x < 0 \end{cases}$

Nullstellen:

a) $x - 1 = 0;\ x_1 = 1$

b) $-x - 1 = 0;\ x_2 = -1$

Spitze: $S(0 \mid -1)$

Gesucht sind die x-Werte, für die der Graph oberhalb der x-Achse verläuft:

$L =]-\infty; 1[\cup]1; \infty[=$

$= \mathbb{R} \setminus [-1; 1].$

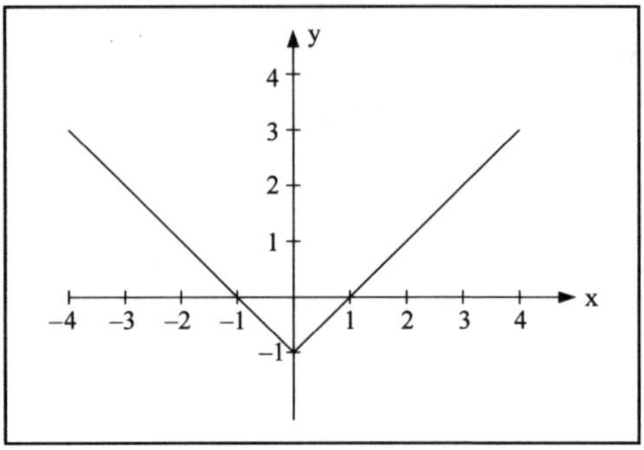

646. $|x - 1| < 0$

zugehörige Funktionsgleichung: $y = |x - 1| = \begin{cases} x - 1 & \text{für } x \geq 1 \\ -x + 1 & \text{für } x < 1 \end{cases}$

Nullstellen:

a) $x - 1 = 0;\ x_1 = 1$

b) $-x + 1 = 0;\ (x_2 = 1 \geq 1)$

Spitze: $S(1 \mid 0)$

Gesucht sind die x-Werte, für die der Graph unterhalb der x-Achse verläuft:

$L = \{\ \}.$

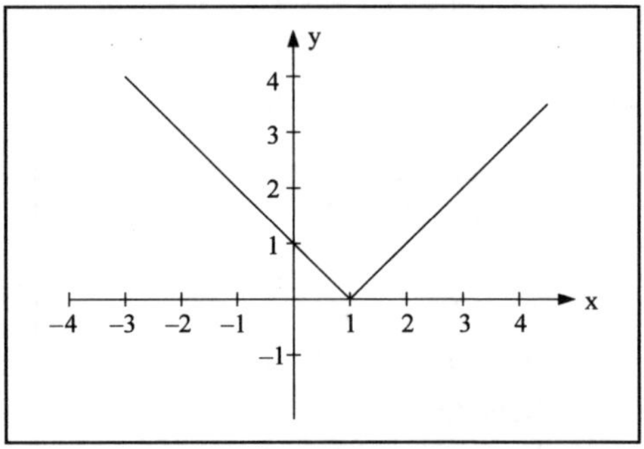

647. $|x+1| \leq 0$

zugehörige Funktionsgleichung: $y = |x+1| = \begin{cases} x+1 & \text{für } x \geq -1 \\ -x-1 & \text{für } x < -1 \end{cases}$

Nullstellen:

a) $x+1=0$; $x_1 = -1$

b) $-x-1=0$; $(x_2 = -1 \geq -1)$

Spitze: S(–1 | 0)

Gesucht sind die x-Werte, für die der Graph unterhalb oder auf der x-Achse verläuft:

$L = \{-1\}$.

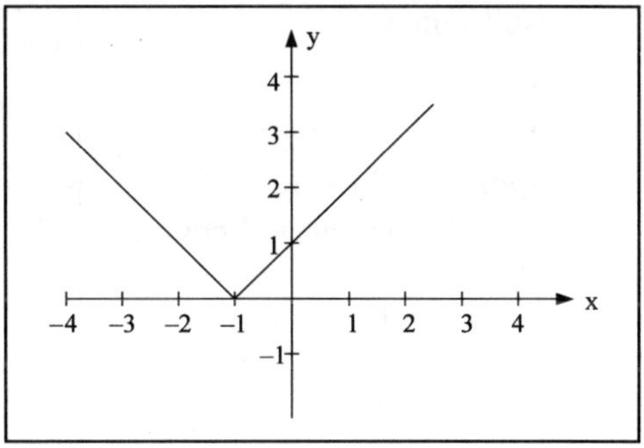

648. $|x-2|+1 \geq 0$

zugehörige Funktionsgleichung: $y = |x-2|+1 = \begin{cases} x-1 & \text{für } x \geq 2 \\ -x+3 & \text{für } x < 2 \end{cases}$

Nullstellen:

a) $x-1=0$; $(x_1 = 1 < 2)$

b) $-x+3=0$; $(x_2 = 3 > 2)$

Spitze: S(2 | 1)

Gesucht sind die x-Werte, für die der Graph entweder auf der x-Achse oder für die der Graph oberhalb der x-Achse verläuft:

$L = \mathbb{R}$.

Denn der Graph verläuft ganz oberhalb der x-Achse.

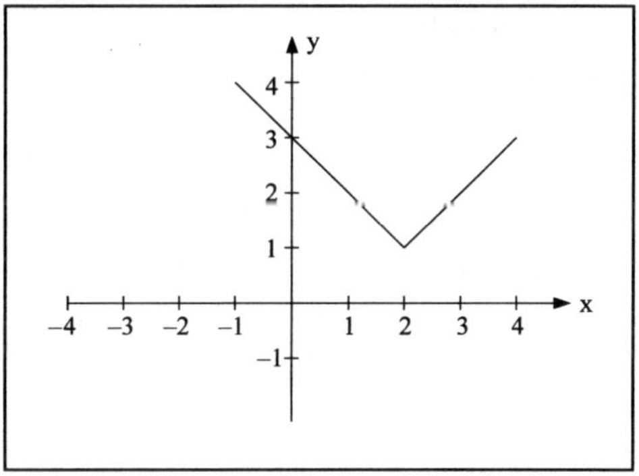

649. $|x+2|-1 \le 0$

zugehörige Funktionsgleichung: $y = |x+2|-1 = \begin{cases} x+1 & \text{für } x \ge -2 \\ -x-3 & \text{für } x < -2 \end{cases}$

Nullstellen:

a) $x+1=0;\ x_1=-1$

b) $-x-3=0;\ x_2=-3$

Spitze: S(–2 | –1)
Gesucht sind die x-Werte, für die der Graph auf der x-Achse oder unterhalb der x-Achse verläuft:

L = [–3; –1].

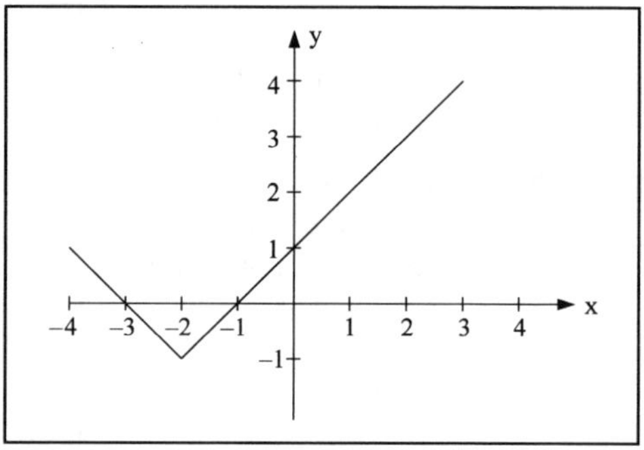

650. $-|x|+3>0$

zugehörige Funktionsgleichung: $y = -|x|+3 = \begin{cases} -x+3 & \text{für } x \ge 0 \\ x+3 & \text{für } x < 0 \end{cases}$

Nullstellen:

a) $-x+3=0;\ x_1=3$

b) $x+3=0;\ x_2=-3$

Spitze: S(0 | 3)
Gesucht sind die x-Werte, für die der Graph oberhalb der x-Achse verläuft:

L =]–3; 3[.

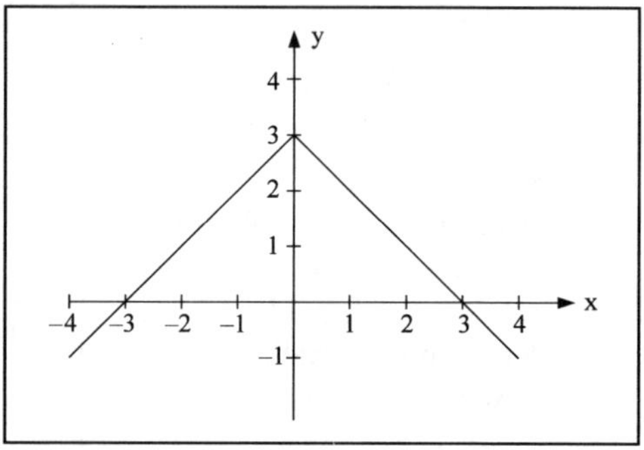

651. $-|x-2|+2<0$

zugehörige Funktionsgleichung: $y=-|x-2|+2=\begin{cases}-x+4 & \text{für } x\geq 2\\ x & \text{für } x<2\end{cases}$

Nullstellen:

a) $-x+4=0;\ x_1=4$

b) $x=0;\ x_2=0$

Spitze: S(2 | 2)

Gesucht sind die x-Werte, für die der Graph unterhalb der x-Achse verläuft:

$L=]-\infty;0[\ \cup\ ]4;\infty[\ =$
$=\mathbb{R}\setminus[0;4].$

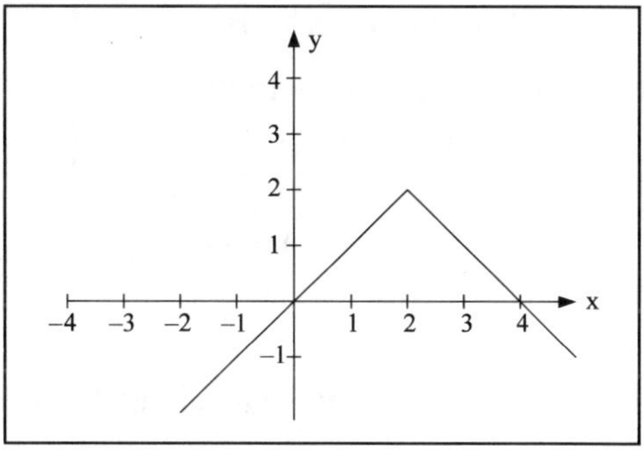

652. $-\frac{1}{2}|x+2|\geq -1$

Ungleichung: $-\frac{1}{2}|x+2|+1\geq 0$

zugehörige Funktionsgleichung: $y=-\frac{1}{2}|x+2|+1=\begin{cases}-0{,}5x & \text{für } x\geq -2\\ 0{,}5x+2 & \text{für } x<-2\end{cases}$

Nullstellen:

a) $-0{,}5x=0;\ x_1=0$

b) $0{,}5x+2=0;\ x_2=-4$

Spitze: S(–2 | 1)

Gesucht sind die x-Werte, für die der Graph oberhalb oder auf der x-Achse verläuft:

$L=[-4;0].$

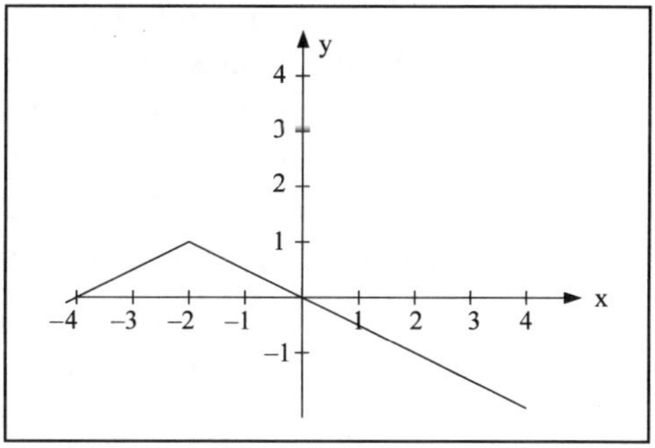

653. $|x^2 - 1| \leq 3$

zugehörige Funktionsgleichung: $f: x \mapsto y = |x^2 - 1|$

1. Schritt: Parabel mit der Gleichung $y = x^2 - 1$

Nullstellen: $x^2 - 1 = 0$;
$x^2 = 1; x_1 = -1, x_2 = 1.$

Scheitel:
$x_S = 0{,}5 \cdot (-1+1) = 0,$
$y_S = -1, \ S(0|-1)$

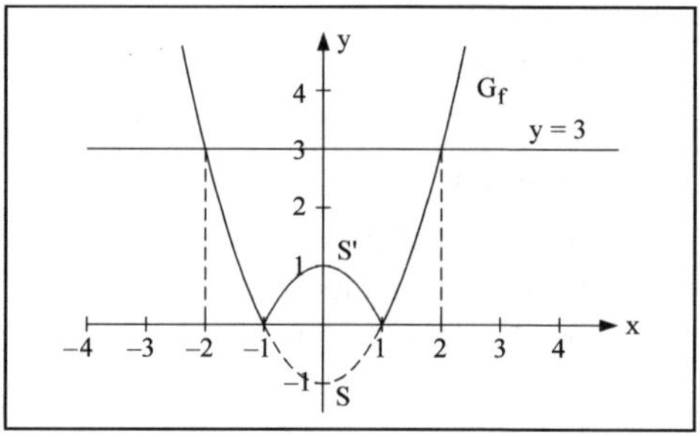

2. Schritt: Zeichnung der Parabel zu $y = x^2 - 1$

3. Schritt: Spiegeln des Teils der Parabel unterhalb der x-Achse an der x-Achse nach oben: S' (0 | 1).

Einzeichnen des Graphen von f.

Abschnittsweise Definition: $f(x) = \begin{cases} x^2 - 1 & \text{für } x \leq -1 \text{ oder } x \geq 1 \\ -x^2 + 1 & \text{für } -1 < x < 1 \end{cases}$

4. Schritt: Ungleichung: $|x^2 - 1| \leq 3$. Gesucht sind die x-Werte aller Punkte des Graphen von f, deren y-Werte $y = |x^2 - 1|$ kleiner oder gleich 3 sind. Um die Lösungsmenge zu erkennen, zeichnet man die Gerade mit der Gleichung $y = 3$ in das Koordinatensystem ein. Man bestimmt die x-Werte der Punkte des Graphen von f, deren y-Wert gleich 3 ist:

a) $(y =)\ x^2 - 1 = 3;\ x^2 = 4;\ x_{1,2} = \pm 2$
b) $(y =)\ x^2 + 1 = 3;\ x^2 = -2$; keine gemeinsamen Punkte

In der Lösungsmenge sind alle x-Werte, für die der Graph von f unterhalb oder auf der Geraden mit der Gleichung $y = 3$ verläuft:

$L = [-2; 2].$

654. $|-x^2+1| \geq 1$

zugehörige Funktionsgleichung: $f: x \mapsto y = |-x^2+1|$

1. Schritt: Parabel mit der Gleichung $y = -x^2 + 1$

Nullstellen: $-x^2+1=0$;
$x^2=1; x_1=-1, x_2=1.$

Scheitel:
$x_S = 0{,}5 \cdot (-1+1) = 0,$
$y_S = 1, \; S(0|1)$

2. Schritt: Zeichnung der Parabel zu $y = -x^2 + 1$

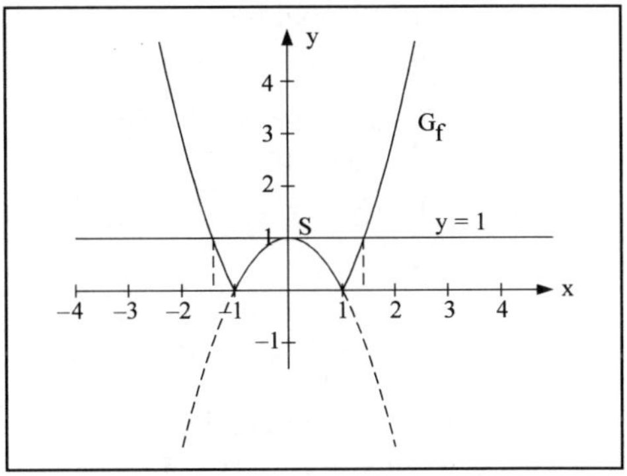

3. Schritt: Spiegeln des Teils der Parabel unterhalb der x-Achse an der x-Achse nach oben. Einzeichnen des Graphen von f.

Abschnittsweise Definition: $f(x) = \begin{cases} x^2-1 & \text{für} \quad x \leq -1 \text{ oder } x \geq 1 \\ -x^2+1 & \text{für} \quad -1 < x < 1 \end{cases}$

4. Schritt: Ungleichung: $-|x^2+1| \geq 1$. Gesucht sind die x-Werte aller Punkte des Graphen von f, deren y-Werte $y = -|x^2+1|$ größer oder gleich 1 sind. Um die Lösungsmenge zu erkennen, zeichnet man die Gerade mit der Gleichung $y = 1$ in das Koordinatensystem ein. Man bestimmt die x-Werte der Punkte des Graphen von f, deren y-Wert gleich 1 ist:

a) $(y =)\; -x^2 - 1 = 1;\; x^2 = 2;\; x_{1,2} = \pm\sqrt{2}$
b) $(y =)\; -x^2 + 1 = 1;\; x^2 = 0;\; x_{1,2} = 0$ (Berührstelle)

In der Lösungsmenge sind alle x-Werte, für die der Graph von f oberhalb oder auf der Geraden mit der Gleichung $y = 1$ verläuft:

$$L =]-\infty; -\sqrt{2}] \cup \{0\} \cup [\sqrt{2}; \infty[.$$

655. $|x^2 - 2x - 3| > 3$

zugehörige Funktionsgleichung: $f: x \mapsto y = |x^2 - 2x - 3|$

1. Schritt: Parabel mit der Gleichung $y = x^2 - 2x - 3$

Nullstellen: $x^2 - 2x - 3 = 0$; $(x+1)(x-3) = 0$; $x_1 = -1$, $x_2 = 3$

Scheitel: $x_S = 0{,}5 \cdot (-1+3) = 1$, $y_S = -4$, $S(1|-4)$

2. Schritt: Zeichnung der Parabel zu $y = x^2 - 2x - 3$

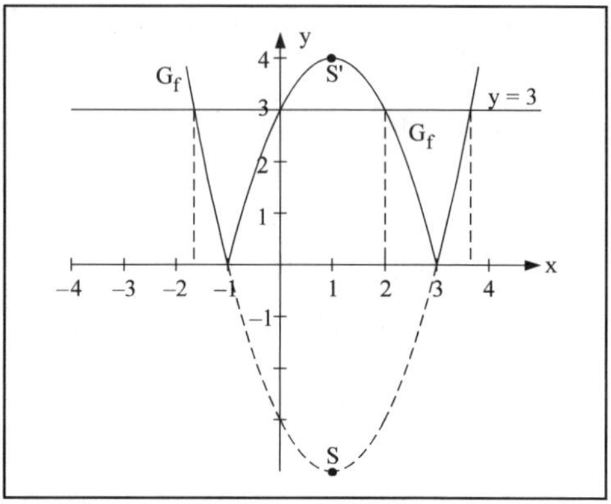

3. Schritt: Spiegeln des Teils der Parabel unterhalb der x-Achse an der x-Achse nach oben: S' (1 | 4). Einzeichnen des Graphen von f.

Abschnittsweise Definition: $f(x) = \begin{cases} x^2 - 2x - 3 & \text{für } x \leq -1 \text{ oder } x \geq 3 \\ -x^2 + 2x + 3 & \text{für } -1 < x < 3 \end{cases}$

4. Schritt: Ungleichung: $|x^2 - 2x - 3| > 3$. Gesucht sind die x-Werte aller Punkte des Graphen von f, deren y-Werte $y = |x^2 - 2x - 3|$ größer als 3 sind. Um die Lösungsmenge zu erkennen, zeichnet man die Gerade mit der Gleichung $y = 3$ in das Koordinatensystem ein. Man bestimmt die x-Werte der Punkte des Graphen von f, deren y-Wert gleich 3 ist:

a) $(y =)\, x^2 - 2x - 3 = 3$; $x^2 - 2x - 6 = 0$; $D = 2^2 - 4 \cdot 1 \cdot (-6) = 28$;
$x_{1,2} = 0{,}5 \cdot (2 \pm \sqrt{28}) = 1 \pm \sqrt{7}$

b) $(y =) -x^2 + 2x + 3 = 3$; $-x^2 + 2x = 0$; $-x(x-2) = 0$;
$x_1 = 0$, $x_2 = 2$

In der Lösungsmenge sind alle x-Werte, für die der Graph von f oberhalb der Geraden mit der Gleichung $y = 3$ verläuft:

$L =]-\infty; 1-\sqrt{7}[\;\cup\;]0; 2[\;\cup\;]1+\sqrt{7}; \infty[.$

656. $|x^2-4x+2|\le 2$

zugehörige Funktionsgleichung: $f: x \mapsto y = |x^2-4x+2|$

1. Schritt: Parabel mit der Gleichung $y = x^2 - 4x + 2$

Nullstellen: $x^2-4x+2=0$;
$D=4^2-4\cdot 1\cdot 2=8$;
$x_{1,2}=0{,}5\cdot(4\pm\sqrt{8})=2\pm\sqrt{2}$.

Scheitel:
$x_S=0{,}5\cdot(2-\sqrt{2}+2+\sqrt{2})=2$,
$y_S=-2$, $S(2|-2)$

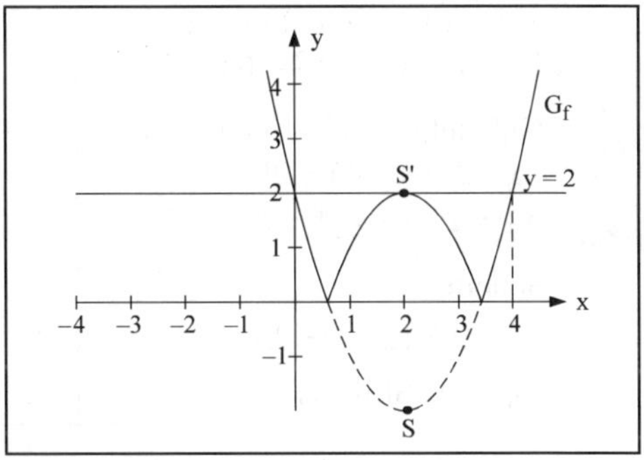

2. Schritt: Zeichnung der Parabel zu $y = x^2 - 4x + 2$

3. Schritt: Spiegeln des Teils der Parabel unterhalb der x-Achse an der x-Achse nach oben: S' (2 | 2). Einzeichnen des Graphen von f.

Abschnittsweise Definition:

$$f(x)=\begin{cases} x^2-4x+2 & \text{für } x\le 2-\sqrt{2} \text{ oder } x\ge 2+\sqrt{2} \\ -x^2+4x-2 & \text{für } 2-\sqrt{2}<x<2+\sqrt{2} \end{cases}$$

4. Schritt: Ungleichung: $|x^2 - 4x + 2| \le 2$. Gesucht sind die x-Werte aller Punkte des Graphen von f, deren y-Werte $y = |x^2 - 4x + 2|$ kleiner oder gleich 2 sind. Um die Lösungsmenge zu erkennen, zeichnet man die Gerade mit der Gleichung $y = 2$ in das Koordinatensystem ein. Man bestimmt die x-Werte der Punkte des Graphen von f, deren y-Wert gleich 2 ist:

a) $(y=)\, x^2-4x+2=2;\ x^2-4x=0;\ x\,(x-4)=0;\ x_1=0, x_2=4$

b) $(y=)-x^2+4x-2=2;\ -x^2+4x-4=0;\ x^2-4x+4=0;$
$(x-2)^2=0;\ x_{1,2}=2$ (Berührstelle)

In der Lösungsmenge sind alle x-Werte, für die der Graph von f unterhalb oder auf der Geraden mit der Gleichung y = 2 verläuft: L = [0; 4].

657. $|x^2+2x+4|<0$, $L=\{\ \}$, da der Betrag einer Zahl immer größer oder gleich 0 ist.

658. $|x^2 - 6x + 8| > 3$

zugehörige Funktionsgleichung: $f: x \mapsto y = |x^2 - 6x + 8|$

1. Schritt: Parabel mit der Gleichung $y = x^2 - 6x + 8$

Nullstellen: $x^2 - 6x + 8 = 0;$
$(x-2)(x-4) = 0;$
$x_1 = 2,\ x_2 = 4$

Scheitel:

$x_S = 0{,}5 \cdot (2+4) = 3,$

$y_S = -1,\ S(3|-1)$

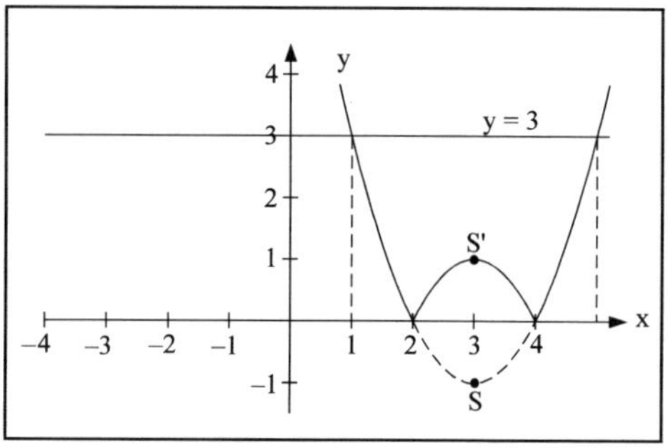

2. Schritt: Zeichnung der Parabel zu $y = x^2 - 6x + 8$

3. Schritt: Spiegeln des Teils der Parabel unterhalb der x-Achse an der x-Achse nach oben: S' (3 | 1). Einzeichnen des Graphen von f.

Abschnittsweise Definition: $f(x) = \begin{cases} x^2 - 6x + 8 & \text{für } x \leq 2 \text{ oder } x \geq 4 \\ -x^2 + 6x - 8 & \text{für } 2 < x < 4 \end{cases}$

4. Schritt: Ungleichung: $|x^2 - 6x + 8| > 3$. Gesucht sind die x-Werte aller Punkte des Graphen von f, deren y-Werte $y = |x^2 - 6x + 8|$ größer als 3 sind. Um die Lösungsmenge zu erkennen, zeichnet man die Gerade mit der Gleichung y = 3 in das Koordinatensystem ein. Man bestimmt die x-Werte der Punkte des Graphen von f, deren y-Wert gleich 3 ist:

a) $(y=)\ x^2 - 6x + 8 = 3;\ x^2 - 6x + 5 = 0;\ (x-1)(x-5) = 0;$

$x_1 = 1, x_2 = 5$

b) $(y=) -x^2 + 6x - 8 = 3;\ -x^2 + 6x - 11 = 0;$

$D = 6^2 - 4 \cdot (-1) \cdot (-11) = -8 < 0;$ siehe Zeichnung

In der Lösungsmenge sind alle x-Werte, für die der Graph von f oberhalb der Geraden mit der Gleichung y = 3 verläuft: $L =]-\infty; 1[\ \cup\ ]5; \infty[$.

659. $\frac{|x-1|-2}{-x+1} > 0, \ D = \mathbb{R} \setminus \{1\}$

Zähler: $z(x) = |x-1| - 2 = \begin{cases} x-3 & \text{für } x \geq 1 \\ -x-1 & \text{für } x < 1 \end{cases}$

Nullstellen: a) $x-3=0; x_1 = 3$ b) $-x-1=0; x_2 = -1$
Spitze: S(1 | –2), Form: Betragsfunktion

Nenner: $n(x) = -x+1$, Nullstelle: $x = 1$, Steigung: m = –1

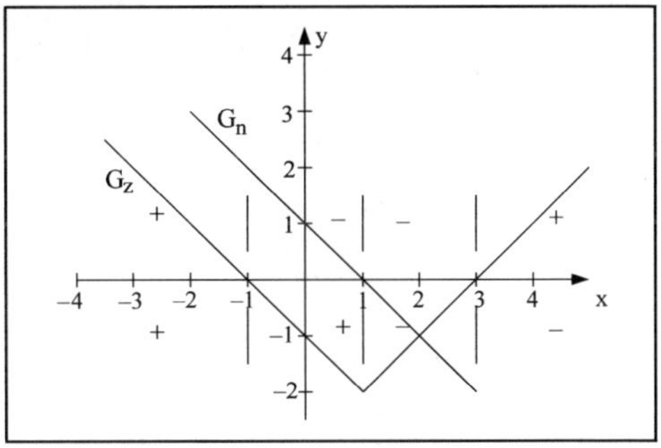

Der Bruchterm ist dann größer Null, wenn entweder Zähler *und* Nenner größer als Null sind oder Zähler *und* Nenner kleiner als Null sind. In der Lösungsmenge der Ungleichung sind also alle x-Werte der Definitionsmenge, für die die Graphen auf der gleichen Seite der x-Achse verlaufen:

$L =]-\infty; -1[\cup]1; 3[$

660. $\frac{-|x-3|+1}{x+3} \leq 0, \ D = \mathbb{R} \setminus \{-3\}$

Zähler: $z(x) = -|x-3| + 1 = \begin{cases} -x+4 & \text{für } x \geq 3 \\ x-2 & \text{für } x < 3 \end{cases}$,

Nullstellen: a) $-x+4=0; x_1 = 4$ b) $x-2=0; x_2 = 2$
Spitze: S(3 | 1),
Form: an der x-Achse gespiegelte Betragsfunktion

Nenner: n(x) = x + 3, Nullstelle: x = –3, Steigung: m = 1

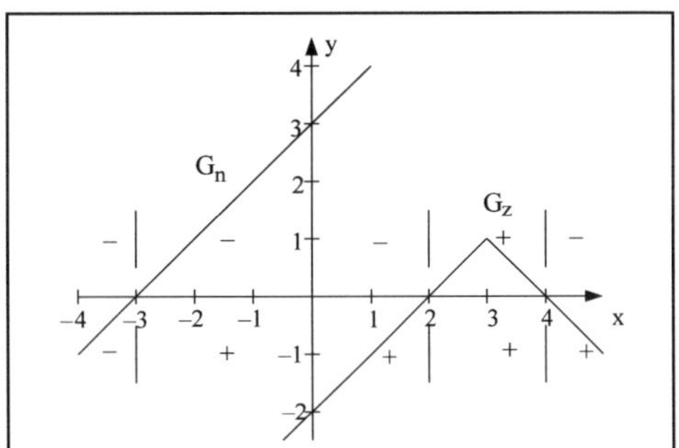

Der Bruchterm ist dann kleiner oder gleich Null, wenn entweder Zähler und Nenner verschiedenes Vorzeichen haben oder der Zähler gleich Null ist:

$L =]-3; \ 2] \cup [4; \infty[$

661. $\frac{-|x+2{,}5|+1{,}5}{-|x-1|+1} \geq 0$, $D = \mathbb{R} \setminus \{2\}$

Zähler: $z(x) = -|x+2{,}5|+1{,}5 = \begin{cases} -x-1 & \text{für } x \geq -2{,}5 \\ x+4 & \text{für } x < -2{,}5 \end{cases}$

Nullstellen: a) $-x-1=0; x_1=-1$, b) $x+4=0; x_2=-4$

Spitze: S(–2,5 | 1,5),

Form: an der x-Achse gespiegelte Betragsfunktion

Nenner: $n(x) = -|x-1|+1 = \begin{cases} -x+2 & \text{für } x \geq 1 \\ x & \text{für } x < 1 \end{cases}$

Nullstellen: a) $-x+2=0; x_1=2$, b) $x_2=0$

Spitze: S(1 | 1)

Form: an der x-Achse gespiegelte Betragsfunktion

Der Bruchterm ist dann größer oder gleich Null, wenn entweder Zähler und Nenner gleiches Vorzeichen haben oder der Zähler gleich Null ist:

L =]–∞; –4] ∪ [–1; 0[∪]2; ∞[

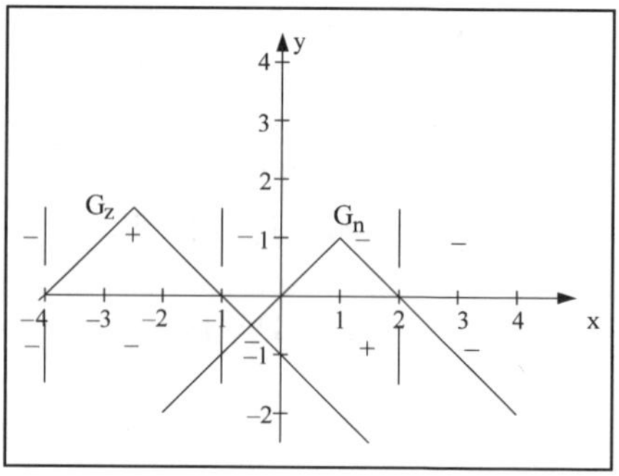

662. $\frac{|x-2|-1}{-|x+2|+1} < 0$, $D = \mathbb{R} \setminus \{-3; -1\}$

Zähler: $z(x) = |x-2|-1 = \begin{cases} x-3 & \text{für } x \geq 2 \\ -x+1 & \text{für } x < 2 \end{cases}$

Nullstellen: a) $x-3=0; x_1=3$, b) $-x+1=0; x_2=1$

Spitze: S(2 | –1)

Form: Betragsfunktion

Nenner: $n(x) = -|x+2|+1 = \begin{cases} -x-1 & \text{für } x \geq -2 \\ x+3 & \text{für } x < -2 \end{cases}$

Nullstellen: a) $-x-1=0; x_1=-1$, b) $x+3=0; x_2=-3$

Spitze: S(–2 | 1)

Form: an der x-Achse gespiegelte Betragsfunktion

Der Bruchterm ist dann kleiner Null, wenn Zähler und Nenner verschiedenes Vorzeichen haben:

$L =]-\infty; -3[\cup]-1; 1[\cup$
$]3; \infty[$

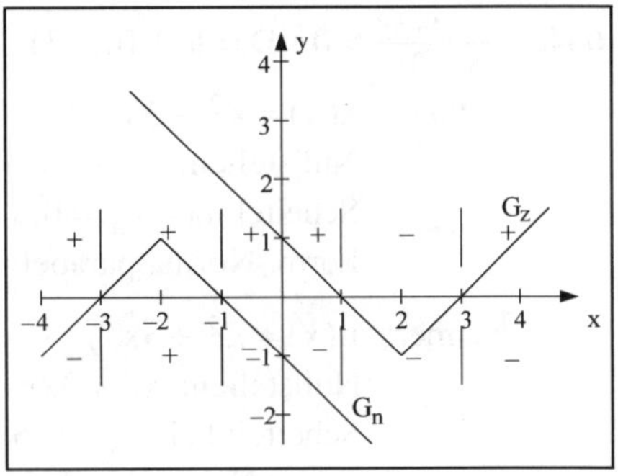

663. $\frac{x^2-x-12}{x^2-x-2} \leq 0, \; D = \mathbb{R} \setminus \{-1; 2\}$

Zähler: $z(x) = x^2 - x - 12$
Nullstellen: $x^2 - x - 12 = 0; (x+3)(x-4) = 0; \; x_1 = -3, x_2 = 4$
Scheitel: bei $x_S = 0{,}5 \cdot (-3+4) = 0{,}5$
Form: Normalparabel

Nenner: $n(x) = x^2 - x - 2$
Nullstellen: $x^2 - x - 2 = 0; (x+1)(x-2) = 0; x_1 = -1, x_2 = 2$
Scheitel: bei $x_S = 0{,}5 \cdot (-1+2) = 0{,}5$
Form: Normalparabel

Der Bruchterm ist dann kleiner oder gleich Null, wenn Zähler und Nenner verschiedenes Vorzeichen haben oder der Zähler gleich Null ist:

$L = [-3; -1[\cup]2; 4]$

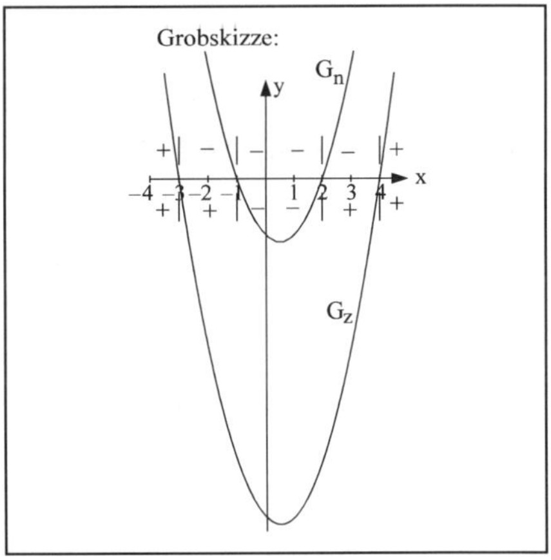

664. $\frac{x^2-3x-4}{x^2+3x} > 0$, $D = \mathbb{R} \setminus \{0; -3\}$

Zähler: $z(x) = x^2 - 3x - 4$

Nullstellen: $x^2 - 3x - 4 = 0; (x+1)(x-4) = 0;\ x_1 = -1, x_2 = 4$

Scheitel: bei $x_S = 0{,}5 \cdot (-1+4) = 1{,}5$

Form: Normalparabel

Nenner: $n(x) = x^2 + 3x$

Nullstellen: $x^2 + 3x = 0; x(x+3) = 0; x_1 = 0, x_2 = -3$

Scheitel: bei $x_S = 0{,}5 \cdot (0-3) = -1{,}5$

Form: Normalparabel

Der Bruchterm ist dann größer als Null, wenn Zähler und Nenner gleiches Vorzeichen haben:

L =]–∞; –3[∪]–1; 0[∪]4; ∞[

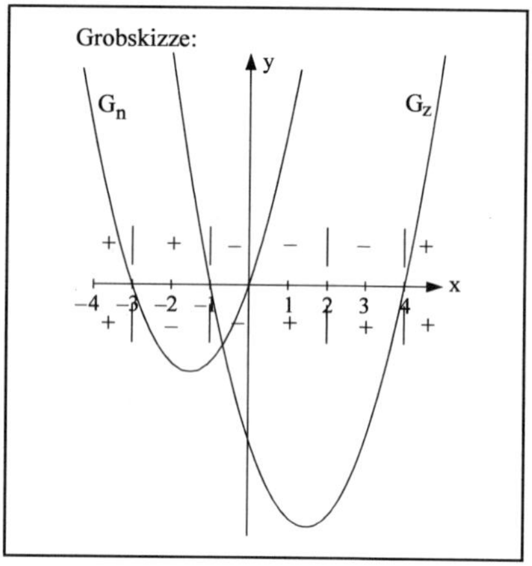

665. $\frac{x^2+4x+2}{x-1{,}5} < 0$, $D = \mathbb{R} \setminus \{1{,}5\}$

Zähler: $z(x) = x^2 + 4x + 2$

Nullstellen: $x^2 + 4x + 2 = 0; D = 4^2 - 4 \cdot 1 \cdot 2 = 8;$

$x_{1,2} = 0{,}5 \cdot (-4 \pm \sqrt{8}) = -2 \pm \sqrt{2};$

$x_1 = -2 - \sqrt{2}, x_2 = -2 + \sqrt{2}$

Scheitel: bei $x_S = 0{,}5 \cdot (-2 - \sqrt{2} - 2 + \sqrt{2}) = -2$

Form: Normalparabel

Nenner: $n(x) = x - 1{,}5$

Nullstellen: $x - 1{,}5 = 0; x = 1{,}5$, Steigung: $m = 1$

Der Bruchterm ist dann kleiner als Null, wenn Zähler und Nenner verschiedenes Vorzeichen haben:

$L =]-\infty; -2-\sqrt{2}[\ \cup$

$]-2+\sqrt{2}; 1{,}5[$

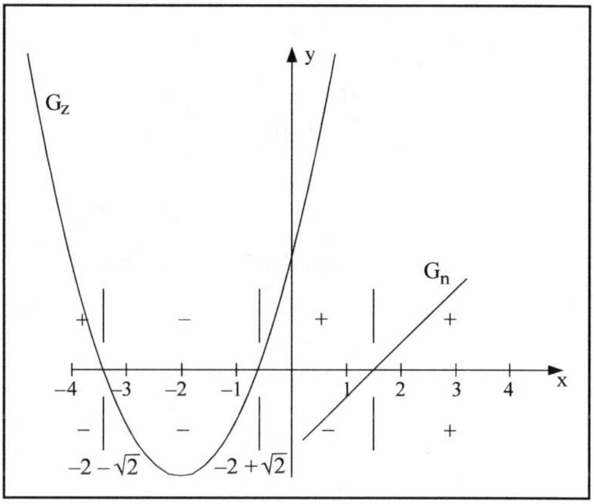

666. $\frac{x^2-x-6}{-x+1} \geq 0$, $D = \mathbb{R} \setminus \{1\}$

Zähler: $z(x) = x^2 - x - 6$

Nullstellen: $x^2 - x - 6 = 0; (x+2)(x-3) = 0;\ x_1 = -2, x_2 = 3$

Scheitel: bei $x_S = 0{,}5 \cdot (-2+3) = 0{,}5$

Form: Normalparabel

Nenner: $n(x) = -x+1$

Nullstellen: $-x+1 = 0; x = 1$, Steigung: $m = -1$

Der Bruchterm ist dann größer oder gleich Null, wenn Zähler und Nenner gleiches Vorzeichen haben oder der Zähler Null ist:

$L =]-\infty; -2] \cup]1; 3]$

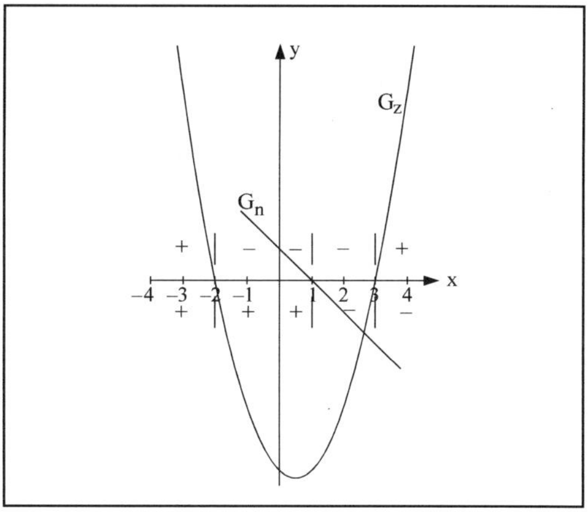

667. $\frac{x^2+4x+3}{|x-2|-2} > 0$

Zähler: $z(x) = x^2 + 4x + 3$

Nullstellen: $x^2 + 4x + 3 = 0; (x+3)(x+1) = 0;$

$x_1 = -3, x_2 = -1$

Scheitel: bei $x_S = 0{,}5 \cdot (-3-1) = -2$

Form: Normalparabel

Nenner: $n(x) = |x-2| - 2 = \begin{cases} x-4 & \text{für } x \geq 2 \\ -x & \text{für } x < 2 \end{cases}$

Nullstellen: a) $x - 4 = 0; x_1 = 4$, b) $-x = 0; x_2 = 0$

Spitze: S(2 | –2)

Form: Betragsfunktion

Der Bruchterm ist dann größer Null, wenn Zähler und Nenner gleiches Vorzeichen haben:

$L =]-\infty; -3[\cup]-1; 0[\cup]4; \infty[$

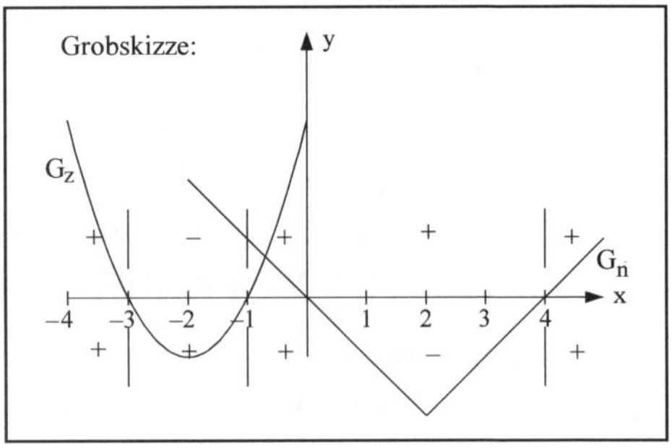

668. $\frac{(x+3)^2}{|x-2|} \leq 0$, $D = \mathbb{R} \setminus \{2\}$

Zähler: $z(x) = (x+3)^2$

Nullstellen: $(x+3)^2 = 0; x_{1,2} = -3$ (Berührstelle)

Scheitel: S(–3 | 0)

Form: Normalparabel

Nenner: $n(x) = |x-2| = \begin{cases} x-2 & \text{für } x \geq 2 \\ -x+2 & \text{für } x < 2 \end{cases}$

Nullstellen: a) $x - 2 = 0; x_1 = 2$, b) $-x + 2 = 0; x_2 = 2$

Spitze: S(2 | 0)

Form: Betragsfunktion

Der Bruchterm ist dann kleiner oder gleich Null, wenn Zähler und Nenner verschiedenes Vorzeichen haben oder der Zähler Null ist. Da Zähler und Nenner immer größer oder gleich Null sind, ist nur die Zähler nullstelle in der Lösungsmenge: L = {–3}.

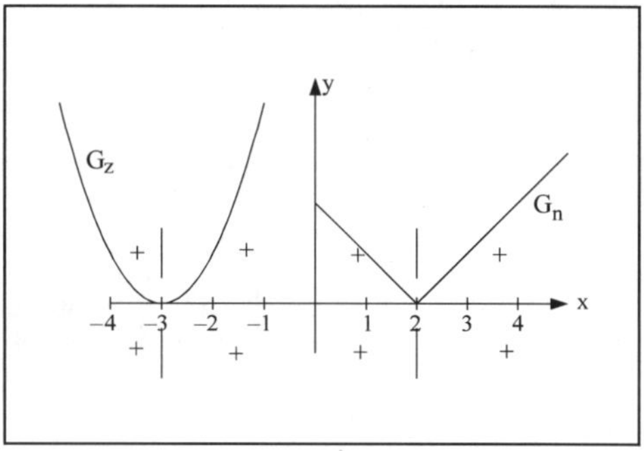

Ihre Meinung ist uns wichtig!

Ihre Anregungen sind uns immer willkommen. Bitte informieren Sie uns mit diesem Schein über Ihre Verbesserungsvorschläge!

Titel-Nr.	Seite	Vorschlag

Bitte hier abtrennen

Bitte hier abtrennen

Zutreffendes bitte ankreuzen!

Die Absenderin/der Absender ist:

- ☐ Lehrer/in in den Klassenstufen: ______
- ☐ Fachbetreuer/in
  Fächer: ______
- ☐ Seminarlehrer/in
  Fächer: ______
- ☐ Regierungsfachberater/in
  Fächer: ______
- ☐ Oberstufenbetreuer/in
- ☐ Schulleiter/in
- ☐ Referendar/in, Termin 2. Staatsexamen: ______
- ☐ Leiter/in Lehrerbibliothek
- ☐ Leiter/in Schülerbibliothek
- ☐ Sekretariat
- ☐ Eltern
- ☐ Schüler/in, Klasse: ______
- ☐ Sonstiges: ______

Unterrichtsfächer: (Bei Lehrkräften!)

______

STARK Verlag
Postfach 1852
85318 Freising

19-V1T_NW

Bitte ausfüllen und im frankierten Umschlag an uns einsenden. Für Fensterkuverts geeignet.

Kennen Sie Ihre Kundennummer?
Bitte hier eintragen.

Absender (Bitte in Druckbuchstaben!)

Name/Vorname

Straße/Nr.

PLZ/Ort/Ortsteil

Telefon privat

Geburtsjahr

E-Mail

Schule/Schulstempel (Bitte immer angeben!)

Sicher durch das Abitur!

Effektive Abitur-Vorbereitung für Schülerinnen und Schüler:
Klare Fakten, systematische Methoden, prägnante Beispiele sowie Übungsaufgaben auf Abiturniveau mit erklärenden Lösungen zur Selbstkontrolle.

Mathematik

Analysis Pflichtteil – Baden-Württemberg	Best.-Nr. 84001
Analysis Wahlteil – Baden-Württemberg	Best.-Nr. 84002
Analytische Geometrie Pflicht- und Wahlteil BW	Best.-Nr. 84003
Analysis – LK (G9)	Best.-Nr. 940021
Analysis – gk (G9)	Best.-Nr. 94001
Analysis mit CAS	Best.-Nr. 540021
Analysis – Bayern (G8)	Best.-Nr. 9400218
Analytische Geometrie u. lineare Algebra 1 (G9)	Best.-Nr. 94005
Analytische Geometrie u. lineare Algebra 2 (G9)	Best.-Nr. 54008
Analytische Geometrie (G8)	Best.-Nr. 940051
Analytische Geometrie (G9)	Best.-Nr. 40075
Stochastik – LK (G9)	Best.-Nr. 94003
Stochastik – gk (G9)	Best.-Nr. 94007
Stochastik (G8)	Best.-Nr. 94009
Klausuren Mathematik Oberstufe (G8)	Best.-Nr. 900461
Kompakt-Wissen Abitur Analysis	Best.-Nr. 900151
Kompakt-Wissen Abitur Analytische Geometrie	Best.-Nr. 900251
Kompakt-Wissen Abitur Wahrscheinlichkeitsrechnung und Statistik	Best.-Nr. 900351

Chemie

Chemie 1 – Baden-Württemberg Gleichgewichte · Energetik · Säuren und Basen Elektrochemie	Best.-Nr. 84731
Chemie 2 – Baden-Württemberg Naturstoffe · Aromatische Verbindungen Kunststoffe	Best.-Nr. 84732
Chemie 1 – Bayern LK K12, Analytik · Kernchemie · Kohlenwasserstoffe	Best.-Nr. 94731
Chemie 2 – Bayern LK K13, Biomoleküle · Stoffwechsel · Organische Chemie des Alltags	Best.-Nr. 94732
Chemie 1 – Bayern gk K12, Natürliche und synthetische Kohlenstoffverbindungen	Best.-Nr. 94741
Chemie 2 – Bayern gk K13, Biokatalyse und Stoffwechsel · Umweltschutz und Alltagschemie	Best.-Nr. 94742
Methodentraining Chemie	Best.-Nr. 947308
Rechnen in der Chemie	Best.-Nr. 84735
Abitur-Wissen Protonen und Elektronen	Best.-Nr. 947301
Abitur-Wissen Struktur der Materie und Kernchemie	Best.-Nr. 947303
Abitur-Wissen Stoffklassen organischer Verbindungen	Best.-Nr. 947304
Abitur-Wissen Biomoleküle	Best.-Nr. 947305
Abitur-Wissen Biokatalyse u. Stoffwechselwege	Best.-Nr. 947306
Abitur-Wissen Chemie am Menschen – Chemie im Menschen	Best.-Nr. 947307
Kompakt-Wissen Abitur Chemie: Organische Stoffklassen Natur-, Kunst- und Farbstoffe	Best.-Nr. 947309
Kompakt-Wissen Abitur Chemie: Anorganische Chemie, Energetik, Kinetik, Kernchemie	Best.-Nr. 947310

Physik

Elektrisches und magnetisches Feld (LK)	Best.-Nr. 94308
Elektromagnetische Schwingungen und Wellen (LK)	Best.-Nr. 94309
Atom- und Quantenphysik (LK)	Best.-Nr. 943010
Kernphysik (LK)	Best.-Nr. 94305
Mechanik	Best.-Nr. 94307
Elektromagnetische Felder, Schwingungen und Wellen · Photonen – gk	Best.-Nr. 94321
Quanten-, Atom- und Kernphysik – gk	Best.-Nr. 94322
Kompakt-Wissen Abitur Physik 1 Mechanik, Wärmelehre, Relativitätstheorie	Best.-Nr. 943012
Kompakt-Wissen Abitur Physik 2 Elektrizität, Magnetismus und Wellenoptik	Best.-Nr. 943013
Kompakt-Wissen Abitur Physik 3 Quanten, Kerne und Atome	Best.-Nr. 943011

Erdkunde

Geographie – Abitur 2010 Baden-Württemberg	Best.-Nr. 84903
Geographie 11. Klasse – Bayern (G8)	Best.-Nr. 94911
Erdkunde – Atmosphäre · Relief- und Hydrosphäre · Wirtschafts-prozesse und -strukturen · Verstädterung	Best.-Nr. 94909
Abitur-Wissen GUS-Staaten/Russland	Best.-Nr. 94908
Abitur-Wissen Entwicklungsländer	Best.-Nr. 94902
Abitur-Wissen Die USA	Best.-Nr. 94903
Abitur-Wissen Europa	Best.-Nr. 94905
Abitur-Wissen Der asiatisch-pazifische Raum	Best.-Nr. 94906
Kompakt-Wissen Abitur Erdkunde Allgemeine Geografie · Regionale Geografie	Best.-Nr. 949010
Lexikon Erdkunde	Best.-Nr. 94904

(Bitte blättern Sie um)

Biologie

Biologie 1 – Baden-Württemberg
Molekular- und Zellbiologie
Genetik · Neuro- und Immunbiologie .... Best.-Nr. 84701

Biologie 2 – Baden-Württemberg
Stammgeschichtliche Entwicklung des Lebens
Biotechnologie .... Best.-Nr. 84702

Biologie 1 – Bayern (G8)
Strukturelle und energetische Grundlagen des Lebens,
Genetik und Gentechnik .... Best.-Nr. 947018

Biologie 1 – Bayern LK K12 (G9)
Genetik · Stoffwechsel · Ökologie .... Best.-Nr. 94701

Biologie 2 – Bayern LK K13 (G9)
Verhaltensbiologie · Evolution .... Best.-Nr. 94702

Biologie 1 – Bayern gk K12 (G9)
Genetik · Stoffwechsel · Ökologie .... Best.-Nr. 94715

Biologie 2 – Bayern gk K13 (G9)
Verhaltensbiologie · Evolution .... Best.-Nr. 94716

Biologie 1 – NRW
Zellbiologie, Genetik,
Informationsverarbeitung, Ökologie .... Best.-Nr. 54701

Biologie 2 – NRW
Evolution, Angewandte Genetik .... Best.-Nr. 54702

Chemie für den LK Biologie .... Best.-Nr. 54705

Methodentraining Biologie .... Best.-Nr. 94710

Abitur-Wissen Genetik .... Best.-Nr. 94703

Abitur-Wissen Neurobiologie .... Best.-Nr. 94705

Abitur-Wissen Verhaltensbiologie .... Best.-Nr. 94706

Abitur-Wissen Evolution .... Best.-Nr. 94707

Abitur-Wissen Ökologie .... Best.-Nr. 94708

Abitur-Wissen Zell- und Entwicklungsbiologie ... Best.-Nr. 94709

Kompakt-Wissen Abitur Biologie
Zellbiologie · Genetik · Neuro- und Immunbiologie
Evolution – Baden-Württemberg .... Best.-Nr. 84712

Kompakt-Wissen Abitur Biologie
Zellen und Stoffwechsel · Nerven
Sinne und Hormone · Ökologie .... Best.-Nr. 94712

Kompakt-Wissen Abitur Biologie
Genetik und Entwicklung
Immunbiologie · Evolution · Verhalten .... Best.-Nr. 94713

Lexikon Biologie .... Best.-Nr. 94711

Deutsch

Dramen analysieren und interpretieren .... Best.-Nr. 944092

Erörtern und Sachtexte analysieren .... Best.-Nr. 944094

Gedichte analysieren und interpretieren .... Best.-Nr. 944091

Epische Texte analysieren und interpretieren ... Best.-Nr. 944093

Abitur-Wissen
Erörtern und Sachtexte analysieren .... Best.-Nr. 944064

Abitur-Wissen
Textinterpretation Lyrik, Drama, Epik .... Best.-Nr. 944061

Abitur-Wissen Deutsche Literaturgeschichte .... Best.-Nr. 94405

Abitur-Wissen Prüfungswissen Oberstufe .... Best.-Nr. 94400

Kompakt-Wissen Rechtschreibung .... Best.-Nr. 944065

Sprachenzertifikat

Sprachenzertifikat Englisch Niveau A 2
mit Audio-CD .... Best.-Nr. 105552

Sprachenzertifikat Englisch Niveau B 1
mit Audio-CD .... Best.-Nr. 105550

Englisch

Übersetzung .... Best.-Nr. 82454

Grammatikübung .... Best.-Nr. 82452

Themenwortschatz .... Best.-Nr. 82451

Grundlagen, Arbeitstechniken, Methoden mit CD Best.-Nr. 944601

Sprachmittlung .... Best.-Nr. 94469

Sprechfertigkeit mit CD .... Best.-Nr. 94467

Klausuren Englisch Oberstufe (G8) .... Best.-Nr. 905113

Abitur-Wissen Landeskunde Großbritannien ... Best.-Nr. 94461

Abitur-Wissen Landeskunde USA .... Best.-Nr. 94463

Abitur-Wissen Englische Literaturgeschichte .... Best.-Nr. 94465

Kompakt-Wissen Abitur Themenwortschatz ..... Best.-Nr. 90462

Kompakt-Wissen Abitur
Landeskunde/Literatur .... Best.-Nr. 90463

Kompakt-Wissen Abitur
Landeskunde/Literatur – NRW .... Best.-Nr. 50463

Kompakt-Wissen Kurzgrammatik .... Best.-Nr. 90461

Kompakt-Wissen Grundwortschatz .... Best.-Nr. 90464

Bestellungen bitte direkt an:
STARK Verlagsgesellschaft mbH & Co. KG · Postfach 1852 · D-85318 Freising
Tel. 0180 3 179000* · Fax 0180 3 179001* · www.stark-verlag.de · info@stark-verlag.de
* 9 Cent pro Min. aus dem deutschen Festnetz

STARK

19-VIT_NW